教育部高等学校化工类专业教学指导委员会推荐教材

荣获中国石油和化学工业优秀出版物奖教材一等奖

化工机械基础

第四版

陈国桓　张喆　许莉　陈刚　编著

U0235014

新形态教材
网络增值服务

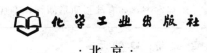

化学工业出版社

·北京·

内 容 简 介

全书共分四篇。第一篇工程力学，包括物体的受力分析及其平衡条件、直杆的拉伸和压缩、直梁的弯曲、剪切、圆轴的扭转、基本变形小结；第二篇材料与焊接，包括化工设备材料、焊接；第三篇容器设计，包括容器设计基础、容器零部件设计、容器设计举例；第四篇典型化工设备，包括塔设备、换热器、反应釜。本书还配有基本力学问题的视频讲解，读者可扫描本书封底二维码观看。书后有附录等相关内容。

本书可作为高等学校化学工程与工艺专业及相近专业（石化、生化、制药、冶金、环保、能源等）的本科生教材，也可供相关部门的科研、设计和生产单位的工程技术人员参考。

图书在版编目（CIP）数据

化工机械基础/陈国桓等编著. —4 版. —北京：化学工业出版社，2021.2（2024.8 重印）
教育部高等学校化工类专业教学指导委员会推荐教材
ISBN 978-7-122-38112-5

Ⅰ.①化…　Ⅱ.①陈…　Ⅲ.①化工机械-高等学校-教材　Ⅳ.①TQ05

中国版本图书馆 CIP 数据核字（2020）第 243594 号

责任编辑：徐雅妮　孙凤英　　　　　　　装帧设计：关　飞
责任校对：边　涛

出版发行：化学工业出版社（北京市东城区青年湖南街 13 号　邮政编码 100011）
印　　刷：北京云浩印刷有限责任公司
装　　订：三河市振勇印装有限公司
787mm×1092mm　1/16　印张 18　字数 467 千字　2024 年 8 月北京第 4 版第 5 次印刷

购书咨询：010-64518888　　　　　　　　售后服务：010-64518899
网　　址：http://www.cip.com.cn
凡购买本书，如有缺损质量问题，本社销售中心负责调换。

定　　价：49.00 元　　　　　　　　　　　　　　　版权所有　违者必究

前言

为了应对新一轮科技革命和产业变革带来的新机遇、新挑战，基于"新工科建设"和"工程教育理念"，培养造就引领未来技术与产业发展的卓越化工技术人才，笔者对本教材进行了更新再版。

本次修订内容主要如下：

① 在容器设计举例中，增加了承压容器计算机辅助设计有关内容，即 SW6-2011 强度校核和 ANSYS 有限元分析设计举例。

② 按照国家和部委颁布的最新标准、规范更新内容。如更新了碳钢、低合金钢和不锈钢的牌号和化学成分，以及换热器的膨胀节的计算。

③ 针对基本力学问题制作了 Flash 动画，使力学问题更容易理解。在塔设备和换热器中添加了 3D 结构图和实物图，便于读者理解。

④ 增补了常用的焊接方法（如搅拌摩擦焊）、无损检测方法（如渗透探伤）的介绍和其他常用换热器形式和反应釜章节。

⑤ 更新了部分例题、课后思考题和习题。

⑥ 由于篇幅所限，删除了焊接材料及机械传动的章节。

本次全面修订和增补工作由陈国桓、张喆、许莉和陈刚共同完成。本次修订出版与化学工业出版社的积极支持密不可分，并得到天津大学化工学院及过程装备与控制工程系领导和同事的大力支持。中国天辰工程有限公司设备室彭博高级工程师和龚剑高级工程师，中国科学院过程工程研究所张洋副研究员，在读研究生曹明魁、孙靖、张乐和李安等为本书的修订做了大量的具体工作，在此一并致谢！

由于笔者水平有限，不妥之处在所难免，恳请读者批评指正。

编著者
天津大学化工学院
2020 年 9 月

第一版前言

为了适应培养跨世纪高级化工专业人才的需要，以"面向 21 世纪的教学内容和课程体系改革"为主导思想，以"面向 21 世纪对化工类专门人才的知识、能力、综合素质培养目标"为宗旨，贯彻"加强基础，拓宽专业知识，联系实际，提高能力，便于自学"的原则，在原有《化工设备机械基础》课程教材的基础上，删去了与《化工原理》有重复的，如塔设备结构、换热器结构及搅拌反应器结构等典型化工设备内容，增加了机械传动和焊接技术的介绍，这些都是工程技术人员应具备的机械基础知识。

本教材内容的组成方面，始终贯穿这样的思路：对于某一设备或零部件，分析它的载荷及受力情况，计算它的应力，然后进行强度、刚度或稳定性校核，同时解决安全与经济的矛盾。

教材中尽量引用国家或部委颁布的最新标准、规范的数据，以此引导学生了解标准、规范，遵循规范。在使用标准、规范中，往往可以获得事半功倍的效果。

在编写中力求做到理论联系实际，由浅入深。概念的引出、例题、习题尽量针对化工装置及其零部件，期望增加学生学习兴趣，把理论学得更扎实。

本书可作为高等院校化学工程与工艺专业以及相关专业（如石油、生物工程、制药、材料、冶金、环保、核能等）的教材，也可供有关部门的科研、设计和生产单位的科技人员参考。

本教材的编写人员：第一篇陈旭；第二篇的第八章谭蔚，第九章陈国桓；第三篇陈国桓；第四篇谭蔚。主编陈国桓。

作者十分感谢涂善东教授和贾春厚教授为本书审阅并提出了许多宝贵意见。

中国科学院院士余国琮教授自始至终都在关心和指导本书的编写工作，并为本书作序。朱宏吉、许莉、高红为本书的编写提供了许多资料，安柯、高翔、赵翠伶、于欣为本书的出版做了大量的具体工作。天津大学化工学院为本书的出版给予了大力支持，特在此一并致谢。

由于作者水平有限，书中不完善处在所难免，敬请同行及读者指正，对此不胜感激。

编 者

2000 年 11 月

第二版前言

《机械基础》自 2001 年 8 月出版以来，深受高校师生及工程技术人员欢迎。本教材内容侧重化工类专业，为了便于化工类及相关专业师生选用，本次改版更名为《化工机械基础》。

本次修订内容主要如下。

① 按国家或部委颁布的最新标准、规范进行更新。

② 对体系与内容进行了重构。根据现有本科生教学大纲及学时的要求，调整了部分章节的体系和内容，如将原第四篇"容器设计"改为第三篇；而将原第三篇"机械传动与减速器"改为第四篇，删去了"链传动"一章，增设了"轴系"；删去了部分附录内容。

③ 增加了应用实例，便于学生理解，加强知识向能力的转化。还增加了部分有一定难度或灵活性的习题，引导学生用所掌握的基本理论和基本方法解决实际问题，从而增加学习兴趣，把理论学得更扎实。

本次全面修订与增补工作主要由这些年来从事该课程教学的教师许莉完成，第一版编者也做了部分修订工作，新增的第 17 章由朱宏吉编写。

本次修订本的出版与化学工业出版社的支持分不开，兄弟院校的授课教师提供了一些宝贵意见，王晓静副教授、高红博士、王泽军教授级高级工程师为本书的修订提供了许多资料，王士勇、蔡永益、何璟为本书的修订做了大量的具体工作，在此一并致谢。

由于编者的水平，不妥之处难免，恳请读者批评指正。

编　者
2005 年 11 月

第三版前言

科学在发展，技术在进步，教材也要不断更新。

本书第二版自 2006 年出版发行以来，深受高校师生及工程技术人员的欢迎。我们觉得更应该负责任地将教材内容修订好。

本次修订内容主要如下：

① 按国家或部委颁布的最新标准、规范进行更新。如对压力容器及其零部件(包括容器法兰、管法兰)、各种钢材牌号等进行了标准更新。

② 增补典型化工设备篇，包括塔设备和管壳式换热器。结合实际工业应用与新技术的发展，对新型规整填料及塔内件等内容进行了重点介绍。

③ 由于篇幅所限，删去了力学篇章的组合变形分析与压杆稳定性，以及第四篇机械传动的蜗杆传动、轴系和轮系、减速器等章节。

④ 在工程力学的篇章中，经典的力学概念基本不变，增加了实例例题。此外，统一了力学部分的强度符号，如用 R_m、R_{eL} 分别代替 σ_b、σ_s。

⑤ 对于各种钢材品种类别及性能的描述，用表格化代替平铺直叙的写法，便于读者理解与记忆。

本次全面修订工作由陈国桓、陈刚共同完成，增补的典型化工设备篇由陈刚完成。

本次修订出版与化学工业出版社的积极支持分不开，并得到天津大学化工学院及过程装备与控制工程系领导的积极支持。崔云老师，朱美娥高级工程师，在读研究生张勇、史丽婷、张旭、王一哲、崔仕博、吴昊、徐程、陈相宜等为本书的修订做了大量的具体工作，在此一并致谢！

由于编者的水平有限，不妥之处难免，恳请读者批评指正。

编　者
2015 年 4 月

目录

附录 / 252

第 一 篇

工 程 力 学

　　生产中使用的任何机器或设备的构件，应该满足适用、安全和经济三个基本要求。任何机器或设备在工作时，都要受到各种各样外力的作用，而机器或设备的构件在外力作用下都要产生一定程度的变形。如果构件材料选择不当或尺寸设计不合理，则在外力的作用下是不安全的。构件可能产生过大的变形，使设备不能正常工作；也可能使构件发生破坏，从而使整个设备毁坏；有的构件当外力达到某一定值时，也可能突然失去原来的形状，而使设备毁坏。因此，为了使机器或设备能安全而正常地工作，在设计时必须使构件满足下述要求。

　　① 要有足够的强度，以保证构件在外力作用下不致破坏。

　　② 要有足够的刚度，以保证在外力作用下构件的变形在工程允许的范围以内。

　　③ 要有足够的稳定性，以保证构件在外力作用下不至于突然失去原来的形状。

　　工程力学的任务就是研究构件在外力作用下变形和破坏的规律，为设计构件选择适当材料和尺寸，以保证能够达到强度、刚度和稳定性的要求。本篇的主要内容，可以归纳为两个方面：一是研究构件受力的情况，进行受力大小的计算；二是研究材料的力学性能和构件受力变形与破坏的规律，进行构件强度、刚度或稳定性的计算。

　　在强度计算上，化工机械设备构件的几何形状，既有杆件也有平板和回转壳体。杆件的变形与应力分析比较简单，它是分析平板与回转壳体的基础，所以作为力学问题中的基础内容，在本篇中将介绍等截面直杆的应力分析、强度计算与变形计算问题，以便为平板、回转壳体及传动零件的强度计算准备必需的理论基础。

第1章

物体的受力分析及其平衡条件

1.1 力的概念和基本性质

1.1.1 力的概念

物体与物体之间的相互作用会引起物体运动状态改变，也会引起物体变形，其程度都与物体间相互作用的强弱有关。为了度量物体间相互作用所产生的效果，把这种物体间的相互作用称为力。

力是通过物体间相互作用所产生的效果体现出来的。因此，分析和研究力都应该着眼于力的作用效果。力使物体运动状态发生改变，称为力的外效应，而力使物体发生变形，则被称为力的内效应。

单个力作用于物体时，既会引起物体运动状态改变，又会引起物体变形。两个或两个以上的力作用于同一物体时，则有可能不改变物体的运动状态而只引起物体变形。当出现这种情况时，称物体处于平衡。这表明作用于该物体上的几个力的外效应彼此抵消。

力作用于物体时，总会引起物体变形，但在正常情况下，工程用的构件在力的作用下变形都很小，这种微小的变形对力的外效应影响很小，可以忽略。这样一来，在讨论力的外效应时，就可以把实际变了形的物体，看成是不发生变形的刚体。所以，当考虑物体为刚体时，就意味着不去考虑力对它的内效应。在这一章，研究的对象都是刚体，讨论的是力的外效应。

对力的概念的理解应注意两点：力是物体之间的相互作用，离开了物体，力是不能存在的；力既然是物体之间的相互作用，因此，力总是成对地出现于物体之间。相互作用的方式可以是直接接触，如人推小车；也可以是不直接接触而相互吸引或排斥，如地球对物体的引力（即重力）。因此，在分析力时，必须明确以哪一个物体为研究对象，分析其他物体对该物体的作用。

实践证明，对物体作用的效果取决于以下三个要素：力的大小；力的方向；力的作用点。其中任何一个有了改变，力的作用效果也必然改变。力的大小表明物体间机械作用的强烈程度。

力有集中力和分布力之分。按照国际单位制，集中力的单位用"牛顿"（N）、"千牛顿"（kN）；分布力的单位是"牛顿/米²"（N/m^2）或"牛顿/米"（N/m）。

力是具有大小和方向的物理量，这种量叫做矢量，与常见的仅用数量大小就可以表达的物理量如体积、温度、时间等不同，只有大小而无方向的量叫做标量。力是矢量，用黑体字表示，例如 F。在图示中通常用带箭头的线段来表示力，线段的长度表示力的大小，箭头所

指的方向表示力的方向，线段的起点或终点画在力的作用
点上，如图 1-1 中作用在小车上的重力 P 与拉力 T。

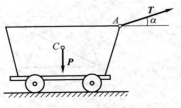

图 1-1　小车受力图

1.1.2　力的基本性质

（1）**作用与反作用定律**　物体间的作用是相互的。作用与反作用定律反映了两个物体之间相互作用力的客观规律。如图 1-2 所示，起吊重物时，重物对钢丝绳的作用力 T 与绳对重物的反作用力 T' 是同时产生的，并且大小相等、方向相反、作用在同一条直线上。力既然是两个物体之间的相互机械作用，所以就两个物体来看，作用力与反作用力必然永远是同时产生，同时消失，而且一旦产生，它们的大小必相等，方向必相反，而作用线必相同。这就是力的作用与反作用定律。成对出现的这两个力分别作用在两个物体上，因而它们对各自物体的作用效应不能相互抵消。

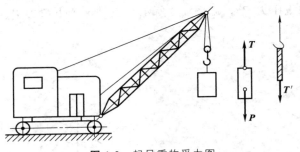

图 1-2　起吊重物受力图

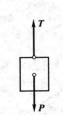

图 1-3　起吊重
物受力分析

（2）**二力平衡定律**　任何事物的运动是绝对的，静止是相对的、暂时的、有条件的。在力学分析中，把物体相对于地球表面处于静止或匀速直线运动状态称为平衡状态。当物体上只作用有两个外力而处于平衡时，这两个外力一定是大小相等，方向相反，并且作用在同一直线上。

仍以起吊重物为例，重物受两个力作用，向下的重力 P 和向上的拉力 T，它们的方向相反，沿同一直线，如图 1-3 所示。当物体停止在半空中或作匀速直线运动时，这时物体处于平衡，即 T 和 P 的大小相等、方向相反、作用在同一直线上。由此可以知道，作用于同一物体上的两个力处于平衡时，这两个力总是大小相等、方向相反并且作用在同一直线上。这就是二力平衡定律。

应当注意，在分析物体受力时，不要把二力平衡和作用与反作用混淆起来，前者是同一物体上的两个力的作用，后者是分别作用在两个物体上的两个力，它们的效果不能互相抵消。

（3）**力的平行四边形法则**　此法则反映了同一物体上力的合成与分解的基本规则。作用在同一物体上的相交的两个力，可以合成为一个合力，合力的大小和方向由以这两个力的大小为边长所构成的平行四边形的对角线确定，即

$$R = F_1 + F_2 \tag{1-1}$$

这个规则叫做力的平行四边形法则，如图 1-4 所示。

从力的平行四边形法则中不难看出，一般情况下，合力的大小不等于两个分力大小的代数和。它的大小可以大于分力，也可以小于分力，有时还可以等于零。

作用于同一物体上的若干个力叫做力系。力系中各个力的作用线汇交于一点的叫做汇交

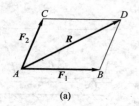 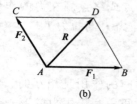 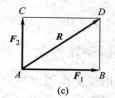

图 1-4　力的平行四边形法则

力系。对于汇交力系求合力，平行四边形法则依然能够适用，只要依次两两合成就可以求得最后的合力 **R**。现假设作用于某物体 A 点上有三个力 F_1、F_2 与 F_3，可以先求得 F_1 与 F_2 的合力 R_1，然后再将 R_1 与 F_3 合成为合力 **R**，如图 1-5 所示。

力不但可以合成，根据实际问题的需要还可以把一个力分解为两个分力。分解的方法仍是应用力的平行四边形法则。例如搁置在斜面上的重物，它的重力 **P** 就可以分解为与斜面平行的下滑力 P_x 与垂直于斜面的正压力 P_y，如图 1-6 所示。正是这个下滑力 P_x 使得物体有向下滑动的趋势。

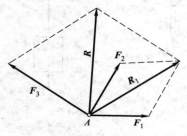

图 1-5　力的合成

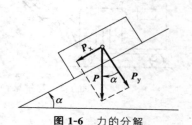

图 1-6　力的分解

对于多个力的合成，用矢量加法作图求解不太方便，如果应用力在直角坐标轴上投影的方法，将矢量运算转化为代数运算，则可较方便地求出合成的结果。下面介绍力在直角坐标轴上的投影，即解析法。

图 1-7 表示物体上 A 点受 **F** 力的作用，xOy 是任意选取的直角坐标系。设力 **F** 与 x 轴的正向夹角为 α。由图可以看出，力 **F** 在 x 轴与 y 轴上的投影分别为

$$\left.\begin{array}{l} F_x = F\cos\alpha \\ F_y = F\sin\alpha \end{array}\right\} \tag{1-2}$$

力在 x 坐标轴上的投影等于力的大小乘以力与投影轴所夹锐角的余弦，如果投影的方向与坐标轴的正向相同，投影为正；反之为负。力的投影是代数量。显然，当 $\alpha = 0°$ 或 $180°$ 时，力 **F** 与 x 轴平行，则力 **F** 在 x 轴上的投影 $F_x = F$ 或 $F_x = -F$；当 $\alpha = 90°$ 时，力 **F** 与 x 轴垂直，$F_x = 0$。

设物体上某点 A 受两个力 F_1、F_2 作用，如图 1-8 所示。为了求它的合力，可以先分别求出它们在某一坐标轴上的投影，然后代数相加，就可以得到合力在坐标轴上的投影。

$$\left.\begin{array}{l} R_x = \sum F_x = F_{1x} + F_{2x} = F_1\cos\alpha_1 + F_2\cos\alpha_2 \\ R_y = \sum F_y = F_{1y} + F_{2y} = F_1\sin\alpha_1 + F_2\sin\alpha_2 \end{array}\right\} \tag{1-3}$$

合力在某一坐标轴上的投影等于所有分力在同一坐标轴上投影的代数和。这个规律称为合力的投影定理，对于多个力的合成仍然是适用的。有了合力在坐标轴上的投影，就不难求出合力的大小和方向。

$$R=\sqrt{R_\mathrm{x}^2+R_\mathrm{y}^2}=\sqrt{(\sum F_\mathrm{x})^2+(\sum F_\mathrm{y})^2}$$

$$\tan\theta=\frac{R_\mathrm{y}}{R_\mathrm{x}}=\frac{\sum F_\mathrm{y}}{\sum F_\mathrm{x}}$$

(1-4)

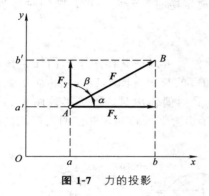

图 1-7　力的投影

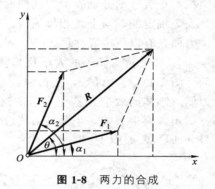

图 1-8　两力的合成

1.2　力矩与力偶

1.2.1　力矩的概念

在生产实践中，人们利用了各式各样的杠杆，如撬动重物的撬杠、称东西的秤等，这些不同的杠杆都利用了力矩的作用。由实践经验知道，用扳手拧螺母时，扳手和螺母一起绕螺栓的中心线转动。因此，力使物体转动的效果，不仅取决于力的大小，而且与力的作用线到 O 点（图 1-9）的距离 d 有关。力矩定义为力矢的模与力臂的乘积，是一个代数量。O 点称为力矩中心；力的作用线到 O 点的垂直距离 d 叫做力臂，力矩可以用下式表示。

$$M_O(\boldsymbol{F})=\pm Fd \qquad (1\text{-}5)$$

式中，正负号表示力矩转动的方向，一般规定：逆时针转动的力矩取正号，顺时针转动的力矩取负号。力矩的单位为 N·m 或 kN·m。

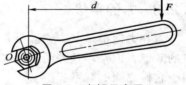

图 1-9　力矩示意图

显然力的大小等于零，或力的作用线通过力矩中心（力臂等于零），则力矩为零，这时不能使物体绕 O 点转动。如果物体上有若干个力，当这些力对力矩中心的力矩代数和等于零，即 $\sum M_O(\boldsymbol{F})=0$ 时，原来静止的物体，就不会绕力矩中心转动。

1.2.2　力偶

力偶就是受到大小相等、方向相反、互相平行的两个力的作用，对物体产生的是纯转动效应（即不需要固定转轴或支点等辅助条件）。例如，用丝锥攻螺纹（图 1-10）、用手指旋开水龙头等均是常见的力偶实例。力偶记为（$\boldsymbol{F}$，$\boldsymbol{F}'$）。力偶中两力之间相距的垂直距离（图 1-10 中 l）称为力偶臂。力偶对物体产生的转动效应应该用构成力偶的两个力对力偶作用平面内任一点之矩代数和来度量，这两个力对某点之矩的代数和称为力偶矩。所以，力偶矩是力偶对物体转动效应的度量。

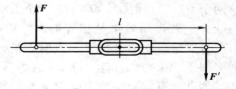

图 1-10　力偶示意图

若用 m（F，F'）表示力偶（F，F'）的力偶矩，则有

$$m = \pm Fl \qquad\qquad (1\text{-}6)$$

力偶矩和力矩一样，也可以用一个代数量表示，其数值等于力偶中一力的大小与力偶臂的乘积，正负号则分别表示力偶的两种相反转向，若规定逆时针转向为正，则顺时针为负。这是人为规定的，与上述相反的规定也可以。

力偶具有以下主要性质。

① 只要保持力偶矩的大小及其转向不变，力偶的位置可以在其作用平面内任意移动或转动［图 1-11(a)、(b)］，还可以任意改变力的大小和臂的长短［图 1-11(c)］，而不会影响该力偶对刚体的效应。基于力偶的这一性质，当物体受力偶作用时，可不必像图 1-11（c）那样画出力偶中力的大小及其力线位置，只需用箭头示出力偶的转向，并注明力偶矩的简写符号 m 即可，如图 1-11（d）所示。

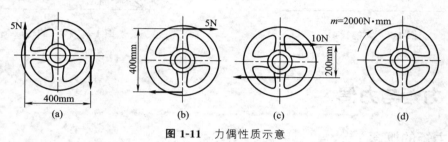

图 1-11 力偶性质示意

② 组成力偶的两个力既不平衡，也不能合成为一个合力；因此，力偶的作用不能用一个力来代替，只能用力偶矩相同的力偶来代替；力偶只能用力偶来平衡。

③ 组成力偶的两个力对作用面内任意点的力矩之和等于力偶矩本身。因此，力偶也可以合成。在同一平面内有两个以上力偶同时作用时，合力偶矩等于各分力偶矩的代数和，即 $M = \sum m$。如果静止的物体不发生转动，则力偶矩的代数和为零，即 $\sum m = 0$。

1.2.3 力的平移

力和力偶都是基本物理量，在力与力偶两者之间不能互相等效代替，也不能相互抵消各自的效应。但是，这并不是说力与力偶之间就没有联系，下面要讨论的力的平移定理，就表明了它们之间的联系。

力的平移的方法可以用来分析力对物体作用的效果。图 1-12 所示为侧面附有悬挂件的蒸馏塔，悬挂件的总重力为 Q，与主塔中心线间有一偏心距 e，Q 力对主塔支座所起的作用效果，可以应用力的平移方法来分析。为此，在主塔中心线上加上两个力 Q' 与 Q''，使它们大小相等，并令 $Q' = Q'' = Q$，Q' 与 Q'' 方向相反与 Q 互相平行。不难看出 Q' 与 Q'' 是符合二力平衡条件的。对整体而言，加上这两个力以后，由 Q、Q' 与 Q'' 三个力组成的力系的作用与 Q 力单独作用效果是相等的。但从另一角度来分析，可以看成是把 Q 力平移了一个偏心距 e 成为 Q'，与此同时附加了一个力偶（Q、Q''），其力偶矩 m 的大小等于 Qe。因此，有偏心距的力 Q 对支座的作用，相当一个力 Q' 和一个力偶 m 的共同作用，力 Q' 压向支座，力偶 m 使

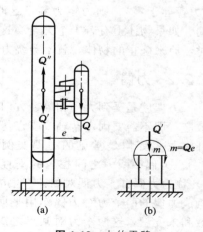

图 1-12 力的平移

塔体弯曲,支座承受了压缩和弯曲的联合作用。

从"等效代替"的观点,可以这样来理解力的平移定理:虽然力与力偶都是基本物理量,但这两者不能相互等效代替,但是一个力却可以用一个与之平行且相等的力和一个附加力偶来等效代替,反之,一个力和一个力偶也可以用另一个力来等效代替。

1.2.4 平面一般力系向一点的简化

下面应用力的平移定理来研究平面一般力系向一点简化的问题。

设刚体上作用有由 n 个力组成的平面一般力系 F_1、F_2、$\cdots$、F_n [图 1-13(a)]。若将所有 n 个力都平移到同一平面内的任意点 O [图 1-13(b)],根据力的平移定理,则得到一平面共点力系 F_1'、F_2'、$\cdots$、F_n' 和一附加平面力偶系 m_1、m_2、$\cdots$、m_n。按基本力系的合成方法,平面一般力系的合成问题可得到解决。

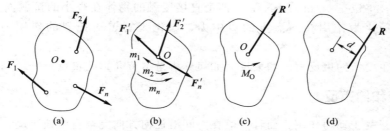

图 1-13 平面力系向一点的简化

在力系的作用平面内,任选的一点 O 称为简化中心。将力系中诸力平移至简化中心,同时附加一个力偶系的过程,称为力系向给定点的简化。经简化后的平面共点力系 F_1'、F_2'、$\cdots$、F_n' 又合成为一个合力 R',该合力作用点在简化中心上,把简化后的附加力偶系 m_1、m_2、$\cdots$、m_n 合成得一力偶 M_O [图 1-13(c)]。依据力的平移定理,可将力 R' 和力偶 M_O 合成为一个力 R [图 1-13(d)],这个力 R 就是原力系 F_1、F_2、$\cdots$、F_n 的合力。

下面分别研究力 R' 的大小和方向、力偶 M_O 的大小和转向以及合力 R 的作用线位置的确定。

① R' 和主矢。从图 1-13 可知,R' 是图示共点系的合力。R' 的大小和方向可由平面共点力系合成的几何法或解析法获得。

$$R' = \sum F \tag{1-7}$$

式(1-7)表明平面共点力系的合力 R' 等于原力系(F_1、F_2、$\cdots$、F_n)中各分力的矢量和,亦即原力系的主矢,而合力 R' 的作用线则通过简化中心。

② 对点 O 的主矩。M_O 是该平面一般力偶系的合力偶矩。由平面力偶系的合成定理可知

$$M_O = \sum m \tag{1-8}$$

式中,M_O 也称为原力系对简化中心的主矩。式(1-8)表明,该平面力偶系的合力偶矩等于各力对简化中心之矩的代数和。

③ 合力 R 的作用线位置。由下式确定。

$$d = \frac{|M_O|}{R'} \tag{1-9}$$

对于空间一般力系向某一点 O 的简化,也可以表示成通过 O 点的主矢和对点 O 的主矩。

1.3 物体的受力分析及受力图

物体的受力分析，就是具体分析某一物体上受到哪些力的作用，这些力的大小、方向、位置如何。只有在对物体进行正确的受力分析之后，才有可能根据平衡条件由已知外力求出未知外力，从而为进行设备零部件的强度、刚度等设计和校核打下基础。

已知外力主要指作用在物体上的主动力，按其作用方式有体积力和表面力两种。体积力是连续分布在物体内各点处的力，如均质物体的重力，单位是 N/m^3 或 kN/m^3；表面力常是在接触面上连续分布的力，如内压容器的压力和塔器表面承受的风压等，单位是 N/m^2 或 kN/m^2。如果被研究物体的横向尺寸远较长度为小，则度量其体积力和表面力大小均用线分布力表示，单位是 N/m 或 kN/m。两个直接接触的物体在很小的接触面上互相作用的分布力，可以简化为作用在一点上的集中力，如化工管道对托架的作用力，单位是 kN 或 N。

未知外力主要指约束反力。约束反力如何分析是本节介绍的重点。

1.3.1 约束和约束反力

如果物体只受主动力作用，而且能够在空间沿任何方向完全自由地运动，则称该物体为自由体。如果物体的运动在某些方向上受到了限制而不能完全自由地运动，那么该物体就称为非自由体。限制非自由体运动的物体称为约束。例如轴只能在轴承孔内转动，不能沿轴孔径向移动，于是轴就是非自由体，而轴承就是轴的约束。塔设备被地脚螺栓固定在基础上，任何方向都不能移动，地脚螺栓就是塔的约束。可以看到，约束的共同特点是直接和物体接触，并限制物体在某些方向的运动。

当非自由体的运动受到它的约束限制时，在非自由体与其约束之间就要产生相互作用的力，这时约束作用于非自由体上的力就称为该约束的约束反力。当一个非自由体同时受到几个约束的作用时，那么该非自由体就会同时受到几个约束反力的作用。如果这个非自由体处于平衡，那么这几个约束反力对该非自由体所产生的联合效应必定正好抵消主动力对该物体所产生的外效应。所以约束反力的方向，必定与该约束限制的运动方向相反。应用这个原则，可以确定约束反力的方向或作用线的位置。至于约束反力的大小，则需要用平衡条件求出。

工程中的各种约束可以归纳为几种基本形式。下面介绍约束的基本形式和约束反力的性质。

（1）柔性约束　这类约束是由柔性物体如绳索、链条、皮带、钢丝绳等所构成。这种约束的特点是：只有当绳索被拉直时才能起到约束作用；只能阻止非自由体沿绳索伸直的方位朝外运动，而限制不了非自由体在其他方向的运动。所以代替这种约束的约束反力，它的力作用线应和绳索伸直时的中心线重合，指向应该是离开非自由体朝外。例如图 1-14（a）中的均质杆，若将两根限制它运动的绳子用约束反力表示，则两个约束反力 T_A 和 T_B 的力线方向应与绳子的中心线重合。图 1-14（b）就是将均质杆上的绳索去掉代之以约束反力以后，均质杆的受力图。从这种受力图可以清晰地看出，均质杆在重力 G 和绳索约束反力 T_A、T_B 这样三个外力作用下处于平衡。其中 G 是已知力。图 1-15（a）是另一个柔性体约束实例，图 1-15（b）是被起吊设备的受力图，读者可自行分析。

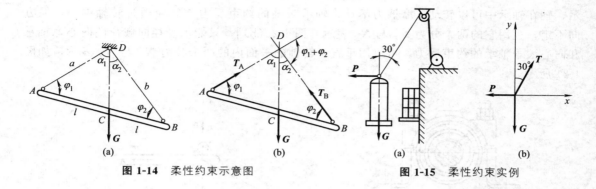

图 1-14　柔性约束示意图　　　　　图 1-15　柔性约束实例

（2）**光滑接触面约束**　这类约束是由光滑支承面如滑槽、导轨等所构成。支承面与被约束物体之间的摩擦力很小，可以略去不计。它的特点是只能限制被约束物体沿接触面公法线方向向着支承面内的运动。因此这种约束的约束反力方向是沿着接触面的公法线方向，指向被约束物体。图 1-16 所示为托轮对滚筒的约束反力 N_1、N_2，图 1-17 所示为滑块所受的滑槽的约束反力 N 沿滑槽的法线方向。

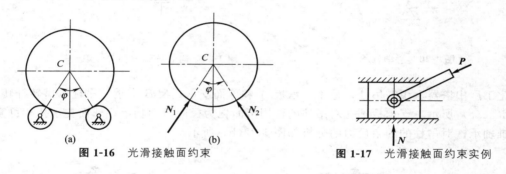

图 1-16　光滑接触面约束　　　　　图 1-17　光滑接触面约束实例

（3）**铰链约束**　圆柱形铰链约束是由两个端部带有圆孔的构件用一销钉连接而成的（图 1-18），常见的形式如下。

① 固定铰链支座约束。如图 1-19（a）所示，由固定支座和杆并用销钉连接而成。它的特点是被约束物体只能绕销钉的轴线转动，而不能上下左右移动。约束反力的方向随着主动力的变化而变化，通过铰链中心，可以用它的两个分力 N_x 与 N_y 表示，如图 1-19（b）所示。

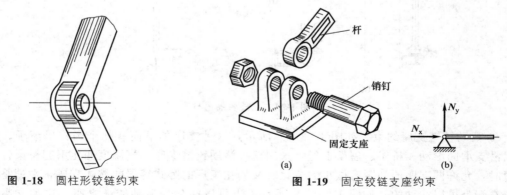

图 1-18　圆柱形铰链约束　　　　图 1-19　固定铰链支座约束

在机械传动中，轴承对轴的约束作用，也可以简化为固定铰链约束。如图 1-20（a）所示，轴在轴承中可以转动，摩擦力不计，轴承对轴的约束反力 N，应通过转轴中心，但方向不定，也用它的两个分力 N_x 与 N_y 表示 [图 1-20(b)]。只能承受径向载荷的向心球轴承和向心滚子轴承的约束反力，可以用垂直于转轴的平面内的两个分力 N_x 与 N_y 表示，如图 1-21 所示。

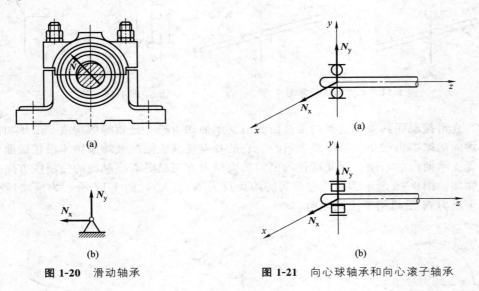

图 1-20　滑动轴承　　　　　　　　图 1-21　向心球轴承和向心滚子轴承

化工厂中塔器上用的吊柱，是用支承板 A 和球面支承托架 B 支承，吊柱可借转杆转动，如图 1-22(a) 所示。支承板圆孔对吊柱的作用可简化为径向滑动轴承；球面支承托架可简化为止推轴承，对吊柱的约束反力的分析如图 1-22(b) 所示。

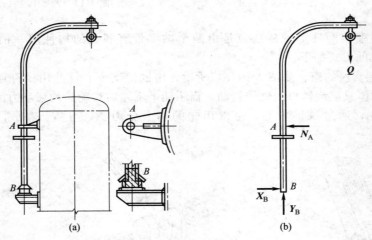

图 1-22　立式容器吊柱

② 活动铰链支座约束。如图 1-23(a) 所示，这种支座的下面有几个圆柱形滚子，支座可以沿支承面滚动。桥梁、屋架上经常采用这种活动铰链支座，当温度变化引起桥梁伸长或缩短时，允许两支座的间距有微小的变化。又如化工厂的卧式容器的鞍式支座，左端是固定的，右端是可以活动的，如图 1-23(b) 所示，也可以简化为活动铰链支座。这类支座的特点是只限制被约束物体沿垂直支撑面方向的运动，因此约束反力的方向必垂直于支撑面，并

通过铰链中心。活动铰链支座简图如图 1-23(c) 所示。

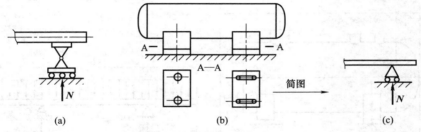

图 1-23 活动铰链支座约束

（4）**固定端约束** 其特点是限制被约束物体既不能移动，又不能转动，被约束的一端完全固定。如塔器的基础对塔底座是固定端约束，其约束反力除有 N_x 与 N_y 之外，还应有阻止塔体倾倒的力偶矩 m，如图 1-24 所示。悬臂式管道托架，一端插入墙内，另一端为自由端，墙对托架也起到固定端约束的作用，如图 1-25 所示。固定端约束反力由力与力偶组成，前者阻止被约束物体移动，后者阻止其转动。

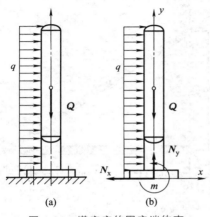

图 1-24 塔底座的固定端约束

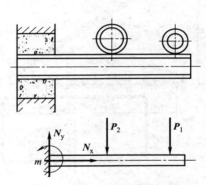

图 1-25 固定端约束的托架

1.3.2 受力图

为了清晰地分析与表示构件的受力情况，需要将所研究的构件（研究对象）从与它发生联系的周围物体中分离出来，把作用于其上的全部外力（包括已知的主动力和未知的约束反力）都表示出来。这样画出的表示物体受力情况的简图称为受力图。

正确地画出受力图，是进行力学计算的重要前提。下面通过一些实例来说明画受力图的方法。

【例 1-1】 某化工厂的卧式容器如图 1-26(a) 所示，容器总重力（包括物料、保温层等）为 Q，全长为 L，支座 B 采用固定式鞍座，支座 C 采用活动式鞍座，试画出容器的受力图。

解 首先将容器简化成结构简图，为一外伸梁。根据鞍座的结构，B 端简化为固定铰链支座，C 端为活动铰链支座。再以整个容器为研究对象，已知的主动力为总重 Q，沿梁的全长均匀分布，因而梁上受均布载荷 $q(q=Q/L)$；按照约束的特性，画出支座反力 N_B

与 N_C。图 1-26（b）就是容器的受力图。

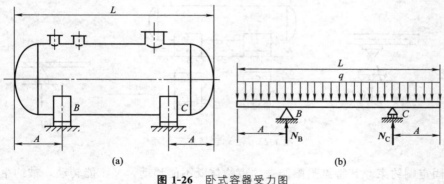

图 1-26 卧式容器受力图

【例 1-2】 图 1-27（a）所示为三角形框架结构，在 BC 杆上悬挂重物，忽略杆的自重，试画出整体结构和 BC 杆的受力图。

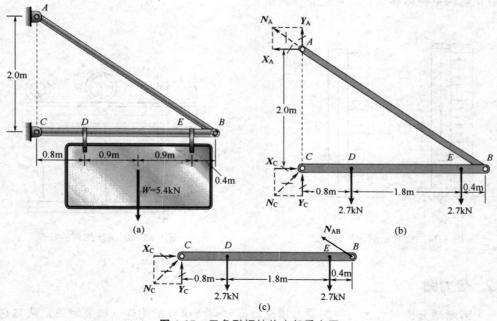

图 1-27 三角形钢结构支架受力图

解 以整体作为研究对象，重物悬挂在 BC 杆件的 D、E 位置处，因此重物的重力作为主动力，平均施加在 D、E 处。铰链 A 的约束反力用 X_A 与 Y_A 两个分量表示，N_A 为两者的合力。铰链 C 的约束反力用 X_C 与 Y_C 两个分量表示，N_C 为两者的合力。这时铰链 B 处的力不画出来，这是因为 AB 杆与 BC 杆通过铰链 B 连接，它们相互作用的力从整体来看属于内力，由于是成对出现，所以不必画出。

以 BC 杆作为研究对象，重物的重力作为主动力平均施加在 D、E 处。铰链 C 的约束反力用 X_C 与 Y_C 两个分量表示，N_C 为两者的合力。铰链 B 处存在着沿着 AB 杆的内力 N_{AB}。

由以上两例可以归纳画受力图的步骤是：简化结构，画结构简图；选择研究对象，画出作用在其上的全部主动力；根据约束性质，画出作用于研究对象上的约束反力。

1.4 平面力系的平衡方程

作用在一个物体上的各力的作用线分布在同一平面内，或者可以简化到同一平面内的力系叫做平面力系。各力的作用线分布在空间的叫做空间力系。在工程实际中有很多结构的受力情况可以简化为平面力系。

例如图 1-28 所示的屋架，它的厚度相对于其余两个方向的尺寸小得多，这种结构称为平面结构。图 1-27 所示的支架也是平面结构。图 1-28 所示的平面屋架上作用有载荷 P 与 Q，支座反力 X_A、Y_A 与 N_B。这些力都作用在结构平面内，既不相交又不互相平行，构成平面力系。有的结构本身虽然不是平面结构，但具有结构对称、受力对称的特点，就可以把力简化到对称

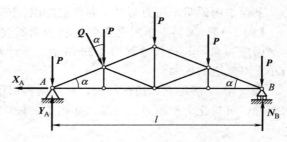

图 1-28 屋架受力示意

平面内，作为平面力系来处理。例如化工设备中的塔器，由于结构对称，重力 Q 一定在对称面内；塔体上的风载荷本来是分布在塔体的迎风面上，按空间分布的，但由于受力对称，同样可以简化到对称面内，用沿塔体高度方向的均布力 q 来表示。加上支座反力 N_x、N_y 与力偶矩 m，这些力组成平面力系，如图 1-24（b）所示。

上述屋架、管道支架和塔器都是物体在平面力系作用下的实例。下面介绍物体在平面力系作用下平衡应满足的条件、平衡方程及其应用。

物体在平面力系作用下处于平衡，就意味着物体相对于地球表面不能有任何运动产生，既不能移动，也不能转动。不能移动，就要求所有力在水平方向和铅垂方向投影的代数和等于零；不能转动，就要求所有力对任意点的力矩的代数和等于零。因此平面力系平衡时必须满足下面三个代数方程，即

$$\left.\begin{array}{l} \sum F_x = 0 \\ \sum F_y = 0 \\ \sum M_O(\boldsymbol{F}) = 0 \end{array}\right\} \tag{1-10}$$

这组方程的前两个，称为力的投影方程，它表示力系中所有力对任选的直角坐标系两轴投影的代数和等于零。第三个式子称为力矩方程，它表示所有的力对任一点之矩的代数和等于零。由于这三个方程相互独立，故可用来解三个未知量。

平面一般力系的平衡方程还可以写成其他形式，如

$$\left.\begin{array}{l} \sum M_A = 0 \\ \sum M_B = 0 \\ \sum F_x = 0 \end{array}\right\} \tag{1-11}$$

其中 A 和 B 是平面内任意的两个点，但 AB 连线不能垂直于 x 轴。

满足式(1-11) 中的 $\sum M_A = 0$，即表示该平面力系向 A 点简化的主矩为零，这就是说该力系简化结果不是力偶，如果是一个力，则这个合力的作用线必过 A 点。同理，如果力系

又满足 $\sum M_B = 0$，那么可以断定，该力系简化结果如果有合力，则此力必过 A、B 两点。若同时又满足 $\sum F_x = 0$，而且 AB 连线又不垂直于 x 轴，那么这就否定了该力系简化结果为合力的可能。于是可得结论：满足式(1-11) 的平面一般力系必是平衡力系。

此外，平面一般力系的平衡方程还可用第三种形式表达，即

$$\left.\begin{array}{l}\sum M_A = 0 \\ \sum M_B = 0 \\ \sum M_C = 0\end{array}\right\} \tag{1-12}$$

式(1-12) 中 A、B、C 是平面内不能共线的三个任意点。为什么满足这三个条件的力系必是平衡力系，请读者自证。

下面举例说明平面力系平衡方程的应用。

【例 1-3】 加料小车用卷扬机 B 拉着沿斜坡道匀速上升，设小车与物料共重 P，斜坡与水平面成 α 角，其他尺寸如图 1-29 所示。不计轨道与车轮之间的摩擦，试求钢丝绳的拉力与小车对轨道的压力。

解 ① 了解题意，简化结构，画出结构简图。本题原属四轮小车，由于结构对称，受力对称，可简化为平面力系问题，如图 1-29(a) 所示。

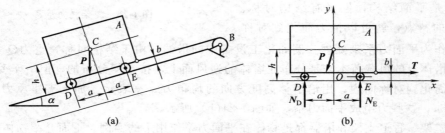

图 1-29 小车受力分析

② 选取研究对象。原则上应考虑以作用有已知力和未知力的物体为研究对象，本题以小车 A 为对象，不以卷扬机为对象。

③ 画受力图。先画出主动力 P，再根据约束的性质，画出约束反力。钢丝绳为柔性约束，约束反力沿绳长方向离开小车，用 T 表示；轨道对车轮为光滑支撑面，约束反力垂直于支撑面并指向小轮中心，用 N_D、N_E 表示。受力图如图 1-29(b) 所示。小车对轨道的压力与 N_D、N_E 是作用与反作用关系，大小与它们相等。

④ 选择适当的坐标轴。以列出的平衡方程运算是否简单为原则。本题选择的坐标轴如图 1-29(b) 所示。

⑤ 列平衡方程式，求解，最后进行验算。

$$\sum F_x = 0 \quad T - P\sin\alpha = 0$$
$$T = P\sin\alpha$$
$$\sum m_D(\boldsymbol{F}) = 0 \quad N_E \times 2a - Tb + P\sin\alpha h - P\cos\alpha a = 0$$
$$N_E = \frac{aP\cos\alpha - P\sin\alpha h + Tb}{2a}$$
$$\sum F_y = 0 \quad N_D + N_E - P\cos\alpha = 0$$
$$N_D = P\cos\alpha - N_E = P\cos\alpha - \frac{P\cos\alpha a - P\sin\alpha h + Tb}{2a} = \frac{aP\cos\alpha + P\sin\alpha h - Tb}{2a}$$

选 E 点为力矩中心,写力矩方程式验算。

$$\sum M_E(F)=0 \quad P\cos\alpha a + P\sin\alpha h - Tb - N_D\times 2a = 0$$

$$N_D=\frac{P\cos\alpha a + P\sin\alpha h - Tb}{2a}$$

结果一致。

通过上例有以下补充说明。

① 选投影坐标轴时没有局限于水平轴与垂直轴,而选用了与斜面平行的轴为 x 轴和与斜面垂直的轴为 y 轴。显然这一种选法投影比较简单,因所选择的坐标轴与多数未知力平行或垂直,故可使计算简化。

② 列力矩方程式时,选多数未知力的交点为力矩中心最为简单。本题当 T 求出以后,选 D 点或 E 点为力矩中心,列出的方程中只有一个未知力,易于求解;用其他点如 C 或 O 为矩心,都包含两个未知力。

③ P 力对 D 点或 E 点的力矩是通过它的 x 轴方向与 y 轴方向的分力来计算的。$P_x = P\sin\alpha$,$P_y = P\cos\alpha$,P_x 到 D 点或 E 点的垂直距离为 h,P_y 到 D 点或 E 点的垂直距离为 a。直接计算 P 力到 D 点或 E 点的垂直距离比较难,所以才用它的两个分力取力矩。可以证明合力对某一点的力矩等于它的分力对同一点的力矩的代数和,这叫做合力矩定理。这里直接应用了这一结论。

④ 平面力系平衡方程只有三个方程式,可以求出三个未知数。如未知数超过三个,仅用平衡方程式就不能完全解出。

【例 1-4】 有一塔设备(见图 1-24),塔体自重 $Q=300\text{kN}$,塔高 $h=20\text{m}$,塔体所受风压力简化为线均布载荷 $q=400\text{N/m}$。求塔设备在支座处所受到的约束反力。

解 ① 由于塔身与基础用螺栓牢固连接,可将塔设备简化为具有固定端约束的悬臂梁。

② 画受力图。以塔体为研究对象,主动力有自重 Q 和风载荷 q。在计算支座反力时,均布力 q 可用其合力表示,合力的大小为 hq(h 为塔高)。合力的方向与均布的风力方向一致,合力的作用线在塔中间 $h/2$ 处。约束反力有固定端约束的特点,分为 N_x、N_y、m 三部分,它们的指向与转向可以假设。

③ 建立平衡方程。首先要建立适当的坐标系,该力系为平面力系,其平衡方程式为

$$\sum F_x=0 \quad -N_x+qh=0$$

$$N_x=qh=400\times 20=8000\text{N}=8\text{kN}$$

$$\sum F_y=0 \quad N_y-Q=0$$

$$N_y=Q=300\text{kN}$$

$$\sum M_A(F)=0 \quad m-qh\frac{h}{2}=0$$

$$m=q\frac{h^2}{2}=\frac{1}{2}\times 400\times 20^2=80000\text{N·m}=80\text{kN·m}$$

平面力系中有两种经常遇到的特殊情况:平面汇交力系和平面平行力系。平面汇交力系中各力的作用线既分布在同平面内又汇交于一点,如果取汇交点为力矩中心 O,则力系中所有力对 O 点之矩都等于零。因此,力矩方程式 $\sum M_O(F)=0$ 一定能够满足。于是平面力系的平衡方程只有如下两式,即

$$\left.\begin{array}{l} \sum F_x=0 \\ \sum F_y=0 \end{array}\right\} \quad (1\text{-}13)$$

满足以上两个方程式，就表示汇交力系的合力 **R** 为零，物体在任何方向都不会移动。

平面平行力系中各力的作用线既分布在同一平面内又互相平行。如果选投影坐标轴 x 与力垂直，则所有力在 x 轴上的投影的代数和必然等于零。于是平面平行力系的平衡方程式只有如下两式，即

$$\left.\begin{array}{l} \sum F=0 \\ \sum M_O(\boldsymbol{F})=0 \end{array}\right\} \quad (1\text{-}14)$$

满足以上两个方程式，物体在任何方向都不会移动，也不会转动。应用平面汇交力系或平面平行力系的平衡方程可求解两个未知力。

【例 1-5】 如图 1-30 所示，锅炉半径 $R=1\mathrm{m}$，自重 $Q=40\mathrm{kN}$，两砖座间距离 $l=1.6\mathrm{m}$，试求锅炉在 A、B 两处对砖座的压力（略去摩擦力）。

解 以锅炉为研究对象，画受力图。主动力有自重 Q，根据作用与反作用的关系，只要求出 A、B 两支座处的约束反力 N_A 与 N_B，问题就解决了。

选坐标轴，列平衡方程式。

$\sum F_x=0 \quad N_A\cos\alpha-N_B\cos\alpha=0 \qquad$ （a）

$\sum F_y=0 \quad N_A\sin\alpha+N_B\sin\alpha-Q=0 \qquad$ （b）

由式（a）得 $N_A=N_B$，代入式（b）求得

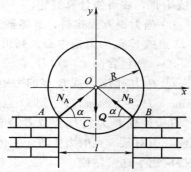

图 1-30 锅炉受力图

$$N_A=N_B=\frac{Q}{2\sin\alpha}$$

$$\sin\alpha=\frac{OC}{OB}=\frac{0.6}{1}=0.6$$

故

$$N_A=N_B=\frac{40}{2\times0.6}=33.3\mathrm{kN}$$

【例 1-6】 如图 1-31 所示，桥式起重机梁重 $G=60\mathrm{kN}$，跨度为 $l=12\mathrm{m}$。当起吊重物 $Q=40\mathrm{kN}$ 离左端轮子距离 $a=4\mathrm{m}$ 时，求轨道 A、B 对起重机的反力。

解 吊车所受的轨道反力垂直向上，与载荷组成平面平行力系。由平衡方程求两个未知力。

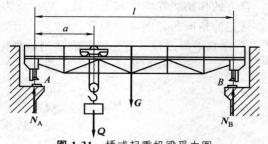

图 1-31 桥式起重机梁受力图

$$\sum M_A(F_y)=0 \qquad N_Bl-G\frac{l}{2}-Qa=0$$

$$N_B=\frac{1}{l}\left(G\frac{l}{2}+Qa\right)=\frac{1}{12}\times\left(60\times\frac{12}{2}+40\times4\right)=43.3\mathrm{kN}$$

$$\sum F_y=0 \quad N_A+N_B-G-Q=0$$

$$N_A=G+Q-N_B=60+40-43.3=56.7\mathrm{kN}$$

● 思考题

1-1 静力学所研究的是什么问题？

1-2 什么是载荷、约束反力？

1-3 工程上常见的约束有哪些类型？它们的约束反力各沿什么方向？

1-4 力矩和力偶的区别是什么？力偶是不是平衡力系？力偶能不能被一个单独的力平衡？

1-5 怎样将平面任意力系向已知点简化？简化的结果是什么？

1-6 平面任意力系的平衡条件是什么？为什么？

1-7 何谓平面汇交力系？平面汇交力系有何特点？

1-8 什么是受力图？画受力图时应该注意哪些问题？

1-9 简述求解静力学基本问题的一般步骤。

1-10 研究物系平衡问题的方程有哪些？

第2章

直杆的拉伸和压缩

第 1 章介绍了力、力矩、力偶等基本概念；研究了物体在外力作用下的平衡规律；介绍了物体平衡时约束反力的求法。现在将进一步研究物体在外力作用下发生变形或破坏的规律，以保证机器设备零部件在外力作用下不致发生破坏或产生过大的变形。要使一个构件设计得既满足强度、刚度和稳定等方面的要求，又使它的尺寸小，重量轻，结构形状合理，就必须既能正确地分析和计算构件的变形和内力，又了解和掌握构件材料的力学性质，使材料能够在安全使用的前提下发挥最大的潜力。

在工程实际中，构件的形状是很多的，如果构件的长度比横向尺寸大得多，这样的构件就称为杆件。杆件的各个横截面形心的连线称为轴线。如果杆的轴线是直线，而且各横截面都相等，就称为等截面直杆［图 2-1（a）］。除此以外还有变截面直杆、曲杆［图 2-1（b）、(c)］等。这里主要研究等截面直杆。如果构件的厚度比起它的长和宽两个方向的尺寸小得多，这样的构件就称为薄板或壳［图 2-1（d）、(e)］，例如锅炉和化工容器等，这将在本书第三篇中介绍。

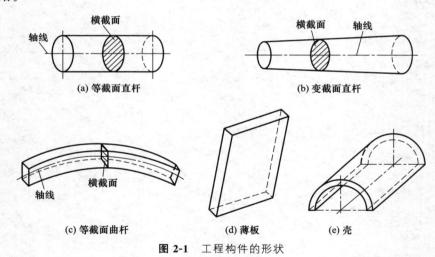

图 2-1 工程构件的形状

当载荷以不同的方式作用在杆件上时，杆件将产生不同的变形。杆件的基本变形形式有以下几种（表 2-1）。

（1）拉伸　当杆件受到作用线与杆的轴线重合的大小相等、方向相反的两个拉力作用时，杆件将产生沿轴线方向的伸长。这种变形称为拉伸变形。

（2）压缩　当杆件受到作用线与杆的轴线重合的大小相等、方向相反的两个压力作用时，杆件将产生沿轴线方向的缩短。这种变形称为压缩变形。

表 2-1 杆件的基本变形形式

基本变形形式	变形简图	实例
拉伸		连接容器法兰用的螺栓
压缩		容器的立式支腿
弯曲		各种机器的传动轴、受水平风载的塔体
剪切		悬挂式支座与筒体间的焊缝、键、销等
扭转		搅拌器的轴

（3）**弯曲** 当杆件受到与杆轴垂直的力作用（或受到在通过杆轴的平面内的力偶作用）时，杆的轴线将变成曲线。这种变形称为弯曲变形。

（4）**剪切** 当杆件受到作用线与杆的轴线垂直，而又相距很近的大小相等、方向相反的两个力作用时，杆上两个力中间部分的各个截面将互相错开。这种变形称为剪切变形。

（5）**扭转** 当杆件受到在垂直于杆轴平面内的大小相等、转向相反的两个力偶作用时，杆件表面的纵线（原来平行于轴线的纵向直线）扭歪成螺旋线。这种变形称为扭转变形。

复杂的变形可以看成是以上几种基本变形的组合。以下几章讨论基本变形的强度、刚度和稳定问题，也就是通常材料力学所要解决的问题。本章首先介绍直杆的拉伸与压缩。

2.1 直杆的拉伸和压缩

2.1.1 工程实例

工程实际中直杆拉伸和压缩的实例是很多的。如图 2-2 所示的飞机被牵引过程中，牵引

起落架支柱

牵引杆

图 2-2 拉伸和压缩实例

第 2 章 直杆的拉伸和压缩 19

杆所受的作用力是拉力，而起落架支柱所受到的作用力是压力。起吊设备时的绳索和连接法兰用的螺栓是拉伸的实例，容器的立式支腿和千斤顶的螺杆，则是受到压缩的构件。

拉伸和压缩时的受力特点是：沿着杆件的轴线方向作用一对大小相等、方向相反的外力。当外力背离杆件时称为轴向拉伸，外力指向杆件时称为轴向压缩。

拉伸和压缩时的变形特点是：拉伸时杆件沿轴向伸长，横向尺寸缩小；压缩时杆件沿轴向缩短，横向尺寸增大。

2.1.2 拉伸和压缩时横截面上的内力

物体在未受外力作用时，组成物体的分子之间本来就存在相互作用的力。受外力作用后物体内部相互作用力的情况要发生变化，同时物体要产生变形，这种由外力引起的物体内部相互作用力的变化量称为附加内力，简称内力。物体的变形及破坏情况与内力有着密切的联系，因而在分析构件的强度与刚度问题时，要从分析内力入手。现在来介绍拉伸和压缩时横截面上内力的求法。

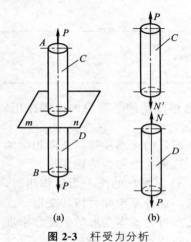

图 2-3 杆受力分析

研究图 2-3（a）所示的杆件 AB，它在外力的作用下处于平衡状态。为了计算内力，假想用一垂直于杆体轴线的 m-n 平面将杆截开，分成 C、D 两部分。以任一部分，例如以 D 为研究对象，进行受力分析。由于 AB 杆是平衡的，因而部分 D 也必然是平衡的。在部分 D 上除了外力 P 以外，在横截面 m-n 上必然还有作用力存在，这就是部分 C 对部分 D 的作用力，也就是横截面 m-n 上的内力，以 N 表示，如图 2-3（b）所示。根据平衡条件，可求出内力 N 的大小。

$$\sum F_y = 0 \quad N - P = 0$$

则

$$N = P$$

在图 2-3（b）中，还分析了 D 作用在 C 上的力 N'，显然 $N = N'$。如果以 C 为研究对象，也可求出横截面上的内力，并得到相同的结果。

区分内力的性质应该依据变形，所以通常规定：伴随拉伸变形产生的内力取正值；伴随压缩变形产生的内力取负值。为了区分杆件在发生不同变形时（拉、压、弯、剪、扭）所产生的内力，把由于拉伸或压缩变形而产生的横截面上的内力称为轴力，用 N 表示。

图 2-4 是一个受到四个轴向力作用而处于平衡的杆。现求 m-m 截面上的内力。首先，假想用一平面将杆从 m-m 处截开，然后取其中的任何一半为研究对象，列出其平衡方程。例如取左半段时，可得

$$N = P - Q_1$$

若取右半段为对象，则有

$$N' = Q_3 + Q_2$$

因为

$$P = Q_1 + Q_2 + Q_3$$

所以

$$P - Q_1 = Q_2 + Q_3$$

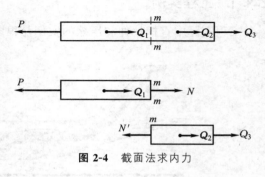

图 2-4 截面法求内力

不难看出，无论取左半段还是取右半段来建立平衡方程，最后得到的结果都是一样的。

上述求内力的方法称为截面法，它是求内力的普遍方法。用截面法求内力的步骤可归纳如下：

① 在需要求内力处假想用一横截面将构件截开，分成两部分。

② 以任一部分为研究对象。

③ 在截面上加上内力，以代替另一部分对研究对象的作用。

④ 写出研究对象的平衡方程式，解出截面上的内力。

规定拉伸轴力为正，压缩轴力为负。所得内力的计算结果若为正，则表示该截面上作用的是拉伸轴力；结果为负，则表示该截面上作用的是压缩轴力。

2.1.3 拉伸和压缩时横截面上的应力

用截面法只能求出杆件横截面上内力的总和，根据内力的大小还不能直接判断杆件是否会发生破坏。例如用相同材料制成的粗细不同的杆件，在相同的拉力作用下，实践证明，细杆比粗杆易断。因此，杆件的变形及破坏不仅与内力有关，而且与杆件的横截面大小及内力在截面上的分布情况有关。

为了确定杆在简单拉伸时内力在横截面上的分布情况，取一等直径的直杆，在其外圆柱表面画出两个横向圆周线，表示杆的两个横截面 [图 2-5(a)]。在两个圆周线之间，画出数条与轴线平行的纵向线 1-1、2-2 等。然后在杆的两端沿轴线作用一对拉力 P，于是可以看到，变形前的圆周线 n-n 与 m-m，变形后仍是圆周线。变形前的纵向平行直线 1-1、2-2 变形后仍为纵向平行直线，它们的伸长量相等 [图 2-5(b)]。因此假定，杆在发生伸长变形时，其横截面原来是与轴线垂直的平面，变形后仍为平面（平面假定）。两个相邻的横截面之间只发生了沿轴线方向的移动（间距增大）。

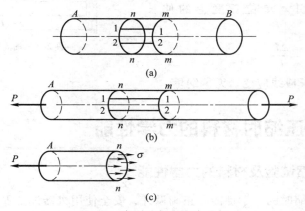

图 2-5 变形分析和应力分析

由这种变形的均匀一致性可以推断：杆件受拉伸时的内力在横截面上是均匀分布的，它的方向与横截面垂直，如图 2-5(c) 所示。这些均匀分布的内力的合力为 N。如横截面面积为 A，则作用在单位横截面面积上的内力的大小为

$$\sigma = \frac{N}{A} \tag{2-1}$$

式中，σ 称为横截面上的正应力，方向垂直于横截面。

应力的单位在国际单位制中是 N/m^2（牛顿/米^2），称帕斯卡（简称帕，用 Pa 表示）。Pa 的单位太小，实际应用时常取 10^6Pa 为应力单位，用 MPa 表示。1MPa 等于每平方毫米

的截面上作用有 1N 的平均应力，即 N/mm²。

应力是单位面积上的内力，它的大小可以表示内力分布的密集程度。用相同材料制成的粗细不同的杆件，在相等的拉力作用下，细杆易断，就是因为横截面上的正应力较大的缘故。

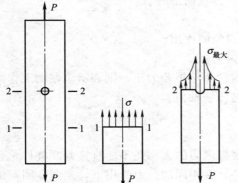

图 2-6　截面突变处应力局部增大

式(2-1)是根据杆件受拉伸时推得的，但在杆件受压缩时也能适用。杆件受拉时的正应力称为拉应力，为正值；受压时的正应力称为压应力，为负值。

附带指出，当横截面尺寸有急剧改变时，则在截面突变附近局部范围内，应力数值也急剧增大，离开这个区域稍远，应力即大为降低并趋于均匀，如图 2-6 所示。这种在截面突变处应力局部增大的现象称为应力集中。由于应力集中，零件容易从最大应力处开始发生破坏，在设计时必须采取某些补救措施。例如容器开孔以后，要采取开孔补强的措施。

2.1.4　应变的概念

杆件在拉伸或压缩时，其长度将发生改变。如图 2-7 所示，杆件原长为 L，受轴向拉伸后其长度变为 $L+\Delta L$，ΔL 称为绝对伸长。用同样材料制成的杆件，其变形量与应力的大小及杆件原长有关。截面积相同、受力相等的条件下，杆件越长，绝对伸长越多。为了确切地表示变形程度，引入单位长度上的伸长量，即

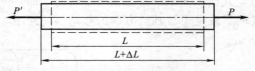

图 2-7　轴向拉伸变形

$$\varepsilon = \frac{\Delta L}{L} \qquad (2\text{-}2)$$

式中，ε 称为相对伸长或线应变，无量纲量。

2.2　拉伸和压缩时材料的力学性能

2.2.1　拉伸和压缩试验及材料的力学性能

金属在拉伸和压缩时的力学性能是正确设计、安全使用机器设备零件的重要依据。材料的力学性能只有在受力作用时才能显示出来，所以它们都是通过各种试验测定的。测定材料性能的试验种类很多，最常用的几项性能指标是通过拉伸和压缩试验测出的。

试验表明，杆件拉伸或压缩时的变形和破坏，不仅和受力的大小有关，而且和材料的性能有关。低碳钢和铸铁是工程上最常用的材料，它们的力学性能也比较典型。下面重点介绍低碳钢和铸铁的拉伸和压缩试验。

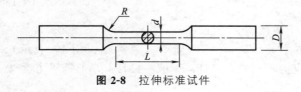

图 2-8　拉伸标准试件

试件是按标准尺寸制作的，以便能统一比较试验的结果。对于圆形截面拉伸标准试件，标距 L 与直径 d 之间有如下关系（图 2-8）：长试件 $L=10d$，短试件 $L=5d$（规定 $d=10\text{mm}$）。

试验时，先量出试件的标距 L 和直径 d，然后将试件装在材料试验机上，缓慢增加拉力 P 直至断裂为止。在加力过程中随时记录载荷 P 和相应的变形量 ΔL 的数值，同时还要注意观察试件变形和破坏的现象。

目前的材料试验机均配有计算机数据采集系统，在试验时，通过计算机采数，可采集载荷 P 和位移 ΔL，在坐标纸上以横坐标表示 ΔL，纵坐标表示 P，画出试件的受力与变形关系的曲线，这个曲线称为拉伸曲线。图 2-9 所示为低碳钢的拉伸曲线。

拉伸试验所得结果可以通过 P-ΔL 曲线全面反映出来，但是用它来直接定量表达材料的某些力学性能还不方便。因为材料即使一样，但试件尺寸不同时，会得到不同的 P-ΔL 曲线。为排除试件尺寸的影响，将图的坐标进行变换，纵坐标 P 除以试件原有横截面面积，变换成应力 σ，横坐标 ΔL 除以试件原长 L，变换成应变 ε，这样得到的 σ-ε 曲线就与试件尺寸无关，称为拉伸应力-应变曲线（图 2-10），它直接反映了材料的力学性能。下面就以应力-应变曲线为根据来分析低碳钢拉伸时表现出的主要力学性能。

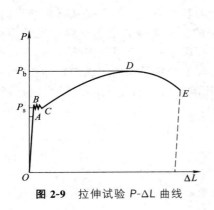

图 2-9 拉伸试验 P-ΔL 曲线

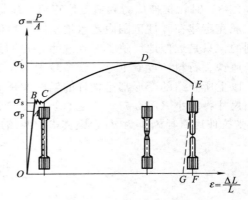

图 2-10 拉伸应力-应变曲线

图 2-10 所示为低碳钢拉伸的应力-应变曲线。显然它与载荷-位移曲线相似。这条曲线大体上可以分成四个阶段：OA、BC、CD、DE。下面逐段进行分析。

2.2.1.1 弹性变形阶段、虎克定律

在 σ-ε 曲线上，OA 这段是弹性阶段。在这个阶段内，可以认为变形是完全弹性的。即如果在试件上加载，使其应力不超过 A 点所对应的应力，那么卸载后试件将完全恢复原来形状。因此 A 点所示的应力是保证材料不发生不可恢复变形的最高限值，由于在这个阶段应力和应变成正比，故称 A 点应力值为材料的比例极限，也可称为弹性极限（在工程上并不区分两者的差别），用 σ_p 表示。例如 Q235A 钢的 $\sigma_p = 200\text{MPa}$。

在弹性阶段内，应力与应变成正比，即

$$\sigma = E\varepsilon \tag{2-3}$$

式中，E 为比例常数，称为材料的弹性模量，为材料常数。上式还可以写成另一形式，即

$$\frac{P}{A} = E\frac{\Delta L}{L}$$

$$\Delta L = \frac{PL}{EA} \tag{2-4}$$

再假设有由两种材料（如一种是钢，另一种是橡胶）做成的试件，它们的尺寸完全相同，若在相同的外力 P 作用下进行拉伸，肯定它们的变形量不会一样（钢试件的 ΔL 小，

橡胶试件的 ΔL 大）。那么根据式(2-4) 就可以知道，相同的 P、L、A，不能得到相同 ΔL 的原因肯定是两种材料的 E 值不同。E 值大的材料弹性变形量就小；E 值小的材料弹性变形量就大。由此可见，材料 E 值的大小反映的是材料抵抗弹性变形能力的高低。E 的单位与应力相同。低碳钢的 $E=(2.0\sim2.1)\times10^5\,\mathrm{MPa}$，其他材料的 E 值可查附录2，从中可以看出 E 值随温度的升高而逐渐降低。

从式(2-4) 还可以发现，一根直杆在拉力 P 作用下所产生的伸长值 ΔL 与 EA 值成反比，所以常把杆的 EA 值称为杆的抗拉刚度。这个值越大，杆越不容易产生变形。以后还会给出杆的抗弯刚度、抗扭刚度等类似的力学量。

式(2-3) 或式(2-4) 所反映的规律是 1678 年英国科学家虎克以公式形式提出的，所以通称虎克定律。可简述为：若应力未超过弹性极限，则应力和应变成正比。

虎克定律也同样适用于受压的杆。这时 ΔL 表示纵向缩短，ε 表示压缩应变，σ 是压缩应力。就大多数材料来说，它们在压缩时的弹性模量与拉伸时的弹性模量大小是相同的。使用式(2-3) 时，拉伸应力和应变取正值，压缩应力和应变取负值。

虎克定律在弹性范围内定量地反映了物体受力变形的基本规律，但它是从试验结果简化得到的，只是近似地反映了客观规律，并不是绝对精确的。对大多数金属材料，误差很小；对于铸铁、石料、混凝土等，误差较大。在实用中，这些误差一般都可以忽略。

以上所介绍的变形都是指杆的轴向伸长或缩短，实际上当杆沿轴向（纵向）伸长时，其横向尺寸将缩小（图 2-7）；反之，当杆受到压缩时，其横向尺寸将增大。设杆的原直径为 d，受拉伸后直径缩小为 d_1，则其横向收缩应为

$$\Delta d = d_1 - d$$

令

$$\frac{\Delta d}{d} = \varepsilon' \tag{2-5}$$

式中，ε' 称为横向线应变。当杆受拉伸时，其纵向线应变 $\varepsilon=\dfrac{\Delta L}{L}$ 为正值，其横向线应变 ε' 为负值。

试验已证明，弹性阶段拉（压）杆的横向应变与轴向应变之比的绝对值是一个常数，即

$$\nu = \left| \frac{\varepsilon'}{\varepsilon} \right| \tag{2-6}$$

式中，ν 称为横向变形系数或泊松比，无量纲的量，其数值随材料而异，也是通过试验测定的。表 2-2 给出了常用材料弹性模量及泊松比。

表 2-2　常用材料弹性模量及泊松比

材料名称	牌　号	弹性模量 $E/10^5\,\mathrm{MPa}$	泊松比 ν
低碳钢		2.0～2.1	0.24～0.28
中碳钢	45	2.05	
低合金钢	Q345	2.0	0.25～0.30
合金钢	40CrNiMoA	2.1	
灰口铸铁		0.6～1.62	0.23～0.27
球墨铸铁		1.5～1.8	
铝合金	LY12	0.71	0.33
硬质合金		3.8	
混凝土		0.152～0.36	0.16～0.18
木材(顺纹)		0.09～0.12	

【例 2-1】 如图 2-11(a) 所示，已知 $A_1 = 1\,\mathrm{cm^2}$，$A_2 = 2\,\mathrm{cm^2}$，材料的弹性模量 $E = 2 \times 10^5\,\mathrm{MPa}$，线膨胀系数 $\alpha = 12.5 \times 10^{-6}\,\mathrm{℃^{-1}}$。当温升为 30℃ 时，试画出轴力图，并求杆内的最大应力。

解 ①建立平衡方程：$\sum F_x = 0$，$F_1 = F_2$

②变形几何条件：由于两杆端部固定，杆长应保持不变，所以因温升引起的伸长与轴力引起的杆件缩短量应相等，即 $\Delta L_T + \Delta L_F = 0$

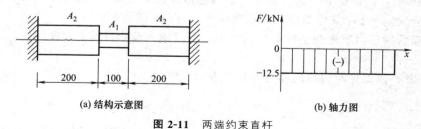

(a) 结构示意图　　　　　　　(b) 轴力图

图 2-11 两端约束直杆

③ 物理条件：

$$\Delta L_T = \alpha \Delta t (L_1 + 2L_2) = 12.5 \times 10^{-6} \times 30 \times (100 + 2 \times 200) = 0.1875\,\mathrm{mm}$$

压缩变形：

$$\Delta L_F = -\left(\frac{FL_1}{EA_1} + 2 \times \frac{FL_2}{EA_2}\right) = -\left(\frac{F \times 100}{2 \times 10^5 \times 100} + 2 \times \frac{F \times 200}{2 \times 10^5 \times 200}\right) = -0.000015F$$

由 $\Delta L_T + \Delta L_F = 0.1875 - 0.000015F = 0$ 可得，$F = 12500\,\mathrm{N}$

轴力图如图 2-11 (b) 所示。

所以　　　$\sigma_1 = \dfrac{F}{A_1} = \dfrac{12500}{100} = 125\,\mathrm{MPa}$，$\sigma_2 = \dfrac{F}{A_2} = \dfrac{12500}{200} = 62.5\,\mathrm{MPa}$。

2.2.1.2　屈服阶段、屈服极限强度 $R_{eL}(\sigma_s)$

应力超过比例极限以后，曲线上升坡度变缓，在 B 点附近，试件的应变量是在应力基本保持不变的情况下不断增长。这种现象说明，当试件内应力达到 B 点所对应的应力值 R_{eL} 时，材料抵抗变形的能力暂时消失了，它不再像弹性阶段，随着变形量的增大而不断增大抗力。于是人们就形象地比喻说，材料这时对外力"屈服"了，试验是在室温下进行的，因此，称这时材料的强度为材料标准室温下的屈服强度，以 R_{eL} 表示。例如 Q345R 钢的 $R_{eL} = 345\,\mathrm{MPa}$。试件内的应力达到屈服极限以后所发生的变形，经试验证明是不可恢复的变形，这时即使将外力卸掉，试件也不会完全恢复原来的形状。

材料出现屈服现象，就会有较大的塑性变形。这对一般零件都是不允许的。因此，一般认为应力到达屈服极限是材料丧失工作能力的标志。一般零件的实际工作应力，都必须低于 R_{eL}。

对于没有明显屈服极限的材料，规定用出现 0.2% 塑性变形时的应力作为名义屈服强度，用 $R_{p0.2}$ 表示。

2.2.1.3　强化阶段、抗拉强度下限值 $R_m(\sigma_b)$

曲线过 C 点以后，又逐渐上升，表示经过屈服阶段以后，材料又显示出抵抗变形的能力。这时要使材料继续发生变形，就必须继续增加外力，这种现象称为材料的强化现象。CD 段称为强化阶段。强化阶段的顶点 D 所对应的应力是材料所能承受的最大应力，称为强度极限，以 σ_b 表示。抗拉强度的下限值用 R_m 表示。例如 Q345R 钢的 $R_m = 470 \sim 510\,\mathrm{MPa}$

（因厚度不同）。

2.2.1.4　颈缩阶段、伸长率 δ 和断面收缩率 ψ

应力到达强度极限时，试件不再均匀地变形，在试件某一部分的截面，发生显著的收缩，即颈缩现象，如图 2-10 所示。过了 D 点以后，因颈缩处横截面面积已显著减小，抵抗外力的能力也继续减小，变形还是继续增加，载荷下降，达到 E 点时，试件发生断裂。

在图 2-10 中，试件将要断裂时的总应变（包括弹性应变和塑性应变）为 OF。在试件断裂后，弹性应变 $\varepsilon_e = FG$ 立即消失，而塑性应变 $\varepsilon_p = OG$ 残留在试件上。

试件断裂后所遗留下来的塑性变形的大小，可以用来表明材料的塑性性能。一般有下面两种表示方法。

① 伸长率 δ 以试件断裂后的相对伸长来表示，即

$$\delta = \frac{L_1 - L}{L} \times 100\% \tag{2-7}$$

式中，L 为试件原来的标距长度；L_1 为断裂后从试件量出的标距长度；δ 值所反映的是材料在断裂前最大能够经受的塑性变形量。δ 值越大，说明材料在断裂前能够经受的塑性变形量越大，也就是说材料的塑性越好。所以 δ 值是评价材料塑性好坏的一个指标。通常将 $\delta \geqslant 5\%$ 的材料称为塑性材料，如钢、铜、铝及塑料等；$\delta < 5\%$ 的材料称为脆性材料，如铸铁、陶瓷、混凝土、玻璃等。低碳钢的 δ 值可达 $20\% \sim 30\%$，被认为具有良好的塑性。而灰铸铁的 δ 值只有约 1%，它被认为是较典型的脆性材料。

一般把具有较大 δ 值的材料称为塑性材料，反之则称为脆性材料。但是也应该指出塑性材料在一定的条件下也会发生脆性断裂，即在不发生明显变形的情况下突然断裂。反之，脆性材料在某些特定受力条件下也会产生较明显的塑性变形。所以应当明确，依据常温、静载、经简单拉伸试验所作出的 δ 值来区分材料塑性的好坏，虽然在大多数情况下是可以的，但也不是绝对的，影响材料塑性的还有受力状态的因素。

② 试件在拉伸时，它的横截面积也要缩小，特别是颈缩处试件被拉断时，其横截面积缩小得更多。所以也可用横截面的收缩率即断面收缩率 ψ 来表示材料塑性的优劣，ψ 的含义是

$$\psi = \frac{A - A_1}{A} \times 100\% \tag{2-8}$$

式中，A 为试件原来的截面面积；A_1 为试件断裂后颈缩处测得的最小截面面积。低碳钢的 ψ 值约为 60%。

总结上述研究可以看出，反映材料力学性能的主要指标有以下几个。

① 强度性能，反映材料抵抗破坏的能力，对塑性材料用屈服强度 R_{eL} 和抗拉强度下限值 R_m 来表示，对脆性材料用抗拉强度下限值 R_m 来表示。

② 弹性性能，反映材料抵抗弹性变形的能力，用弹性模量 E 表示。

③ 塑性性能，反映材料具有的塑性变形的能力，用伸长率 δ 和断面收缩率 ψ 表示。

【例 2-2】　如图 2-12 所示，拉伸试验机的 CD 杆与试件 AB 同材质，$\sigma_p = 200\text{MPa}$，$R_{eL} = 240\text{MPa}$，$R_m = 400\text{MPa}$，试验机最大拉力为 100kN。试求：（1）拉断试验时，试件直径最大为多少？（2）若安全系数 $n_s = 1.5$，则 CD 的截面积最小为多少？（3）若试件直径为

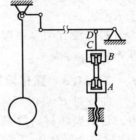

图 2-12　拉伸试验机

1cm，欲测弹性模量，则所加载荷最大不能超过多少？

解 （1）以试验机最大拉力以及材料的强度极限确定试件的最大直径，即

$$\sigma_{AB} = \frac{F_{max}}{A_{AB}} \leqslant R_m$$

可得：

$$A_{AB} = \frac{\pi d_{AB}^2}{4} \geqslant \frac{F_{max}}{R_m}$$

则有：

$$d_{AB} \geqslant \sqrt{\frac{4F_{max}}{\pi R_m}} = \sqrt{\frac{4 \times 100000}{\pi \times 400}} = 17.8\text{mm}$$

（2）CD 的最小截面积应满足试验机达到最大拉力不发生破坏，即

$$\sigma_{CD} = \frac{F_{max}}{A_{CD}} \leqslant [\sigma] = \frac{R_{eL}}{n_s}$$

可得：

$$A_{CD} = \frac{\pi d_{CD}^2}{4} \geqslant \frac{n_s F_{max}}{R_{eL}}$$

则有：

$$d_{CD} \geqslant \sqrt{\frac{4n_s F_{max}}{\pi R_{eL}}} = \sqrt{\frac{4 \times 1.5 \times 100000}{\pi \times 240}} = 28.2\text{mm}$$

（3）测弹性模量应保证施加在试件上的力小于比例极限，即

$$\sigma = \frac{F}{A'_{AB}} \leqslant \sigma_p$$

可得：

$$F \leqslant \sigma_p A'_{AB} = \sigma_p \frac{\pi d'_{AB}^2}{4} = 200 \times \frac{\pi \times 10^2}{4} = 15.7\text{kN}$$

2.2.2　铸铁拉伸的应力-应变曲线分析

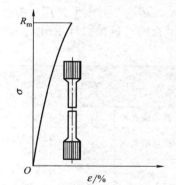

图 2-13 所示为铸铁拉伸的 $\sigma\text{-}\varepsilon$ 曲线。由图可以看出，$\sigma\text{-}\varepsilon$ 曲线中无直线部分，但是，应力较小时的一段曲线很接近于直线，故虎克定律还可以适用。

铸铁拉伸时无屈服现象和颈缩现象，试件在断裂时无明显的塑性变形，断开平齐，强度极限较低。例如灰铸铁的 $R_m =$ 205MPa。

2.2.3　低碳钢和铸铁压缩的应力-应变曲线分析

图 2-13　铸铁拉伸的 $\sigma\text{-}\varepsilon$ 曲线

低碳钢在静压缩试验中，当应力小于比例极限或屈服极限时，它所表现的性质与拉伸时相似。而且比例极限和弹性模量的数值与拉伸试验所得到的大致相同，屈服极限也一样。当应力超过弹性极限以后，材料发生显著的塑性变形，圆柱形试件的高度缩短，直径增大。由于试验机平板与试件两端有摩擦力，致使试件两端的横向变形受到阻碍，于是试件呈现鼓形（图 2-14）。随着载荷逐渐增加，试件继续变形，最后压成饼状。由于塑性良好的材料在压缩时，不会发生断裂，所以测不出材料的强度极限。图 2-14 所示为低碳钢受压缩时的 $\sigma\text{-}\varepsilon$ 曲线。

由于低碳钢在压缩时的 R_{eL} 和 E 值与拉伸时基本相同，所以一般可不进行低碳钢的压缩试验。

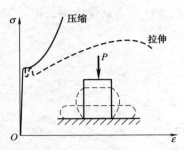

图 2-14　低碳钢受压缩时的 σ-ε 曲线

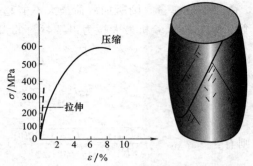

图 2-15　铸铁试块压缩时的 σ-ε 曲线

作为脆性材料，铸铁在压缩试验时所显示的力学性能的最大特点是抗压强度比抗拉强度高出数倍。图 2-15 所示为铸铁试块压缩时的 σ-ε 曲线，图上虚线是拉伸时的 σ-ε 曲线，由图可见铸铁压缩时的 σ-ε 曲线也没有直线部分和屈服阶段，它是在很小的变形下出现断裂的。断裂的截面与轴线大约成 45°，这一现象说明，铸铁受压时，在其与轴线相交 45°的各斜截面上作用着最大切应力，铸铁正是在这一切应力作用下剪断的。

低碳钢和铸铁在拉伸与压缩时的力学性能反映了塑性材料和脆性材料的力学性能。比较两者，可以得到塑性材料和脆性材料力学性能的主要区别。

① 塑性材料在断裂时有明显的塑性变形，而脆性材料在断裂时变形很小。

② 塑性材料在拉伸和压缩时的弹性极限、屈服强度和弹性模量都相同，它的抗拉和抗压强度相同，而脆性材料的抗压强度远高于抗拉强度。因此，脆性材料通常用来制造受压零件。应当注意，把材料划分成塑性和脆性两类是相对的、有条件的。随着温度、外力情况等条件的变化，材料的力学性能也会发生变化。

表 2-3 列出了常用材料在常温静载荷条件下的部分力学性能。各种材料的力学性能数据可查阅《机械设计手册》。

表 2-3　几种常用材料的 R_{eL}、R_m、δ_5 值

材料名称		室温强度指标		伸长率 δ_5 /%	用途举例
		R_{eL}/MPa	R_m/MPa		
普通碳素钢	Q235A	220～240	375～500	25～27	螺栓、螺母、低压储槽、容器、热交换器外壳等
优质碳素钢	20	240	410	25	低压设备法兰、换热器管板及减速机轴、蜗杆等
	45	335	570	19	各种运动设备的轴、大齿轮及重要的紧固零件等
低合金钢	Q345	325	470～620	21	各种压力容器、大型储油罐等
	Q390	355	490～640	18	高压锅炉、高压容器及大型储罐等
不锈耐酸钢	1Cr13	345	540	25	轴、壳体、活塞、活塞杆等
	0Cr18Ni9	205	520	40	阀体、容器及其他零件等
灰口铸铁	HT150		120		对强度要求不高,具有较好耐腐蚀能力的泵壳、容器、塔器、法兰等
	HT250		205		泵壳、容器、齿轮、汽缸等
球墨铸铁	QT500-7	320	500	7	轴承、蜗轮、受力较大的阀体等
	QT450-10	310	450	10	铸造管路附件及阀体等

2.2.4　温度对材料力学性能的影响

上面介绍的是材料在常温下的力学性能。材料若处于高温或低温条件下，它的力学性能

会受到如下影响。

（1）高温对材料力学性能的影响

① 高温对短期静载试验的影响。利用材料试验机对试件均匀缓慢加载，并在短时间内完成试验，就是短期静载试验。温度对于通过这种试验所得到的低碳钢的 E、R_{eL}、R_m、δ、ψ、ν 的影响分别示于图 2-16 和图 2-17 中，由图可见，屈服强度随温度升高而下降，超过 400℃ 时，低碳钢的屈服强度就测不出来了。强度极限在 250～350℃ 以前虽有所升高，但以后则迅速下降，所以低碳钢超过 400℃ 就不能使用了。弹性模量 E 也随着温度升高而下降。

② 高温对长期加载的影响。在常温或不太高的温度时，试件的变形量只与所加载荷有关，只要外力大小不变，试件的变形量也就不变，然而这种情况在高温条件下就不存在了。例如在生产中发现，碳钢构件在超过 400℃ 的高温下承受外力时，虽然外力大小不变，但是构件的变形却随着时间的延续而不断增长，而且这种变形是不可恢复的。高温受力构件所特有的这种现象，称为材料的蠕变。其变形称为蠕变变形。

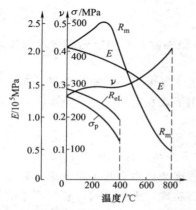

图 2-16 温度对低碳钢 E、R_{eL}、R_m 等的影响

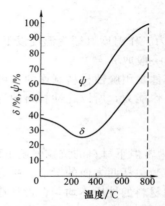

图 2-17 温度对低碳钢 δ、ψ 的影响

发生蠕变的条件有两个：一是要有一定的高温；二是要有一定的应力。在满足这两个条件的前提下，提高温度或增大应力都会增加蠕变速度。在生产中构件的温度经常是由工艺条件确定的，在此温度下，构件的工作应力越大，蠕变速度越高，构件所允许的最大变形量一定，则构件的工作寿命就越短。所以，根据对构件工作寿命的要求，必须把蠕变速度控制在一定的限度之内，而要做到这一点，则只有限制应力的数值。

（2）低温对材料力学性能的影响　在低温情况下，碳钢的弹性极限和屈服极限都有所提高，但伸长率降低。这表明碳钢在低温下强度提高而塑性下降，倾向于变脆。材料性能在低温下的这种变化，可以通过材料的冲击试验明显地表现出来。

2.3 拉伸和压缩的强度条件

如果直杆受到的是简单拉伸作用，其轴向力 N 将等于外力 P，应力计算公式 ［式(2-1)］ 也可以写成用外力表达的形式，即

$$\sigma = \frac{P}{A}$$

（2-9）

随着 P 值增大，杆内应力值跟着增加，从保证杆的安全工作出发，杆的工作应力应规定一个最高的允许值，这个允许值是建立在材料力学性能基础之上的，称为材料的许用应力，用 $[\sigma]$ 表示。

为了保证拉（压）杆的正常工作，必须使其最大工作应力不超过材料在拉伸（压缩）时的许用应力，即

$$\sigma \leqslant [\sigma] \tag{2-10}$$

或

$$\frac{N}{A} \leqslant [\sigma] \tag{2-11}$$

式(2-10) 和式(2-11) 都称为受拉伸（压缩）直杆的强度条件。意思就是保证杆在强度上安全工作所必须满足的条件。

如果杆件是用塑性材料制作的，那么当杆内的最大工作应力达到材料的屈服极限时，沿整个杆的横截面将同时发生塑性变形，这将影响杆的正常工作，所以通常以设计温度下的屈服强度 R_{eL}^t 作为确定许用应力的基础，并用下式进行计算。

$$[\sigma] = \frac{R_{eL}^t}{n_s} \tag{2-12}$$

式中，R_{eL}^t 为工作温度（蠕变温度以下）下材料的屈服强度；n_s 为以屈服强度为极限应力的安全系数，一般取 $n_s = 1.5$。

如果杆件是用脆性材料制作的，由于直到拉断也不发生明显的塑性变形，而且只有断裂时才丧失工作能力，所以脆性材料的许用应力，改用下式确定。

$$[\sigma] = \frac{R_m}{n_b} \tag{2-13}$$

式中，R_m 为常温下材料的抗拉强度下限值；n_b 为安全系数，取 $n_b = 2.7$。

安全系数包括两方面的考虑。一方面考虑是在强度条件中有些主观考虑与客观实际间的差异。例如材料的性质不均匀，设计载荷的估计不够精确，进行力的计算时所做的简化、假设等与实际情况有出入等。另一方面考虑则是给构件以必要的强度储备，这是因为构件在使用期内可能会碰到意外的载荷或其他不利的工作条件。在意外因素相同的条件下，越重要的构件就应该有越大的强度储备。

有了材料的许用应力，就可以利用强度条件解决三个方面的问题。

(1) 强度校核 已知杆件的材料、截面尺寸和受拉力（或压力）的大小，可应用式(2-11) 校核杆件的强度是否足够。这时只需分别计算出式(2-11) 不等号左右两边的数值，再加以比较，看是否满足不等式。如果满足，则强度足够；如果不满足，说明强度没有充分保证，解决的办法是增大杆的横截面或改用强度较高的材料。

【例 2-3】 某化工厂管道吊架如图 2-18 所示。设管道重量对吊杆的作用力为 10kN；吊杆材料为 Q235A 钢，许用应力 $[\sigma] = 125MPa$；吊杆选用直径为 8mm 的圆钢，试校核其强度。

解 按强度条件

$$\sigma = \frac{P}{A} \leqslant [\sigma]$$

$$\sigma = \frac{P}{\frac{\pi}{4}d^2} = \frac{10000 \times 4}{\pi \times (0.008)^2} = 199MPa$$

因 $\sigma > [\sigma]$，故强度不够。另选 12mm 的圆钢，则

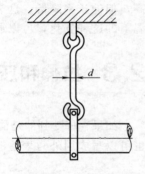

图 2-18 管道吊架

$$\sigma = \frac{4P}{\pi d^2} = \frac{4 \times 10000}{\pi \times (0.012)^2} = 88.5 \text{MPa}$$

强度足够

（2）**设计截面尺寸** 已知杆件的材料和所受的拉力（或压力）的大小，要求确定杆件横截面的尺寸为多大才能安全工作。这时将式(2-11) 改写为

$$A \geqslant \frac{N}{[\sigma]} \tag{2-14}$$

即可求得截面面积，再根据截面形状进一步计算截面尺寸。

【**例 2-4**】 图 2-19 所示压力容器的顶盖与筒体采用 6 个螺栓连接。已知筒体内径 $D = 350\text{mm}$，气体压力 $p = 1\text{MPa}$。若螺栓材料的许用应力 $[\sigma] = 40\text{MPa}$，试求螺栓的直径 d。

解 根据式(2-14)

$$A \geqslant \frac{N}{[\sigma]}$$

因为承受拉力的螺栓有 6 根，所以每根螺栓承受的拉力为：

$$N = \frac{1}{6} \times \frac{\pi}{4} D^2 p = 16.0 \text{kN}$$

而 $A = \frac{\pi}{4}d^2$，$[\sigma] = 40\text{MPa}$，代入式(2-14)

$$d \geqslant \sqrt{\frac{4N}{\pi[\sigma]}} = \sqrt{\frac{4 \times 16000}{\pi \times 40 \times 10^6}} = 22.6 \text{mm}$$

因为螺栓为标准部件，故选择直径为 24mm 的螺栓。

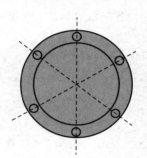

图 2-19 压力容器顶盖螺栓
分布示意图

（3）**确定许可载荷** 已知构件的材料和尺寸（即已知 $[\sigma]$ 及 A），要求确定构件所允许承受的最大载荷。

【**例 2-5**】 图 2-20(a) 所示为简易可旋转的悬臂式吊车，由三脚架构成。斜杆由两根 5 号等边角钢组成，每根角钢的横截面面积 $A_1 = 4.8\text{cm}^2$；水平横杆由两根 10 号槽钢组成，每根槽钢的横截面面积 $A_2 = 12.74\text{cm}^2$。材料都是 Q235A，许用应力 $[\sigma] = 120\text{MPa}$。整个三脚架可绕 O_1-O_1 轴转动，电动葫芦能沿水平横杆移动，求能允许起吊的最大重量。为了简化计算，设备自重不计。

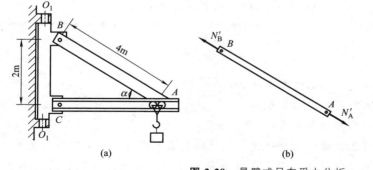

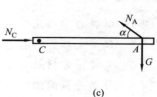

(a)　　　　　　　　(b)　　　　　　　　(c)

图 2-20 悬臂式吊车受力分析

解 ① 受力分析。

AB 杆：在它的两端只受到 *A*、*B* 处两个销钉作用给它的力，因而它是二力杆。两端受到的拉力用 N'_A、N'_B 表示 [图 2-20(b)]。

AC 杆：它受到三个力的作用 [图 2-20(c)]，即重物引起的垂直向下的重力 *G*；*AB* 杆通过销钉 *A* 作用给它的约束反力 N_A，N_A 的方向与 N'_A 的方向相反共线；销钉 *C* 作用给杆左端 *C* 的约束反力 N_C，N_C 的作用线必过 N_A 和 *G* 的交点 *A*，所以 N_C 的力作用线应与 *AC* 杆轴线重合。

② 利用平衡条件求出 *AB*、*AC* 两杆所受外力 N_A 和 N_C 与 *G* 之间的关系。根据平面汇交力系平衡条件，可列出 *AC* 杆上三个力之间的关系式。

$$\sum F_x = 0 \quad N_C - N_A \cos\alpha = 0 \tag{a}$$

$$\sum F_y = 0 \quad N_A \sin\alpha - G = 0 \tag{b}$$

由三角形 *ABC* 可知 $\sin\alpha = \dfrac{2}{4} = \dfrac{1}{2}$，所以 $\alpha = 30°$。

代入式(b)得
$$N_A = \frac{G}{\sin\alpha} = \frac{G}{1/2} = 2G \tag{c}$$

代入式(a)得
$$N_C = 2G\cos30° = 1.73G$$

③ 求允许起吊的最大重量。根据强度条件 $N/A \leqslant [\sigma]$ 可知杆允许承受的最大轴力 $N = A[\sigma]$。本题中斜杆 *AB* 的截面面积 $A_{AB} = 2 \times 4.8 = 9.6 \text{cm}^2$，许用应力 $[\sigma] = 120\text{MPa} = 120\text{N/mm}^2$，所以 *AB* 杆所承受的最大轴力为

$$N_{AB} = [\sigma]A_{AB} = 120 \times 9.6 \times 10^2 = 115000\text{N} = 115\text{kN}$$

同理，*AC* 杆所允许承受的最大轴力为

$$N_{AC} = [\sigma]A_{AC} = 120 \times 2 \times 12.74 \times 10^2 = 305000\text{N} = 305\text{kN}$$

从 *AB* 杆来看，计算使 *AB* 杆内产生 115kN 的轴力的 *G*。

由
$$N_A = N_{AB} = 2G$$

得
$$G = \frac{N_A}{2} = \frac{115}{2} = 57.5\text{kN}$$

从 *AC* 杆来看，计算使 *AC* 杆内产生 305kN 的轴力的 *G*。

由
$$N_C = N_{AC} = 1.73G$$

得
$$G = \frac{N_C}{1.73} = \frac{305}{1.73} = 176\text{kN}$$

所以从保证两杆均不超过许用应力来看，允许的最大起重量为 57.5kN。

━━

● **思考题**

2-1　材料力学研究哪些问题？它的任务是什么？

2-2　试件变形有哪些基本形式？各举例说明。

2-3　怎样区分材料力学中的外力和内力？

2-4　什么是截面法？怎样用截面法求杆件受拉压时的内力？内力与外力有什么关系？

2-5　什么是应力？杆件受拉压时横截面上是什么样的应力？怎样计算？应力的单位是什么？

2-6　什么是绝对变形？相对变形？应变？它们各说明什么问题？它们的单位是什么？

2-7　写出虎克定律并说明它的意义。它的应用范围是什么？

2-8　为什么会发生应力集中？

2-9　什么是极限应力？许用应力？安全系数？它们之间有什么关系？

2-10　杆件受拉压时的强度条件是什么？应用这个强度条件可以解决哪三类强度问题？

2-11　材料的力学性能有哪些？为什么要进行材料力学性能的试验？

2-12　低碳钢静载荷拉伸试验时应力-应变曲线上有哪些特征点？什么是比例极限、弹性极限、屈服极限和强度极限？

2-13　温度对材料的力学性能有何影响？

第 3 章

直梁的弯曲

3.1 梁的弯曲实例与概念

在化工厂中承受弯曲的构件很多，例如桥式吊车起吊重物时，吊车梁就会发生弯曲变形，如图 3-1 所示；卧式容器在内部液体和自重的作用下，也会发生弯曲变形，如图 3-2 所示；安装在室外的塔设备受到风载荷的作用和管道托架受管道重力的作用要发生变形，如图 3-3 与图 3-4 所示。这些以弯曲为主要变形的构件在工程上通称为梁。

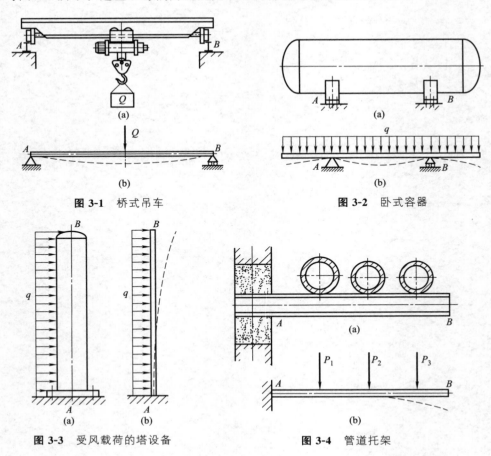

图 3-1 桥式吊车

图 3-2 卧式容器

图 3-3 受风载荷的塔设备

图 3-4 管道托架

以上这些构件的受力特点是：在构件的纵向对称平面内，受到垂直于梁的轴线的力或力偶作用（包括主动力与约束反力）。如图 3-5 所示，使构件的轴线在此平面内弯曲成为曲线，这样的弯曲称为平面弯曲。它是工程上常见的也是最简单的一种弯曲。本节的介绍只限于等截面直梁的平面弯曲问题。这一类梁的横截面除了矩形以外，还可以有圆形、圆环形、工字形、丁字形。它们都有自己的对称轴（对截面来说）和对称平面（对整个梁来说）。

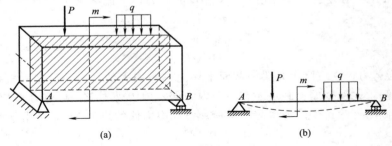

图 3-5　平面弯曲

从梁的支座结构形式来分，可以简化为以下几种。

① 简支梁——如图 3-1(b) 所示的吊车梁，一端是固定铰链 A，另一端是活动铰链 B。

② 外伸梁——用一个固定铰链 A 和一个活动铰链 B 支撑，但有一端或两端伸出支座以外，如图 3-2(b) 所示的卧式容器。

③ 悬臂梁——一端固定，另一端自由，如图 3-3(b) 所示的塔设备与图 3-4(b) 所示的管道托架。

在直梁的平面弯曲问题中，中心问题是介绍它的强度和刚度问题，介绍的顺序是：外力→内力→应力→强度条件和刚度条件。关于梁的外力（支座反力）的求法，在前面已经介绍过了。

3.2　梁横截面上的内力——剪力与弯矩

3.2.1　截面法求内力——剪力 Q 与弯矩 M

梁弯曲时横截面上的内力，仍可用截面法求出。例如图 3-6(a) 所示为一简支梁 AB，梁上有集中载荷 P，求截面 1-1 与 2-2 上的内力。

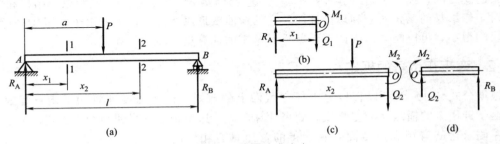

图 3-6　截面法求内力

以整个梁为研究对象，先求出支座反力 R_A 与 R_B。

$$\sum m_A(\boldsymbol{F})=0 \quad R_B l-Pa=0$$

$$R_B=P\frac{a}{l}$$

$$\sum F_y = 0 \quad R_A + R_B - P = 0$$

$$R_A = P - R_B = P\frac{l-a}{l}$$

再用 1-1 截面将 AB 梁截分为两部分，考虑左半部分的平衡，移去右半部分，用内力代替右半部对左半部的作用。由图 3-6（b）可以看出，因为在这段梁上作用有向上的力 R_A，所以在横截面 1-1 上必定有一个作用与 R_A 相反的内力，才能满足平衡条件，设此力为 Q_1，则由平衡方程

$$\sum F_y = 0 \quad R_A - Q_1 = 0$$

可得

$$Q_1 = R_A$$

式中，Q_1 称为剪力，它实际上是梁横截面上切向分布内力的合力。显然，根据左段梁的全部平衡条件可知，此横截面上必定还有一个内力偶，因为外力 R_A 与剪力 Q_1 组成了一个力偶，必须由横截面上的这个内力偶与它平衡。设此内力偶的矩为 M_1，则由平衡方程

$$\sum m_O(\boldsymbol{F}) = 0 \quad M_1 - R_A x_1 = 0$$

可得

$$M_1 = R_A x_1$$

这里的矩心 O 是横截面的形心，此内力偶的矩称为弯矩。

同理，在截面 2-2 上也应有剪力 Q_2 与弯矩 M_2 存在 [图 3-6（c）]，并可用平衡方程求出。

$$\sum F_y = 0 \quad R_A - P - Q_2 = 0$$

$$Q_2 = P - R_A$$

$$\sum m_O(\boldsymbol{F}) = 0 \quad M_2 - R_A x_2 + P(x_2 - a) = 0$$

$$M_2 = R_A x_2 - P(x_2 - a)$$

由此可知：剪力 Q 数值上等于截面一侧所有外力投影的代数和；弯矩 M 数值上等于截面一侧所有外力对截面形心 O 取矩的代数和。即

$$Q = \sum F_y$$
$$M = \sum m_O(\boldsymbol{F}) \tag{3-1}$$

一般情况下，梁弯曲时，任一截面的内力有剪力 Q 与弯矩 M，其数值随截面的位置不同而不同。在求横截面上的内力时并没有限制只能考虑左半部分的平衡，取右半部分仍是正确的。如果取右半部分，应注意在内力分析时，剪力 Q 与弯矩 M 的方向都应和左半部分截面上的剪力 Q 与弯矩 M 的方向相反，求出的大小则应相等。图 3-6（d）画出了截面 2-2 右半部梁的受力图，读者可自行验算一下剪力 Q_2 与弯矩 M_2 的大小，一定和以上结果相同。

对于较细长的梁，实验和理论证明，它的弯曲变形以致破坏，主要由于弯矩 M 的作用，剪力影响很小，可以略去。因此下面着重对弯矩的计算进一步分析和讨论。

3.2.2　弯矩正负号的规定

根据公式（3-1）就可以直接写出任意截面上的弯矩，而不需要通过列平衡方程式这一步。至于选用梁的横截面的左侧或右侧来计算弯矩，这要视运算简便与否来决定。为了使由截面左侧求得的弯矩和由截面右侧求得的弯矩具有相同的符号，通常根据梁的变形来规定其正负号：当梁向下凹弯曲，即下侧受拉，弯矩规定为正值；当梁向上凸弯曲，即上侧受拉，弯矩规定为负值，如图 3-7 所示。

根据如上定义，仍以图 3-6 所示简支梁为例，在截面 2-2，无论看截面的左侧还是右侧，只要是向上的外力均产

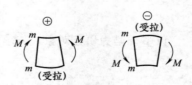

图 3-7　弯矩正负号规定

生正的弯矩，而向下的外力均产生负的弯矩。因此在借助于外力矩来计算弯矩时，只要是向上的外力，它对截面中性轴取矩均为正值，这时就不能再考虑这个力矩是顺时针还是逆时针的转向了。同理，凡是向下的外力对截面中性轴取矩均为负值。

于是，得计算横截面上弯矩的法则如下：梁在外力作用下，其任意指定截面上的弯矩等于该截面一侧所有外力对该截面中性轴取矩的代数和；凡是向上的外力，其矩取正值；向下的外力，其矩取负值。

若梁上作用有集中力偶，则截面左侧顺时针转向的力偶或截面右侧逆时针转向的力偶取正值，反之取负值。

作为例子，现在按上述规定应用式（3-1）来求图 3-6 中梁截面 2-2 上的弯矩 M_2。如取梁的左半，对 O 点取矩得

$$M_2 = R_A x_2 - P(x_2 - a) \tag{a}$$

R_A 向上，力矩为正；P 力向下，力矩为负。以 $R_A = P\dfrac{l-a}{l}$ 代入式（a），可得

$$M_2 = P\frac{l-a}{l}x_2 - P(x_2 - a) = \frac{P(l-a)x_2 - Pl(x_2 - a)}{l}$$

$$= P\frac{a(l-x_2)}{l}$$

如取梁的右半，对 O 点取矩，R_B 的力矩为正，得

$$M_2 = R_B(l - x_2) = P\frac{a(l-x_2)}{l}$$

这与式（a）得出的结果是一致的。

3.3　弯矩方程与弯矩图

从以上介绍可知，截面上弯矩的数值随截面位置而变化。为了了解弯矩随截面位置的变化规律及最大弯矩所在位置，可利用函数关系和函数图形来表达弯矩变化规律。下面介绍建立弯矩方程和作弯矩图的方法。

3.3.1　弯矩方程

根据作用在梁上的载荷和支座情况，利用直角坐标系找出任意截面的弯矩 M 同该截面在梁上的位置之间的函数关系。取轴上某一点为原点，则距原点为 x 处的任意截面上的弯矩 M 写成 x 的函数为

$$M = f(x)$$

这个函数关系称为弯矩方程。它表达了弯矩随截面位置的变化规律。

3.3.2　弯矩图

上述弯矩随截面位置的变化规律可以用函数图形更清楚地表示出来。作图时用梁的轴线为横坐标，表示各截面的位置；用纵坐标表示相应截面上的弯矩值，并且规定正弯矩画在横坐标的上面，负弯矩画在横坐标的下面。这样画出来的图形称为弯矩图。从弯矩图可以非常清楚地看出弯矩的变化情况与最大弯矩的所在位置。现举例说明弯矩图的画法。

【例 3-1】 管道托架如图 3-8(a) 所示。如 AB 长为 l，作用在其上的管道重 P_1 与 P_2，单位为 kN，a、b、l 以 m 计。托架可简化为悬臂梁，试画出它的弯矩图。

解 ① 建立弯矩方程。将坐标原点取在梁的左端 A，参考图 3-8(b)，分别考虑截面 1-1、截面 2-2、截面 3-3 左半部分的平衡，这样可避免求支座反力。根据截面左边梁上的外力，按前述直接从外力计算的方法，写出弯矩方程如下。

$$M_1 = 0 \quad (0 \leqslant x_1 \leqslant a) \tag{a}$$

$$M_2 = -P_1(x_2 - a) \quad (a \leqslant x_2 \leqslant b) \tag{b}$$

$$M_3 = -P_1(x_3 - a) - P_2(x_3 - b) \quad (b \leqslant x_3 \leqslant l) \tag{c}$$

式(a) 表明，当 x_1 在 $0 \sim a$ 这一范围内，没有弯矩；式(b) 表明 M_2 是负弯矩，大小随 x_2 的变化而变化，$x_2 = a$ 处 $M_2 = 0$，$x_2 = b$ 处 $M_2 = P_1(b-a)$；式(c) 表明 $x_3 = b$ 时 $M_3 = -P_1(b-a)$，$x_3 = l$ 时 $M_3 = -P_1(l-a) - P_2(l-b)$。注意到在集中力作用点 $x_1 = a$、$x_2 = b$ 处，由两边不同的弯矩方程求出的弯矩值是相同的，表明弯矩值是连续变化的。

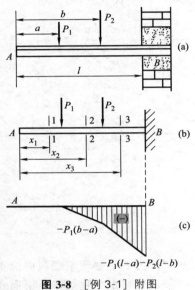

图 3-8 ［例 3-1］附图   图 3-9 ［例 3-2］附图

② 作弯矩图。不难看出，弯矩方程(b) 与 (c) 都是 x 坐标的一次函数，作出来的图形均应为斜直线，如已知两点的弯矩值，即可画出一段斜直线。因此梁的弯矩图如图 3-8 (c) 所示。从弯矩图上可看出，最大弯矩产生在固定端 B 处的横截面上，$M_{\max} = -P_1(l-a) - P_2(l-b)$，是负值。应当注意的是，弯矩的正负号实际上仅表示弯曲变形的方向（向下凸还是向上凸），而无一般代数符号的含义。因而截面 B 是危险截面。最大拉应力在上侧。

【例 3-2】 塔器可以简化为具有固定端支座的悬臂梁，如图 3-9 所示。风压为均布载荷 q，单位为 kN/m，l 的单位用 m 表示，试画它的弯矩图。

解 写弯矩方程式。以 B 点为原点，这样可避免求支座反力，x 轴向左为正，从右边自由端考虑，列任意截面 n-n 处的弯矩方程

$$M = -qx \frac{x}{2} = -\frac{1}{2}qx^2 \quad (0 \leqslant x \leqslant l)$$

得知弯矩图为在 $0 \leqslant x \leqslant l$ 这一范围内的二次抛物线。这就至少要确定其上的三个点，例如 $x = 0$ 处 $M = 0$，$x = l/2$ 处 $M = -ql^2/8$，$x = l$ 处 $M = -ql^2/2$ 才可将其画出。

有了这个弯矩图，任意截面上的弯矩都可以直接求出来，最大弯矩产生在底座截面 A 处，数值等于 $ql^2/2\text{N} \cdot \text{m}$。如果悬臂梁受的不是均布载荷，而是一集中力 $P = ql$ 作用在 B 点，很容易求得 A 截面处的最大弯矩等于 ql^2，比均布载荷时的最大弯矩大一倍。

在以上两个例题中，由于是固定端支座以及从自由端考虑，建立弯矩方程时不需要先求支座反力，弯矩方程也比较简单。现介绍几个例子。

【例 3-3】 填料塔的栅条，长 l，受填料重力的作用，可简化为受均布载荷 q 的简支梁 AB，如图 3-10（a）所示，试画弯矩图。

解 先求支座反力。由于载荷是均匀分布的，支座又是对称布置的，所以两支座的反力相等，即

$$R_A = R_B = \frac{ql}{2}$$

再列弯矩方程。取离 A 点距离为 x 的任意截面，观察截面左侧部分，有外力 R 和均布载荷 q，均布载荷的合力 qx，离左端距离 $x/2$。则

$$M = R_A x - qx \frac{x}{2} = \frac{ql}{2}x - \frac{qx^2}{2} \qquad (0 \leqslant x \leqslant l)$$

由于 M 是 x 的二次抛物线，因此，弯矩图是抛物线。求出几个特征点的弯矩值，为

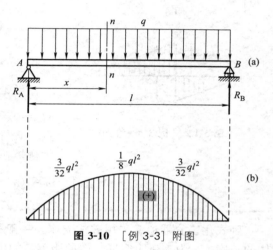

图 3-10 ［例 3-3］附图

x	0	$\frac{1}{4}l$	$\frac{1}{2}l$	$\frac{3}{4}l$	l
M	0	$\frac{3}{32}ql^2$	$\frac{1}{8}ql^2$	$\frac{3}{32}ql^2$	0

最大弯矩是在弯矩方程一阶导数等于零的位置，即

$$\frac{\mathrm{d}M}{\mathrm{d}x} = 0 \qquad -2q \frac{x}{2} + \frac{1}{2}ql = 0$$

将 $x = l/2$ 代入弯矩方程，得 $M_{\max} = ql^2/8$。

画出的弯矩图如图 3-10(b) 所示，弯矩为正值。

如果是集中力 $P = ql$ 作用在梁的中点，画出来的弯矩图如图 3-11 所示，最大弯矩在集中力 P 所在的横截面上，等于 $ql^2/4$，比均布载荷时大一倍。

【例 3-4】 如图 3-12（a）所示，简支梁在中部受力偶 m 作用，跨度为 l。力偶矩左端 A 点距离为 a，距右端 B 点距离为 b。试画出梁的弯矩图。

解 先求支座反力。因载荷为力偶，故支座反力 R_A 与 R_B 也组成力偶，与力偶 m 平衡，则

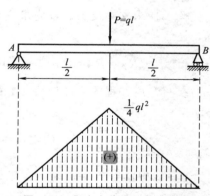

图 3-11 集中力作用下的弯矩图

$$R_A = R_B = \frac{m}{l}$$

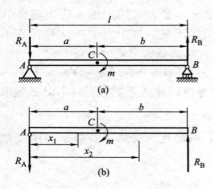

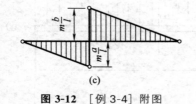

图 3-12 ［例 3-4］附图

载荷将梁分成受力情况不同的两段 AC 和 BC ［图 3-12(b)］，分别列出它们的弯矩方程。

AC 段 $(0 \leqslant x \leqslant a)$

$$M_1 = -R_A x_1$$

此方程为一直线，由两点可确定：当 $x_1 = 0$ 时，$M_1 = 0$；当 $x_1 = a$ 时，$M_1 = -R_A a = -\dfrac{m}{l} a$。

BC 段 $(a \leqslant x_2 \leqslant l)$

$$M_2 = -R_A x_2 + m = -\frac{m}{l} x_2 + m$$

$$= m \frac{l - x_2}{l}$$

当 $x_2 = a$ 时，$M_2 = m \dfrac{l-a}{l} = m \dfrac{b}{l}$；当 $x_2 = l$ 时，$M_2 = 0$。画成弯矩图，如图 3-12(c) 所示。图 3-12 中 C 点（载荷力偶的作用截面）弯矩数值发生突然变化。最大弯矩在载荷力偶作用的截面上，其数值为

$$|M_{\max}| = m \frac{a}{l}(a > b) \quad \text{或} \quad m \frac{b}{l}(b > a)$$

卧式化工容器通常采用鞍式支座，一般推荐的鞍式支座位置为 $a = 0.2L$，其中 L 为筒体的长度，a 为支座距容器一端的距离，如图 3-13（a）所示。现从弯矩的分布规律来看这种推荐方法的根据。

【例 3-5】 卧式容器可以简化为受均布载荷的外伸梁。图 3-13（a）表示受均布载荷 q 作用的筒体总长为 L。问支座放在什么位置使设备的受力情况最好。

解 ① 求支座反力。首先求支座反力 R_A 与 R_B，显然

$$R_A = R_B = \frac{1}{2} q(l + 2a)$$

② 写弯矩方程式。外伸段 1-1 截面的弯矩方程为

$$M_1 = -\frac{1}{2} q x_1^2 \quad (0 \leqslant x_1 \leqslant a)$$

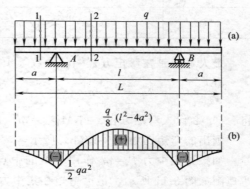

图 3-13 ［例 3-5］附图

这一段中，当 $x_1 = a$ 时，弯矩最大值为 $M_{1\max} = -\dfrac{1}{2} q a^2$。中间段 2-2 截面的弯矩方程为

$$M_2 = R_B(x_2 - a) - q x_2 \times \frac{1}{2} x_2 = \frac{1}{2} q(l + 2a)(x_2 - a) - \frac{1}{2} q x_2^2 \quad (a \leqslant x_2 \leqslant a + l)$$

显然，$x_2 = \frac{1}{2}l + a$ 时弯矩最大，其值为

$$M_{2\max} = \frac{1}{8}q(l^2 - 4a^2)$$

欲使设备受力情况最好，就必须适当选择 a 与 L 的比例，使得外伸段和中间段的两个最大弯矩的绝对值相等，即要 $|M_{1\max}| = |M_{2\max}|$，由此得到

$$\frac{1}{2}qa^2 = \frac{1}{8}q(l^2 - 4a^2)$$

即

$$l^2 = 8a^2$$

则

$$a = \frac{l}{2\sqrt{2}}$$

因为 $l = L - 2a$，代入上式，得

$$a = \frac{L - 2a}{2\sqrt{2}}$$

简化后，得

$$a = \frac{L}{2 \times (1 + \sqrt{2})} = 0.207L$$

因此，鞍座位置应满足 $a = 0.2L$。

◆◆

通过以上各例，可以总结归纳如下三点。

① 梁受集中力作用时，弯矩图必为直线，并且在集中力作用处，弯矩发生转折。

② 梁受力偶作用时，弯矩图也是直线，但是，在力偶作用处，弯矩发生突变，突变的大小等于力偶矩。

③ 梁受均布载荷作用时，弯矩图必为抛物线，如均布载荷向下，则抛物线开口向下，如均布载荷向上，则抛物线开口向上。

根据上面的总结，不仅可以检查所画的弯矩图是否正确，而且还可以直接画出弯矩图。直接画弯矩图时只要求出几个截面上的弯矩数值，确定弯矩图上的几个点，点与点之间按上述规律以直线或抛物线连接即可，而不必列出弯矩方程。下面举例说明这种方法。

【例 3-6】 外伸梁受载荷如图 3-14(a) 所示，已知 q 和 a 值，画出此梁的弯矩图。

解 先求支座反力

$$\sum m_A(F_y) = 0 \quad R_B \times 2a - Pa - qa\frac{5a}{2} = 0$$

$$R_B = \frac{7}{4}qa$$

$$\sum F_y = 0 \quad R_A + R_B - P - qa = 0$$

$$R_A = \frac{1}{4}qa$$

再求 A、B、C、D 点的弯矩

$$M_A = R_A \times 0 = 0$$

$$M_C = R_A \times a = \frac{1}{4}qa^2$$

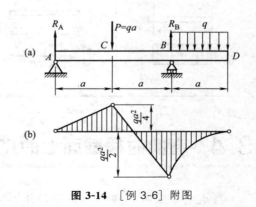

图 3-14 [例 3-6] 附图

由 *AB* 段梁

$$M_B = R_A \times 2a - Pa = \frac{1}{4}qa \times 2a - qaa = -\frac{1}{2}qa^2$$

或由 *BD* 段梁

$$M_B = -qa\,\frac{a}{2} = -\frac{1}{2}qa^2$$

$$M_D = 0$$

　　然后，在弯矩图上定出 *A*、*B*、*C*、*D* 各点相应的弯矩值。梁的 *AC* 段和 *BC* 段的弯矩图为直线，梁的 *BD* 段的弯矩图为开口向下的抛物线，在此段内多取几点弯矩值，连成抛物线，得弯矩图如图 3-14（b）所示。此梁的危险截面为 *B*，最大弯矩为

$$|\,M_{\max}\,| = \frac{1}{2}qa^2$$

　　工程实际中几种常见受载情况的梁的弯矩图汇集于表 3-1 中，以供参考。某些复杂受载梁的弯矩图，可以由这些简单受载弯矩图叠加得到。

表 3-1　常见受载情况的梁的弯矩图

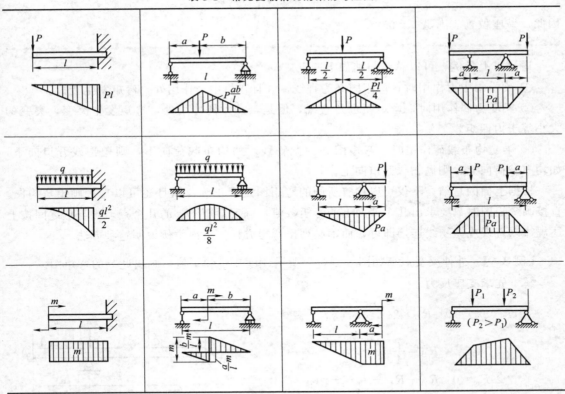

3.4　弯曲时横截面上的正应力及其分布规律

　　弯矩是横截面上的内力总和，并不能反映内力在横截面上分布的情况。要对梁进行

强度计算，还必须知道横截面上的应力分布规律和应力的最大值。要知道应力的分布规律就必须从梁弯曲变形的试验出发，观察其变形现象，根据变形现象，找出变形的变化规律。

3.4.1 纯弯曲的弯曲变形特征

前面讨论了梁在弯曲时横截面上的内力，在一般情况下，截面上既有弯矩 M 又有剪力 Q，称为横力弯曲。为了使问题简化，先来研究横截面上只有弯矩没有剪力的纯弯曲。小推车的轮轴，如图 3-15（a）所示，在车轴上作用有静载荷 P，地面对它的反力为 $R_A = R_B = P$ ［图3-15（b）］。画出来的弯矩图如图 3-15（c）所示，从图上可以看出 CD 段的弯矩保持一个常量 $M = Pa$，横截面上的剪力 $Q = 0$，因而车轴上 CD 段的横截面上只有弯矩，是纯弯曲的情形。

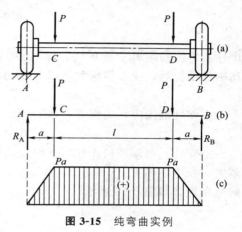

图 3-15 纯弯曲实例

现在研究纯弯曲时梁的变形规律。在一块矩形截面的泡沫塑料梁的纵向对称平面内，直梁两端受在纵向对称平面内的两个大小相等、转向相反的力偶作用，梁就产生平面纯弯曲（图 3-16），为便于观察变形的情况，在泡沫塑料梁的前、后、上、下四个表面上画上纵线 a-a、c-c、b-b 等和横线 m-m 与 n-n，如图 3-16 所示。观察到下列现象：上半部的纵线 a-a 缩短，下半部的纵线 b-b 伸长，中间的纵线既不伸长也不缩短；前后表面上的横线 m-m 与 n-n 保持直线，并且与弯曲后的纵线垂直。

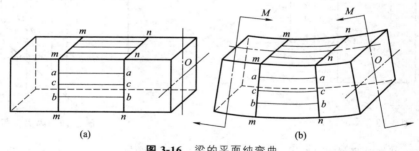

图 3-16 梁的平面纯弯曲

由以上两点现象，可以设想梁是由许多纵向纤维组成，上面的纵向纤维因受压而缩短，下面的纤维由于受拉而伸长，其间必有一层纤维既不伸长也不缩短，这一层称为中性层，中性层与横截面的交线称为中性轴。梁的横截面在弯曲之后仍然保持为两个平面，只是绕中性轴旋转了一个很小的角度，并且仍与弯曲后梁的轴线垂直，这就是梁在纯弯曲时的变形特征。

3.4.2 梁弯曲时横截面上的正应力及正应力的分布规律

图 3-17 中 y 轴是梁的纵向对称面与横截面的交线，是截面的对称轴。z 轴为中性轴，它通过截面的重心，并且与 y 轴垂直。在梁未弯曲时，各层纵向纤维的原长为 L。变形之后，只有中性层上的纵向纤维保持原长，中性层以上各层纤维都要缩短，中性层以下各层纤维都要伸长。由图可以看出，除中性层以外，各层纵向纤维的长度改变量 ΔL，将与该层到

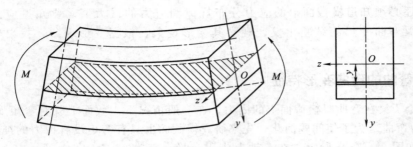

图 3-17 梁纯弯曲分析

中性层之间的距离 y 成正比，即 $\Delta L \propto y$，这就是说各层纤维的绝对变形 ΔL 与 y 成正比，离中性轴越远，变形将越大。以 L 除 ΔL，可以得到纵向纤维的应变 ε 也与 y 成正比，即

$$\varepsilon \propto y \tag{a}$$

在弹性范围内，由虎克定律 $\sigma = E\varepsilon$ 可知，轴向正应力 σ 也是与 y 成正比的，可写成

$$\sigma \propto y \tag{b}$$

由式(b)可知轴向正应力 σ 的变化规律：σ 沿截面高度呈线性变化，距中性轴越远应力越大，在中性轴上（$y=0$）应力为零，中性轴的一侧为拉应力，另一侧为压应力。正应力的分布规律如图 3-18 所示。

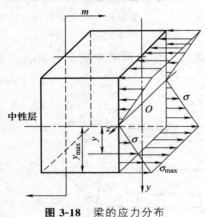

图 3-18 梁的应力分布

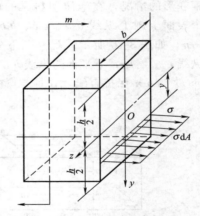

图 3-19 内力分析

由图 3-18 可知，距中性轴为 y 处的正应力 σ 与距中性轴为 $y_{\max}$ 处的最大应力 $\sigma_{\max}$ 有如下的关系。

$$\frac{\sigma}{\sigma_{\max}} = \frac{y}{y_{\max}}$$

即

$$\sigma = \frac{y}{y_{\max}} \sigma_{\max}$$

为了计算 $\sigma_{\max}$，考虑梁的一部分平衡，如图 3-19 所示，在横截面上距中性轴为 y 处，取微面积 $\mathrm{d}A$，其上作用的内力为 $\sigma \mathrm{d}A$，对中性轴的力矩为 $y\sigma \mathrm{d}A$，横截面上所有内力矩的总和就是横截面上的弯矩 M，即

$$M = \int_A y\sigma \mathrm{d}A = \int_A \frac{y}{y_{\max}} \sigma_{\max} y \mathrm{d}A = \frac{\sigma_{\max}}{y_{\max}} \int_A y^2 \mathrm{d}A$$

积分 $\int_A y^2 \mathrm{d}A$ 称为横截面对中性轴 z 的惯性矩，用 J_z 表示，单位为 m^4，是与截面尺寸

和形状有关的一个几何量。

$$M = \frac{\sigma_{max}}{y_{max}} J_z$$

由此得到
$$\sigma_{max} = \frac{M y_{max}}{J_z} \tag{3-2}$$

令 $\dfrac{J_z}{y_{max}} = W_z$，称为抗弯截面模量，单位为 m^3，它也是与截面尺寸和形状有关的一个几何量。

于是梁弯曲时横截面上的最大正应力的公式可写为

$$\sigma_{max} = \frac{M}{W_z} \tag{3-3}$$

上面的式子是由纯弯曲推导而得到的，对于一般的横力弯曲，梁的横截面上不仅有正应力而且还有切应力。由于切应力的存在，梁的横截面将发生翘曲。此外，在与中性层平行的纵截面上，还有由横向力引起的挤压应力。因此，梁在纯弯曲时的平面假设和各纵向纤维间互不挤压的假设都不能成立。但按弹性理论的方法，在均布载荷作用下的矩形截面简支梁，当其跨长与截面高度之比 L/h 大于 5 时，横截面上的最大正应力按纯弯曲时的公式(3-3)来计算，其误差不超过 1%。对于工程实践中常用的梁，纯弯曲时的正应力计算公式(3-3)可以足够精确地用来计算梁在横力弯曲时横截面上的最大正应力。梁的跨度比 L/h 越小，其误差就越大。

应当指出，上面公式的推导过程中曾用了虎克定律，如果梁的正应力超过了弹性极限，这些公式就不能应用。

对于常用的矩形截面，用积分来求惯性矩和抗弯截面模量。矩形截面的宽为 b、高为 h，如图 3-19 所示，因截面的形心在截面的中心，故通过形心的中性轴到截面底边、顶边的距离都是 $h/2$。在截面上取微面积 $dA = b\,dy$，因微面积 dA 上各点到中性轴的距离都是 y，故截面对中性轴 z 的惯性矩为

$$J_z = \int_A y^2 \, dA = \int_{-h/2}^{h/2} y^2 b \, dy = b \int_{-h/2}^{h/2} y^2 \, dy = \frac{bh^3}{12}$$

矩形截面的抗弯截面模量为

$$W_z = \frac{J_z}{y_{max}} = \frac{bh^3/12}{h/2} = \frac{bh^2}{6}$$

几种常用截面的惯性矩和抗弯截面模量的计算公式见表 3-2，对轧制型钢的惯性矩等几何性质可由设计手册中的型钢表直接查得。附录中给出了几种型钢截面特性，查表时应该注意中性轴的位置。

表 3-2　几种常用截面的惯性矩和抗弯截面模量的计算公式

截面形状	惯性矩	抗弯截面模量
	$J_z = \dfrac{bh^3}{12}$ $J_y = \dfrac{hb^3}{12}$	$W_z = \dfrac{bh^2}{6}$ $W_y = \dfrac{hb^2}{6}$

截面形状	惯性矩	抗弯截面模量
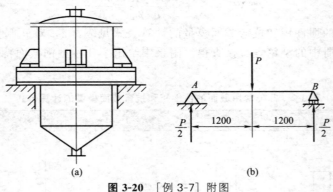	$J_z = J_y = \dfrac{\pi D^4}{64}$	$W_z = W_y = \dfrac{\pi D^3}{32}$
	$J_z = J_y = \dfrac{\pi}{64}(D^4 - d^4)$	$W_z = W_y = \dfrac{\pi}{32D}(D^4 - d^4)$

3.5 梁弯曲时的强度条件

梁截面上的弯矩 M 是随截面位置而变化的。因此，在进行梁的强度计算时，应使在危险截面上即最大弯矩截面上的最大正应力不超过材料的弯曲许用应力 $[\sigma]$，即梁的弯曲强度条件为

$$\sigma_{max} = \frac{M_{max}}{W_z} \leqslant [\sigma] \tag{3-4}$$

应用强度条件，同样可以解决强度校核、设计截面和确定许可载荷等三类问题。以下举例说明它的应用。

【例 3-7】 图 3-20(a) 所示容器，借助四个耳座支架支撑在四根长 2.4m 的工字钢梁的中点上，工字钢再由四根混凝土柱支持。容器包括物料重 110kN，工字钢为 16 号型钢，钢材弯曲许用应力 $[\sigma] = 120MPa$，试校核工字钢的强度。

图 3-20 ［例 3-7］附图

解 将每根钢梁简化为简支梁，如图 3-20(b) 所示，通过耳座加给每根钢梁的力为 $P = 110/4 = 27.5kN$。简支梁在集中力的作用下，最大弯矩发生在集中力作用处的截面上，P 力在梁的中间 $L/2$ 处，最大弯矩值为

$$M_{max} = \frac{1}{4}PL = \frac{1}{4} \times 27.5 \times 10^3 \times 2.4 = 16500 \text{N} \cdot \text{m}$$

由附录 6 型钢表查得 16 号工字钢的 $W_z = 141 \text{cm}^3$，故钢梁的最大正应力为

$$\sigma_{max} = \frac{M_{max}}{W_z} = \frac{16500}{141 \times 10^{-6}} = 117.02 \text{MPa}(<120 \text{MPa})$$

故此梁安全。

【例 3-8】 如图 3-21（a）所示，分馏塔高 $H = 20 \text{m}$，作用在塔上的风载荷分两段计算，$q_1 = 420 \text{N/m}$，$q_2 = 600 \text{N/m}$，塔的内径 1m，壁厚 6mm，塔与基础的连接方式可看成固定端。塔体的 $[\sigma] = 100 \text{MPa}$。校核风载荷引起塔体内的最大弯曲应力。

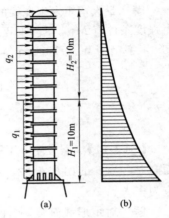

解 将塔看成悬臂梁受均布载荷 q_1 和 q_2 作用，画出弯矩图 [图 3-21（b）]，得

$$M_{max} = q_1 H_1 \frac{H_1}{2} + q_2 H_2 \left(H_1 + \frac{H_2}{2} \right)$$
$$= 420 \times 10 \times \frac{10}{2} + 600 \times 10 \times \left(10 + \frac{10}{2} \right)$$
$$= 111 \times 10^3 \text{N} \cdot \text{m}$$

图 3-21 ［例 3-8］附图

塔作为圆环截面，内径 $d = 1 \text{m}$，塔体壁厚 $\delta = 6 \text{mm}$，外径 $D = 1.012 \text{mm}$。

对于薄壁圆柱形容器和管道，其横截面的抗弯截面模量可简化为

$$W_z = \frac{\pi}{32} \times \frac{D^4 - d^4}{D} = \frac{\pi}{32} \times \frac{(D^2 - d^2)(D^2 + d^2)}{D}$$
$$= \frac{\pi}{32} \times \frac{(D - d)(D + d)(D^2 + d^2)}{D}$$

因为 $D - d = 2\delta$；$D + d \approx 2d$；$\frac{D^2 + d^2}{D} \approx 2d$，所以

$$W_z = \frac{\pi}{32} \times 2\delta \times 2d \times 2d = \frac{\pi}{4} \delta d^2$$

此塔体的抗弯截面模量为

$$W_z = \frac{\pi}{4} \delta d^2 = \frac{\pi}{4} \times 6 \times 1000^2 = 4.7 \times 10^6 \text{mm}^3 = 4.7 \times 10^{-3} \text{m}^3$$

塔体因风载引起的最大弯曲应力为

$$\sigma_{max} = \frac{M_{max}}{W_z} = \frac{111 \times 10^3}{4.7 \times 10^{-3}} = 23.6 \text{MPa}(<[\sigma])$$

【例 3-9】 悬臂梁架由两根工字钢组成，设备总重 P（包括物料重）为 10kN，设备中心到固定端的距离为 $a = 1.5 \text{m}$，$L = 2.2 \text{m}$，如图 3-22 所示。钢材的弯曲许用应力 $[\sigma] = 140 \text{MPa}$。试按强度要求选择工字钢尺寸。

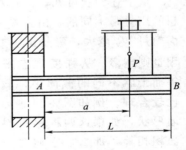

解 按强度条件 $M_{max}/W_z \leqslant [\sigma]$ 选择工字钢尺寸。对每一根梁，最大弯矩 $M_{max} = \frac{P}{2}a$，因此

图 3-22 ［例 3-9］附图

$$W_z \geqslant \frac{Pa}{2[\sigma]} = \frac{10000 \times 1.5}{2 \times 140 \times 10^6} = 53.57 \times 10^{-6} \text{m}^3 = 53.57 \text{cm}^3$$

选 12.6 号工字钢,它的抗弯截面模量为 77.5cm^3,符合强度条件。

【例 3-10】 有一型号为 40a 的工字钢简支梁,跨度 $L = 8\text{m}$,弯曲许用应力 $[\sigma] = 140\text{MPa}$,求梁上能承受的均布载荷 q(图 3-23)。

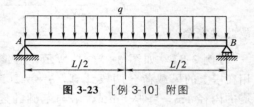

图 3-23 [例 3-10] 附图

解 最大弯矩发生在梁的中点,$M_{max} = qL^2/8$,由强度条件有 $M_{max} \leqslant [\sigma] W_z$,查附录 6 型钢表知 40a 工字钢的 $W_z = 1090 \text{cm}^3$,代入强度条件得

$$\frac{1}{8}qL^2 = 140 \times 10^6 \times 1090 \times 10^{-6}$$

$$q = \frac{140 \times 10^6 \times 1090 \times 10^{-6} \times 8}{8^2} = 19075 \text{N/m}$$

【例 3-11】 型号 40a 工字钢的截面积约为 86.1cm^2。如果换成矩形截面的钢梁,其截面高 h 与宽 b 的比 $h/b = 2$,载荷仍要求能承受上例中的 19075N/m,试计算一下矩形面积应为多大。

解 对矩形截面梁,它的抗弯截面模量为 $bh^2/6$,最大弯矩仍为 $qL^2/8$,弯曲许用应力 $[\sigma] = 140\text{MPa}$。要能承受 19075N/m 的均布载荷,矩形截面梁的 W_z 也应为 1090cm^3。因此

$$\frac{bh^2}{6} = 1090 \text{cm}^3 \quad 即 \quad \frac{2b^3}{3} = 1090 \text{cm}^3$$

$$b = \sqrt[3]{\frac{1090 \times 3}{2}} = 11.8 \text{cm}, h = 23.6 \text{cm}$$

截面积 $\qquad A = bh = 11.8 \times 23.6 = 278.5 \text{cm}^2$

对比一下,可见承受同样载荷的矩形截面梁的截面面积是 40a 工字钢梁的截面面积的 3.24 倍,如用矩形截面梁就浪费大量钢材。由此可见,在承受相同载荷的情况下,合理地选择梁的截面形状,可以大大节省材料。

3.6 梁截面合理形状的选择

从上述例题可知,同样材料和同样工作条件下的梁,如选择不同形状的截面,则材料的用量是不同的。由公式 $\sigma = M/W_z$ 可以看出,当梁上的弯矩一定时,梁截面的抗弯截面模量 W_z 越大,弯曲正应力就越小,即梁的强度越高;而梁的截面面积 A 越大,材料用量则越多。从强度观点来看,两个截面面积相等而形状不同的截面中,截面模量较大的一个就比较合理。例如图 3-24 所示为两根矩形梁的横截面形状,如果这两根梁材料相同,而且它们的截面积相等,那么,它们对中性轴 z 的抗弯截面模量分别为

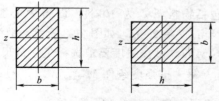

图 3-24 矩形梁横截面

直立时　$W_{z1} = \dfrac{bh^2}{6} = \dfrac{1}{6}Ah$

横放时　$W_{z2} = \dfrac{hb^2}{6} = \dfrac{1}{6}Ab$

因为 $h > b$，则 $W_{z1} > W_{z2}$

这说明矩形截面的梁直立时比横放时具有较高的抗弯强度。

其实，直立的矩形截面也并不是最理想的形状。从横截面上的应力分布情况可知，梁内只是上下边缘处正应力最大，而靠近中性轴处的正应力较小，显然这些地方的材料没有充分发挥作用。要使梁的材料充分发挥作用，就应该把材料尽量用到应力较大的地方，也就是将材料放到离中性轴较远的地方。为此，钢梁的截面常作成工字形，如图 3-25(a) 所示。

此外，为使截面形状符合经济的原则，还应使截面上下边缘的最大拉应力与最大压应力同时达到许用应力。对于塑性材料，例如钢材，它的许用拉应力和许用压应力相等，故应采用对中性轴上下呈对称的截面形状（如矩形、工字形等），这样就能使最大拉、压应力相等，并同时达到材料的许用应力。对于脆性材料，例如铸铁，它的许用拉应力 $[\sigma]_拉$ 与许用压应力 $[\sigma]_压$ 不等，因 $[\sigma]_压 > [\sigma]_拉$，所以在选择梁横截面形状时，最好使截面的中性轴偏于强度较弱的受拉一边，如采用 T 形截面 [图 3-25(b)]，这样中性轴就偏于一边，故最大拉应力比最大压应力小，从而充分利用了脆性材料抗压性能强、抗拉性能弱的特点。

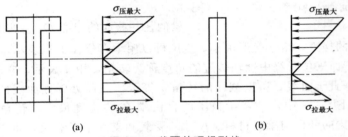

图 3-25 截面的理想形状

常见的梁是各个截面的形状和尺寸都相同的等截面梁。但是在进行梁的强度计算时，是按照梁的危险截面上的最大弯矩来计算的。等截面梁工作时，除了危险截面上的最大应力达到材料的许用应力外，其余各个截面上的最大应力都小于许用应力，因此，等截面梁不能充分发挥材料的作用。为了节省材料，应使梁内各个截面上的最大应力都达到（或接近）许用应力。这样的梁称为等强度梁。这时梁的各个截面并不相同，这样的梁称为变截面梁。例如摇臂钻的横臂、支架、阶梯形的轴等（图 3-26）。

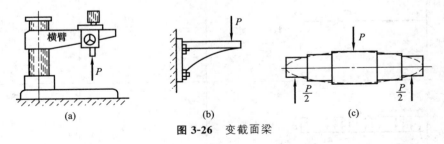

图 3-26 变截面梁

应该注意，以上的介绍只是考虑梁的强度。确定梁的截面是否经济合理，还应该研究梁的刚度、稳定和加工制作等问题。例如某些构件虽然强度足够，不至于破坏，但变形过大，仍不能正常工作，因此，还需要考虑梁弯曲变形的刚度。

3.7 梁的弯曲变形

3.7.1 梁的挠度和转角的概念

在工程实际中，许多承受弯曲的构件，除了要有足够的强度外，还应使其变形量不超过正常工作所许可的数值，以保证有足够的刚度。例如化工厂的管道，弯曲变形如果超过许用数值，就会造成物料的淤积，影响输送；较长的回转滚筒，弯曲变形过大，就会引起脆性衬里材料的开裂；电机转子的轴变形过大，可能导致与定子相碰；车床的主轴若变形过大，不仅会引起轴颈与轴承的严重磨损，还会严重地影响加工精度。因此，对梁的变形必须加以控制。

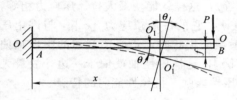

图 3-27 梁弯曲的挠度和转角

梁在载荷作用下，由于弯曲而变形，它的轴线变形后弯成平面曲线。变形后梁的轴线称为弹性曲线或挠曲线。梁的轴线变形后，在中性层上，它的长度不变。梁的变形可以用弹性曲线的形状来说明。其各处的变形状况可以用挠度和转角来表示（图 3-27）。

梁的任一截面的形心 O_1 变形后移至 O_1'，位移 O_1O_1' 称为该截面的挠度，由于变形很小，挠度可以用垂直位移 f 来表示，它的单位是 mm。梁的横截面相对于原来位置绕中性轴转过的角度称为转角，用 θ 表示，它的单位是 rad。由于变形后截面仍垂直于曲线，所以截面的转角 θ 等于该截面处弹性曲线的切线与梁的轴线 OO 所夹的角。在图 3-27 中，悬臂梁 AB 的自由端 B 的挠度最大，转角也最大，分别用 f_{max} 与 θ_B 表示。梁的变形与梁的材料、尺寸、受载和支承情况有关，可以由计算求得。简单载荷情况下梁的最大挠度和转角的计算公式可以查表 3-3。从表 3-3 中可以看出，梁的变形与 EJ_z 成反比，EJ_z 越大，抵抗弯曲变形的能力越大，则变形越小，所以称 EJ_z 为梁的抗弯刚度。

表 3-3 梁的变形计算公式

载荷简图	转角 θ	最大挠度 f_{max}
（悬臂梁，自由端集中力 P，长 l）	$\theta_B = -\dfrac{Pl^2}{2EJ_z}$	$f_{max} = -\dfrac{Pl^3}{3EJ_z}$
（悬臂梁，均布载荷 q，长 l）	$\theta_B = -\dfrac{ql^3}{6EJ_z}$	$f_{max} = -\dfrac{ql^4}{8EJ_z}$

载荷简图	转角 θ	最大挠度 f_{max}
	$\theta_B = -\dfrac{ml}{EJ_z}$	$f_{max} = \dfrac{ml^2}{2EJ_z}$
	$\theta_A = -\theta_B = -\dfrac{Pl^2}{16EJ_z}$	$x = \dfrac{l}{2}$ 处 $f_{max} = \dfrac{Pl^3}{48EJ_z}$
	$\theta_A = -\theta_B = -\dfrac{ql^3}{24EJ_z}$	$x = \dfrac{l}{2}$ 处 $f_{max} = \dfrac{5ql^4}{384EJ_z}$
	$\theta_A = -\dfrac{Pab(l+b)}{6lEJ_z}$ $\theta_B = \dfrac{Pab(l+a)}{6lEJ_z}$	若 $a>b$，$x = \sqrt{l^2-b^2/3}$ 处 $f_{max} = \dfrac{\sqrt{3}Pb(l^2-b^2)^{3/2}}{27lEJ_z}$ 在 $x = \dfrac{l}{2}$ 处 $f_{max} = \dfrac{Pb}{48EJ_z}(3l^2-4b^2)$
	$\theta_A = -\dfrac{ml}{6EJ_z}$ $\theta_B = \dfrac{ml}{3EJ_z}$	$x = \dfrac{1}{\sqrt{3}}$ 处 $f_{max} = \dfrac{ml^2}{9\sqrt{3}EJ_z}$ $x = \dfrac{l}{2}$ 处 $f_{max} = \dfrac{ml^2}{16EJ_z}$

在弹性范围内，梁的挠度与转角和载荷成正比。如果梁同时受几种载荷作用，先分别计算每种载荷单独作用下梁的变形，然后把它们叠加起来，便是几种载荷作用下梁的变形，这种方法称为叠加法。如表 3-3 中前两种情形，悬臂梁受集中力 P 作用又要考虑梁的自重时，则 B 端的挠度为

$$f_B = \frac{Pl^3}{3EJ_z} + \frac{ql^4}{8EJ_z}$$

3.7.2 弯曲的刚度条件

梁的弯曲刚度主要用最大挠度和转角来控制。只要最大挠度不超过许用挠度 $[f]$，最大转角不超过许用转角 $[\theta]$，就认为有足够的刚度，即

$$f_{max} \leqslant [f] \quad 或 \quad \frac{f_{max}}{l} \leqslant \left[\frac{f}{l}\right] \tag{3-5}$$

$$\theta \leqslant [\theta] \tag{3-6}$$

式(3-5)与式(3-6)就是弯曲变形时的刚度条件。在工程实际中，梁的变形的许可值常取挠度 f 与跨度 l 的比值，其中 $[f]$ 或 $\left[\frac{f}{l}\right]$ 与 $[\theta]$ 可从有关手册中查到。例如吊车梁挠度一般规定不得超过其跨度的 1/750～1/250，架空管道的挠度应小于跨度的 1/500。

【例 3-12】 如图 3-28 所示横梁设计为矩形截面 $h/b = 2$，许用应力 $[\sigma] = 160$MPa，求此梁的最大挠度和最大转角。钢材的弹性模量 $E = 2.0 \times 10^5$MPa。图中 $P = 20$kN，$q = 10$kN/m，$l = 4$m。

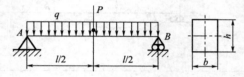

图 3-28 [例 3-12] 附图

解 分析可知，横梁的最大弯矩应发生在中点处，首先利用强度条件对横梁的截面尺寸进行设计，采用叠加法求横梁中间处的最大弯矩。

$$M_{max} = \frac{Pl}{4} + \frac{ql^2}{8} = \frac{20 \times 4}{4} + \frac{10 \times 4^2}{8} = 40\text{kN} \cdot \text{m}$$

$$\sigma = \frac{M_{max}}{W_z} = \frac{M_{max}}{\frac{bh^2}{6}} = \frac{3M_{max}}{2b^3} \leqslant [\sigma]$$

$$b \geqslant \sqrt[3]{3M_{max}/2[\sigma]} = \sqrt[3]{3 \times 40 \times 10^6/(2 \times 160)} = 72.1\text{mm}$$

计算得到最小的横梁截面宽度为 72.1mm。随后利用表 3-3 中梁的变形计算公式叠加计算横梁的最大挠度和最大转角。

$$J_z = \frac{bh^3}{12} = \frac{8b^4}{12} = 1.803 \times 10^{-5}\text{m}^4$$

$$f_P = \frac{Pl^3}{48EJ_z} = \frac{20 \times 10^3 \times 4^3}{48 \times 2.0 \times 10^{11} \times 1.803 \times 10^{-5}} = 0.007395\text{m}$$

$$f_q = \frac{5ql^4}{384EJ_z} = \frac{5 \times 10 \times 10^3 \times 4^4}{384 \times 2.0 \times 10^{11} \times 1.803 \times 10^{-5}} = 0.009244\text{m}$$

$$\theta_P = \frac{Pl^2}{16EJ_z} = \frac{20 \times 10^3 \times 4^2}{16 \times 2.0 \times 10^{11} \times 1.803 \times 10^{-5}} = 5.546 \times 10^{-3}$$

$$\theta_q = \frac{ql^3}{24EJ_z} = \frac{10 \times 10^3 \times 4^3}{24 \times 2.0 \times 10^{11} \times 1.803 \times 10^{-5}} = 7.395 \times 10^{-3}$$

$$f_{total} = f_P + f_q = 16.64\text{mm}, \quad \theta_{total} = \theta_P + \theta_q = 12.941 \times 10^{-3}$$

【例 3-13】 有一内径 $D = 10000$mm 的炼油厂用大型填料蒸馏塔，分为多个塔段，每一塔段包括填料以及液体收集器、再分布器、气体分布器等内件，这些填料、内件以及物料的重量由平行分布在同一平面内的五根简支梁承受，分摊在中央主梁上的均布载荷约为 $q = 4600$N/m（含梁的自重），该梁为工字钢，跨度 $l = 10$m，材质为 Q345R，工作温度为 250℃，梁的许用挠度 $[f] = D/720$，选择该主梁的型号。

解 由表 3-3 可知，该主梁的最大挠度出现在梁的正中间，最大挠度为 $f_{max} = \dfrac{5ql^4}{384EJ_z}$，已知 $[f] = D/720$，则刚度条件为

$$f_{max} = \frac{5ql^4}{384EJ_z} \leqslant [f] = \frac{D}{720}$$

由附录 2 查得 250℃时 Q345R 的弹性模量 $E = 1.88 \times 10^{11}$ Pa，则由上式得到

$$J_z \geqslant \frac{720 \times 5ql^4}{384ED} = \frac{720 \times 5 \times 4600 \times 10^4}{384 \times 1.88 \times 10^{11} \times 10} = 22939 \times 10^{-8}\,\text{m}^4 = 22939\,\text{cm}^4$$

由型钢表查出型号 40b 的工字钢的 $J_z = 22800\,\text{cm}^4$，而型号 40c 的工字钢的 $J_z = 23900\,\text{cm}^4$，因此选型号 40c 的工字钢可以满足刚度条件。

另外，还需要进行强度校核，由题意可得最大弯矩发生在梁的中点，$M_{max} = ql^2/8$，由强度条件有 $\sigma_{max} = \dfrac{M_{max}}{W_z} \leqslant [\sigma]$，查型钢表知型号 40c 的工字钢的 $W_z = 1190\,\text{cm}^3$，则 $\sigma_{max} = \dfrac{M_{max}}{W_z} = \dfrac{4600 \times 10^2}{8 \times 1190} = 48.3\,\text{MPa}$，而由附录 4 查得 250℃时 Q345R 的许用应力 $[\sigma] = 147\,\text{MPa}$，因此选型号 40c 的工字钢同样满足强度条件。最终确定选择型号 40c 的工字钢作为塔段中央的主梁。

从表 3-3 可以看出，梁的变形与载荷、跨度、材料弹性模量、截面轴惯性矩及支座情况有关。想要提高梁的刚度以减小其变形，可以设法缩小跨度，这个效果最显著；也可以增大截面的惯性矩，这就要多消耗材料。如果设法改变梁的受载和支座情况，也能提高梁的刚度，但这是比较复杂的问题。由于合金钢的弹性模量与碳钢差不多，因此碳钢的梁改成合金钢的梁，并不能提高其刚度，只能提高其强度。

● **思考题**

3-1 弯曲变形的特点是什么？什么是平面弯曲？

3-2 梁的支座可归纳为哪几类？它们各有些什么样的反力？

3-3 什么是悬臂梁、简支梁、外伸梁？

3-4 什么是弯矩？怎样计算弯矩的数值？怎样确定它们的正负号？

3-5 什么是弯矩图？弯矩图说明什么问题？

3-6 弯矩图上有哪些基本规律？

3-7 什么是纯弯曲？研究纯弯曲的意义是什么？

3-8 中性轴上的应力有何特点？中性轴两侧的应力有何特点？

3-9 纯弯曲时，梁内与轴线平行的各层纤维将发生什么变化？什么是中性层、中性轴？

3-10 惯性矩与抗弯截面模量之间有何关系？

3-11 提高梁弯曲强度的措施有哪些？

3-12 怎样计算矩形、圆形和圆环形截面的抗弯截面模量和轴惯性矩？它们的单位是什么？

3-13 弯曲强度条件是什么？解决三类强度问题时应该注意些什么？

3-14 钢梁的截面为什么常做成工字形？铸铁梁的截面为什么常做成 T 字形？

3-15 什么是梁的挠度？怎样计算？它们与什么因素有关？怎样提高梁的刚度？

3-16 梁弯曲的刚度条件是什么？

视频

第4章
剪 切

4.1 剪切变形的概念

剪切也是杆件基本变形中的一种形式。化工机器和设备常采用焊接或螺栓连接等方式将几个构件连成整体，例如图 4-1(a) 所示为用螺栓连接的两块钢板。当钢板受到 P 力作用后，螺栓上也受到大小相等、方向相反、彼此平行且相距很近的两个力 P 的作用，如图 4-1(b) 所示。若 P 力增大，则在 m-n 截面上，螺栓上部对其下部将沿外力 P 作用方向发生错动，两力作用线间的小矩形，将变成平行四边形，如图 4-1（c）所示。若 P 力继续增大，螺栓可能沿 m-n 面被剪断。螺栓的这种受力形式称剪切，它所发生的错动称为剪切变形。

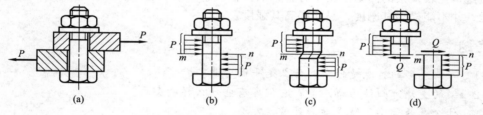

图 4-1 螺栓受力分析

综上所述，剪切有如下特点。

① 受力特点——在构件上作用大小相等、方向相反、相距很近的两个力 P。

② 变形特点——在两力之间的截面上，构件上部对其下部将沿外力作用方向发生错动；在剪断前两力作用线间的小矩形变成了平行四边形。

4.2 剪力、切应力与剪切强度条件

4.2.1 剪力

构件承受剪切作用时（图 4-1），在两个外力作用线之间的各个截面上，也将产生内力。内力 Q 的计算仍采用截面法，即假想用截面 m-n 将螺栓切开、分成上下两部分，考虑上部（或下部）平衡 [图 4-1(d)]，由平衡条件得

$$\sum F_x = 0 \quad P - Q = 0$$

则 $$Q = P$$

内力 Q 平行于横截面，称为剪力。

4.2.2　切应力

计算出受剪面上的剪力 Q 后，还需研究该截面上的切应力才能进行剪切强度计算。承受剪切变形的构件实际上受力和变形都是比较复杂的。在剪切的同时往往伴有挤压或弯曲，而一般受剪构件体积小，受力情况又比较复杂，工程上常假定切应力在受剪切截面上是均匀分布的，其方向与剪力 Q 相同。切应力是与截面平行的应力，用 τ 表示。

按切应力在受剪切截面上是均匀分布的假设，其计算公式为

$$\tau = \frac{Q}{A} \tag{4-1}$$

式中，τ 为切应力，MPa；A 为受剪切的面积，mm^2；Q 为受剪面上的剪力，N。

4.2.3　剪切强度条件

为了使受剪切构件能安全可靠地工作，必须保证切应力不超过材料的许用切应力 $[\tau]$，其强度条件为

$$\tau = \frac{Q}{A} \leqslant [\tau] \tag{4-2}$$

对于一般钢材，材料的许用切应力 $[\tau]$ 与许用拉应力 $[\sigma]$ 有如下关系：塑性材料 $[\tau] = (0.6 \sim 0.8)[\sigma]$；脆性材料 $[\tau] = (0.8 \sim 1.0)[\sigma]$。

利用强度条件，同样可以解决强度校核、截面选择和求许可载荷等三类问题。

【例 4-1】　如图 4-2(a) 所示，某一起重吊钩起吊重物 $P = 20000N$，销钉的材料是 16Mn，其 $[\tau] = 140MPa$。试求销钉的直径 d 是多少才能保证安全起吊。

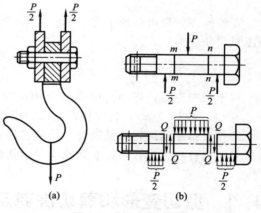

解　① 对销钉进行受力分析。根据此销钉受剪的实际工作情况可以看出有两个受剪面 $m\text{-}m$ 与 $n\text{-}n$（受双剪作用），如图 4-2(b) 所示。利用截面法求出剪力 Q，可取左侧或右侧部分为研究对象。

图 4-2　[例 4-1] 附图

$$\sum F_y = 0 \quad Q - \frac{P}{2} = 0$$

$$Q = \frac{P}{2} = \frac{20000}{2} = 10000N$$

② 计算销钉直径 d。

由 $\tau = \dfrac{Q}{A} \leqslant [\tau]$ 有 $A \geqslant \dfrac{Q}{[\tau]}$，又 $A = \dfrac{\pi d^2}{4}$，则

$$d \geqslant \sqrt{\frac{4Q}{\pi[\tau]}} = \sqrt{\frac{4 \times 10000}{3.14 \times 140 \times 10^6}} = 9.54 \times 10^{-3}m = 9.54mm$$

选取 $d = 10mm$。

4.3 挤压的概念和强度条件

4.3.1 挤压的概念、挤压应力

从图 4-2(b) 中可以看出，螺栓在受剪切的同时，在螺栓与钢板的接触面上还受到压力 P 的作用，这种局部接触面受压称为挤压。若挤压力过大，钢板孔边内挤压处可产生塑性变形，这是工程中所不允许的，故考虑构件受剪的同时还必须考虑挤压。

由挤压引起的应力称为挤压应力，用 σ_{jy} 表示。挤压应力在挤压面上的分布规律十分复杂，工程上仍假定挤压应力在挤压面上是均匀分布的，挤压应力的计算公式如下。

$$\sigma_{jy} = \frac{P}{A_{jy}} \tag{4-3}$$

式中，σ_{jy} 为挤压应力，MPa；P 为挤压力，N；A_{jy} 为挤压面积，mm^2。

A_{jy} 计算方法如下。当接触面为平面时，则此平面面积即为挤压面积；当接触面为曲面时（如【例 4-1】中的销钉），为简化计算，采用接触面在垂直于外力方向的投影面积作为挤压面积，如图 4-3 所示，销钉接触面的投影面积即为销钉的挤压面积。即

$$A_{jy} = \frac{t}{2} d$$

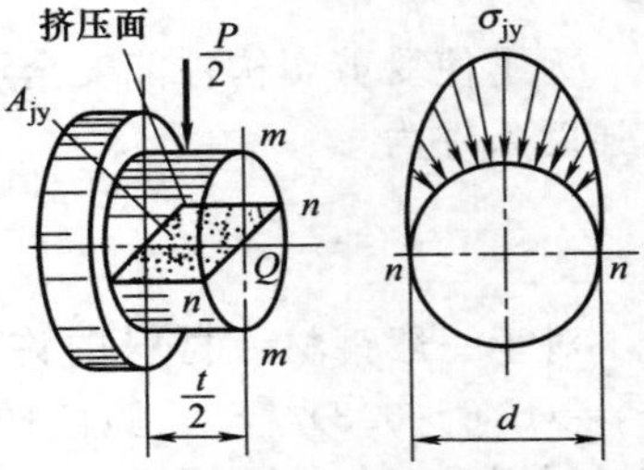

图 4-3 挤压示意图

4.3.2 挤压强度条件

要使构件安全可靠地工作，则构件的挤压应力不能超过材料的许用挤压应力 $[\sigma]_{jy}$，故挤压强度条件为

$$\sigma_{jy} = \frac{P}{A_{jy}} \leqslant [\sigma]_{jy} \tag{4-4}$$

对于一般钢材，许用挤压应力与相同材料的许用压应力 $[\sigma]$ 有如下关系：塑性材料 $[\sigma]_{jy} = (1.7 \sim 2.0)[\sigma]$；脆性材料 $[\sigma]_{jy} = (2.0 \sim 2.5)[\sigma]$。

若相互挤压的两物体是两种不同的材料，则只需对材料较差的物体校核挤压强度即可。对于受剪构件的强度计算，必须既满足剪切强度又满足挤压强度条件，构件才能安全工作。

4.4 剪切变形和剪切虎克定律

4.4.1 剪切变形、切应变

构件受剪切时，两力之间的小矩形 $abcd$ 变成平行四边形 $abc'd'$，如图 4-4 所示，直角 $\angle dab$ 变成锐角 $\angle d'ab$，而直角所改变的角度 γ 称为切应变，用以衡量剪切变形的大小。

4.4.2 剪切虎克定律

由试验得知，当切应力小于弹性极限时，切应力与切应变成正比，即

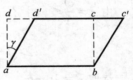

图 4-4 剪切变形

$$\tau = G\gamma \tag{4-5}$$

式中，G 为切变模量，表示材料抵抗剪切变形的能力，随材料不同而异，可通过试验测得。对于低碳钢，$G = 80\mathrm{GPa}$。

式(4-5) 称为剪切虎克定律。

前面已讨论过三个材料弹性常数，即弹性模量 E、横向变形系数 ν 和切变模量 G，对于各向同性材料，它们之间存在着如下关系。

$$G = \frac{E}{2(1+\nu)} \tag{4-6}$$

● **思考题**

4-1　剪切有哪些特点？列举几种受剪的构件。

4-2　剪切时横截面上的内力沿什么方向？横截面上的应力沿什么方向？怎样计算？

4-3　什么是切应变、剪切虎克定律、切变模量？

4-4　什么是挤压现象？挤压面积和挤压应力如何计算？

4-5　什么是剪切强度条件、挤压强度条件？

第 5 章

圆轴的扭转

5.1　圆轴扭转的实例与概念

　　圆轴扭转变形是常见的变形之一。例如图 5-1 用手扭转螺丝刀时，手在螺丝刀的手柄处施加了个扭矩 m。又如化工生产设备反应釜中的搅拌轴（图 5-2），轴的上端受到由减速机输出的转动力偶矩 m_C，下端搅拌桨上受到物料的阻力形成的阻力偶矩 m_A，当轴匀速转动时，这两个力偶矩大小相等、方向相反，都作用在与轴线垂直的平面内。搅拌轴的这种受力形式，也是扭转。

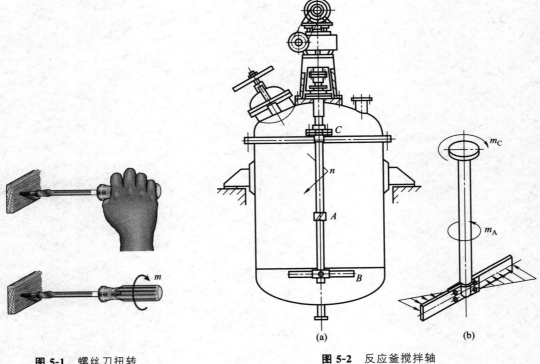

图 5-1　螺丝刀扭转

图 5-2　反应釜搅拌轴

　　综上所述，扭转有如下特点。

① 受力特点——在垂直杆轴的截面上作用着大小相等、方向相反的力偶。

② 变形特点——如图 5-3 所示，构件受扭时，各横截面绕轴线产生相对转动，这种变形称为扭转变形。φ 角是 B 端面相对于 A 端面的转角，称为扭转角。

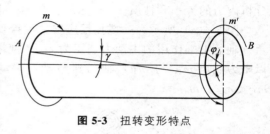

图 5-3 扭转变形特点

工程上，将以扭转变形为主要变形的构件通称为轴。同时，多数轴是等截面直轴。下面讨论圆截面直轴的扭转问题。

5.2 扭转时的外力和内力

5.2.1 扭转时外力偶矩的计算

在分析轴的受力情况时，齿轮、传动链条和皮带的圆周力对轮心的力偶矩就是使轴发生扭转变形的外力偶矩，若已知圆周力 P 和轮子的半径 R，则外力偶矩为

$$M_T = PR \tag{5-1}$$

工程上所遇到的传动轴，通常不直接给出外力偶矩 M_T 的数值，而是已知轴的转速 n 和所传递的功率 N。由功率和转速可计算出外力偶矩的大小。

由物理学已知，功率 N 等于力 P 和速度 v 的乘积，即

$$N = Pv$$

设齿轮的转速为 n（r/min），则轮缘的线速度 v（m/s）为

$$v = 2\pi R n / 60$$

代入 $N = Pv$ 得

$$N = P \times 2\pi R n / 60$$

将式（5-1）代入上式，则得

$$N = \frac{2\pi}{60} M_T n$$

可得出外力偶矩的计算公式为

$$M_T = \frac{60}{2\pi} \times \frac{N}{n} = 9.55 \times 10^3 \frac{N}{n} \tag{5-2}$$

式中，M_T 为外力偶矩，N·m；N 为功率，kW；n 为转速，r/min。

圆轴传递的功率 N 和转速 n 为已知时，用式（5-2）即可求出该轴外力偶矩的大小。由式（5-2）可以看出，如轴的功率 N 一定，转速 n 越大，则外力偶矩越小，反之，转速越低，则外力偶矩越大。例如化工设备厂卷制钢板圆筒用的卷板机，工作时滚轴所需力偶矩很大，因为功率受到一定的限制，所以只能减低滚轴的转速 n 来增大力偶矩 M_T。由电动机经过一个三级减速机带动滚轴，此减速机各轴传递的功率可看成是一样的。因此，转速 n 高的轴，力偶矩 M_T 就小，轴径就细；转速低的轴，力偶矩 M_T 就大，轴径就粗。当看到一套传动装置时，往往可从轴径的粗细来判断这一组传动轴中的低速轴和高速轴。

5.2.2 扭转时横截面上的内力

圆轴在外力偶矩的作用下匀速转动，在轴的横截面上必然产生内力。下面仍用截面法来

分析内力的大小和性质。

图 5-4(a) 所示为一搅拌反应釜，搅拌轴如图 5-4(b) 所示，其受力情况如图 5-4(c) 所示。轴的上端作用的主动力偶矩为 m_C，使搅拌轴带动桨叶旋转，桨叶受到物料的阻力给轴以阻力偶矩 m_A 与 m_B，轴匀速转动，主动力偶矩 m_C 与阻力偶矩 m_A、m_B 平衡，因此 $m_C - m_A - m_B = 0$。

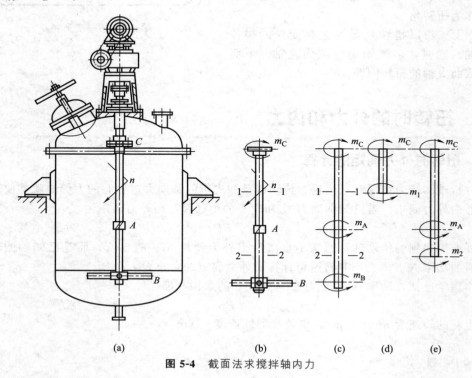

(a)   (b)   (c)   (d)   (e)

图 5-4 截面法求搅拌轴内力

现用截面法求内力：欲求截面 1-1 的内力，假想用一平面在 1-1 处将轴截成上下两段。研究上段，如图 5-4(d) 所示，在横截面 1-1 上，必然有内力偶矩 m_1 存在，与外力偶矩 m_C 呈平衡，根据平衡条件

$$\sum m = 0 \quad m_C - m_1 = 0$$

因此

$$m_1 = m_C$$

在 AB 段中任一截面 2-2，保留上段，如图 5-4(e) 所示，根据平衡条件

$$\sum m = 0 \quad m_C - m_A - m_2 = 0$$

因此

$$m_2 = m_C - m_A$$

同理，取 2-2 截面下段研究，也可求得 2-2 截面上的扭矩，结果是一样的。

以上例子说明，在扭转时，圆轴横截面上必有内力偶矩存在，这个内力偶矩称为扭矩。它的大小等于截面一侧上外力偶矩的代数和。扭矩的正负号可以按右手螺旋法则用矢来表示，并规定当矢的指向离开截面时扭矩为正，反之为负。

【例 5-1】 图 5-5 所示的传动轴，转速为 $n = 200 \text{r/min}$，由主动轮 A 输入功率 $N_A = 15 \text{kW}$，由从动轮 B 和 C 输出的功率分别为 $N_B = 9 \text{kW}$ 和 $N_C = 6 \text{kW}$。试求 1-1 截面和 2-2 截面的扭矩。

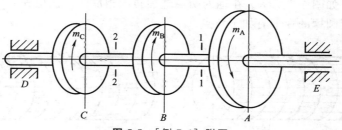

图5-5 [例5-1] 附图

解 首先求外力偶矩的大小

$$m_A = 9550\frac{N}{n} = 9550 \times \frac{15}{200} = 716\text{N} \cdot \text{m}$$

$$m_B = 9550\frac{N}{n} = 9550 \times \frac{9}{200} = 429.7\text{N} \cdot \text{m}$$

$$m_C = 9550\frac{N}{n} = 9550 \times \frac{6}{200} = 286.5\text{N} \cdot \text{m}$$

利用截面法求扭矩。

2-2 截面 $m_2 = m_C = 286.5\text{N} \cdot \text{m}$

1-1 截面 $m_1 = m_B + m_C = 716\text{N} \cdot \text{m}$

对 1-1 截面也可取截面右段，得到相同的结果。

可见此例中 1-1 截面上的扭矩最大。轴上扭矩最大的截面为危险截面，决定轴直径的大小应根据危险截面上的扭矩来进行计算。

如将图 5-5 所示的传动布置方式改变为把主动轮 A 放在从动轮 B 与 C 之间，如图 5-6 所示。这时不难看出：$m_2 = m_C = 286.5\text{N} \cdot \text{m}$，$m_1 = m_B = 429.7\text{N} \cdot \text{m}$。则最大扭矩由原来的 $716\text{N} \cdot \text{m}$ 减小到 $429.7\text{N} \cdot \text{m}$，轴的直径可以相应减小，节约了材料，布局更为合理。

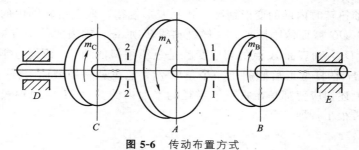

图5-6 传动布置方式

5.3 扭转时横截面上的应力

5.3.1 应力分布规律

求出圆轴各截面上的扭矩之后，还需要进一步研究扭转应力的分布规律，从而建立扭转的强度条件。为此需要研究扭转变形。

取一根橡胶圆棒，为观察其变形情况，试验前在圆棒的表面画出许多圆周线和纵向线，形成许多小矩形，如图 5-7 所示。在轴的两端施加转向相反的力偶矩 m_A、m_B，在小变形的情况下，可以看到圆棒的变形有如下特点。

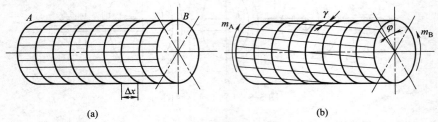

（a）   （b）

图 5-7 圆棒扭转变形

① 变形前画在表面上的圆周线的形状、大小都没有改变，两相邻圆周线之间的距离也没有改变。

② 表面上的纵向线在变形后仍为直线，都倾斜了同一角度 γ，原来的矩形变成平行四边形。两端的横截面绕轴的中心线相对转动了一个角度 φ，φ 称为相对扭转角。

通过观察到的表面现象，可以推理得出以下结论。

① 圆轴各横截面的大小、形状在变形前后都没有变化，仍是平面，只是相对地转过了一个角度，各横截面间的距离也不改变，从而可以说明轴向纤维没有拉、压变形，所以，在横截面上没有正应力产生。

② 圆轴各横截面在变形后相互错动，矩形变为平行四边形，这正是前面讨论过的剪切变形，因此，在横截面上应有切应力。

③ 变形后，横截面上的半径仍保持为直线，而剪切变形是沿着轴的圆周切线方向发生的。所以切应力的方向也是沿着轴的圆周的切线方向，与半径互相垂直。

由此知道扭转时横截面上只产生切应力，其方向与半径垂直。下面进一步讨论切应力在横截面上的分布规律。

为了观察圆轴扭转时内部的变形情况，找到变形规律，取受扭转轴中的微段 dx 来分析（图 5-8）。假想 O_2DC 截面像刚性平面一样绕轴线转动 $d\varphi$，轴表面的小方格 $ABCD$ 歪斜成平行四边形 $ABC'D'$，轴表面 A 点的切应变就是纵线歪斜的角 γ，而经过半径 O_2D 上任意点 H 的纵向线 EH 在杆变形后倾斜了一个角度 γ_ρ，它也就是横截面上任一点 E 处的切应变。应该注意，上述切应变都是在垂直于半径的平面内的。设 H 点到轴线的距离为 ρ，由于构件的变形通常很小，即

$$\gamma \approx \tan\gamma = \frac{DD'}{AD} = \frac{DD'}{dx}$$

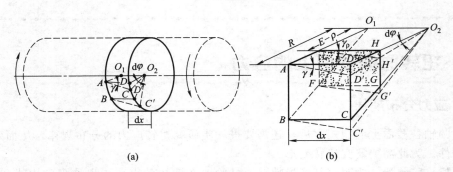

（a）   （b）

图 5-8 圆轴扭转变形分析

$$\gamma_\rho \approx \tan\gamma_\rho = \frac{HH'}{EH} = \frac{HH'}{dx}$$

所以
$$\frac{\gamma_\rho}{\gamma} = \frac{HH'}{DD'} \tag{5-3a}$$

由于截面 O_2DC 像刚性平面一样绕轴线转动，图上 $\triangle O_2HH'$ 与 $\triangle O_2DD'$ 相似，得

$$\frac{HH'}{DD'} = \frac{\rho}{R} \tag{5-3b}$$

将式(5-3b) 代入式(5-3a) 得

$$\frac{\gamma_\rho}{\gamma} = \frac{\rho}{R} \tag{5-3}$$

式(5-3) 表明，圆轴扭转时，横截面上靠近中心的点切应变较小，离中心远的点切应变较大，轴表面点的切应变最大。各点的切应变 γ_ρ 与离中心的距离 ρ 成正比。

根据剪切虎克定律知道切应力与切应变成正比，即 $\tau = G\gamma$，在弹性范围内切应变 γ 越大，则切应力 τ 也越大；横截面上离中心为 ρ 的点上，其切应力为 τ_ρ，轴表面的切应力为 τ，因此有

$$\tau_\rho = G\gamma_\rho, \qquad \tau = G\gamma$$

代入式(5-3) 得

$$\frac{\tau_p}{\tau} = \frac{\rho}{R} \tag{5-4}$$

式(5-4) 说明圆轴扭转时横截面上各点的切应力与它们离中心的距离成正比。圆心处切应力为零，轴表面的切应力 τ 最大。分布情况如图 5-9 所示。

在横截面上切应力也与切应变有相同的分布规律。即

$$\tau_\rho = \tau\frac{\rho}{R} \tag{5-5}$$

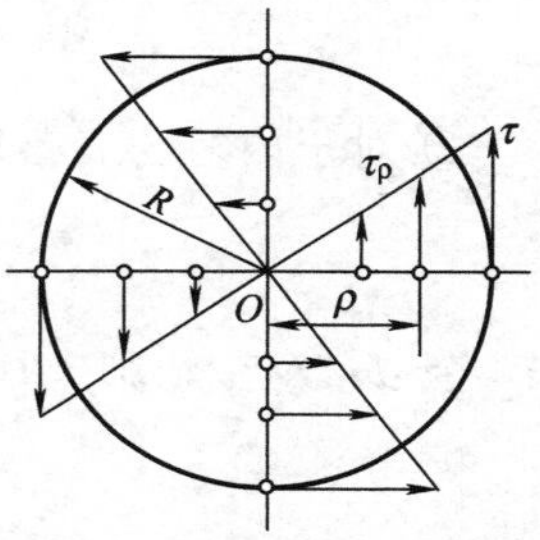

图 5-9 圆轴扭转横截面上切应力分布

5.3.2 横截面上切应力计算公式

知道了横截面上切应力分布规律以后，还必须分析截面上的扭矩 M_T 与切应力 τ 之间的关系才能计算切应力。在截面上任取一距中心为 ρ 的微面积 dA，作用在微面积上的力的总和为 $\tau_\rho dA$，对中心 O 的力偶矩等于 $\tau_\rho dA\rho$。截面上这些力偶矩合成的结果应等于扭矩 M_T，即

$$M_T = \int_A \tau_\rho dA\rho$$

将式(5-5) 代入得

$$M_T = \frac{\tau}{R}\int_A \rho^2 dA$$

令 $J_\rho = \int_A \rho^2 dA$（$J_\rho$ 称为截面的极惯性矩），则表面的最大切应力为

$$\tau = \frac{M_T R}{J_\rho} \tag{5-6}$$

再令 $W_\rho = \dfrac{J_\rho}{R}$（$W_\rho$ 称为抗扭截面模量），则

$$\tau = \frac{M_T}{W_\rho}$$

将式(5-6)代入式(5-5)，可得出横截面上任一点的切应力计算公式为

$$\tau_\rho = \frac{M_T \rho}{J_\rho} \qquad (5\text{-}7)$$

5.3.3 极惯性矩 J_ρ 与抗扭截面模量 W_ρ 的计算

极惯性矩 J_ρ 与抗扭截面模量 W_ρ 是与截面尺寸和形状有关的几何量，可按下述方法计算。

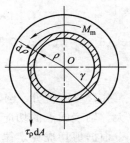

① 如图 5-10 所示，对实心圆轴来说，可以取一圆环形微面积为 dA，则 $dA = 2\pi\rho d\rho$，因此

$$J_\rho = \int_A \rho^2 dA = 2\pi \int_0^{d/2} \rho^3 d\rho$$

$$= 2\pi \left.\frac{\rho^4}{4}\right|_0^{d/2} = \frac{\pi d^4}{32} \approx 0.1 d^4$$

$$W_\rho = \frac{J_\rho}{R} = \frac{2J_\rho}{d} = \frac{\pi d^3}{16} \approx 0.2 d^3$$

图 5-10 实心圆轴求极惯性矩和抗扭截面模量

② 对于内径为 d、外径为 D 的空心圆轴，它的极惯性矩 J_ρ 与抗扭截面模量 W_ρ 分别为

$$J_\rho = \frac{\pi}{32}(D^4 - d^4), \quad W_\rho = \frac{\pi}{16D}(D^4 - d^4)$$

令 $d/D = \alpha$，则

$$J_\rho = \frac{\pi D^4}{32}(1 - \alpha^4) \approx 0.1 D^4 (1 - \alpha^4)$$

$$W_\rho = \frac{\pi D^3}{16}(1 - \alpha^4) \approx 0.2 D^3 (1 - \alpha^4)$$

应当注意：圆环形截面的极惯性矩是外圆与内圆的极惯性矩之差。但是，它的抗扭截面模量却不是外圆与内圆的抗扭截面模量之差。

【例 5-2】 直径 $D = 50\text{mm}$ 的圆轴受扭矩 $M_T = 2.15\text{kN·m}$ 的作用。试求横截面上的最大切应力和距轴 $\rho = 10\text{mm}$ 处的切应力。

解 圆轴的极惯性矩：

$$J_\rho = \frac{\pi D^4}{32} = \frac{3.14 \times 0.05^4}{32} = 6.13 \times 10^{-7} \text{m}^4$$

圆轴的抗扭截面模量：

$$W_\rho = \frac{J_\rho}{D/2} = 2.45 \times 10^{-5} \text{m}^3$$

截面上的最大切应力：

$$\tau_{\max} = \frac{M_T}{W_\rho} = \frac{2.15 \times 10^3}{2.45 \times 10^{-5}} = 87.8 \text{MPa}$$

距轴 $\rho = 10\text{mm}$ 处的切应力：

$$\tau = \tau_{\max} \times \frac{\rho}{D/2} = 87.8 \times \frac{10}{50/2} = 35.1 \text{MPa}$$

【例 5-3】 有一实心轴直径 $d = 81\text{mm}$，另一空心轴的内径 d 为 62mm，外径 D 为

102mm，这两根轴的截面积相同，等于 51.5cm^2。试比较这两根轴的抗扭截面模量。

解 实心轴 $$W_\rho = \frac{\pi d^3}{16} = \frac{\pi \times 81^3}{16} = 104.3 \times 10^3 \text{mm}^3$$

空心轴

$$W_\rho = 0.2 D^3 (1 - \alpha^4) = 0.2 \times 102^3 \times \left[1 - \left(\frac{62}{102} \right)^4 \right]$$
$$= 183.3 \times 10^3 \text{mm}^3$$

由此可见，在材料相同、截面面积相等的情况下，空心轴比实心轴的抗扭能力强，能够承受较大的外力偶矩。在相同的外力偶矩情况下，选用空心轴要比实心轴省材料。这从圆截面的应力分布也可以看出，实心轴圆周上的最大切应力接近于许用切应力时，中间部分切应力还与许用切应力相差很远，中间的材料大部分没有充分发挥它的作用。但是空心轴比实心轴加工制造困难，造价也高，在实际工作中，要具体情况具体分析，合理地选择截面的形状与尺寸。

5.4 扭转的强度条件

当轴的危险截面上的最大切应力不超过材料的扭转许用切应力 $[\tau]$ 时，轴就能安全正常地工作，故轴扭转的强度条件为

$$\tau_{\max} = \frac{M_T}{W_\rho} \leqslant [\tau] \tag{5-8}$$

式中，M_T 是危险截面的扭矩；$[\tau]$ 的值可查阅有关手册。一般 $[\tau] = 0.5 \sim 0.6[\sigma]$。

由于一般轴除受扭转外常伴有弯曲作用，而且所受的载荷不是静载荷，故许用切应力的值有时比上述范围还要更低一些。

根据扭转强度条件，同样可以解决强度校核、设计截面与确定许可载荷这三类问题。

【例 5-4】 图 5-6 中圆轴为等截面圆轴，$[\tau] = 40 \text{MPa}$，试求轴的直径。

解 由【例 5-1】知道，最大扭矩约为 430MPa，应用式（5-8）可得

$$W_\rho \geqslant \frac{M_T}{[\tau]} = \frac{430}{40 \times 10^6} = 10.75 \times 10^{-6} \text{m}^3$$

因 $$W_\rho = 0.2 d^3$$

则 $$d \geqslant \sqrt[3]{\frac{10.75 \times 10^{-6}}{0.2}} = 3.77 \times 10^{-2} \text{m} = 37.7 \text{mm}$$

根据轴的标准直径进行圆整，可取 $d = 40 \text{mm}$。

【例 5-5】 一直径为 30mm 的钢轴，若 $[\tau] = 50 \text{MPa}$，求轴能承受的最大扭矩；如果轴的转速为 400r/min，轴能传递多大功率？

解 ① 求能承受的最大扭矩。
$$M_T \leqslant [\tau] W_\rho = [\tau] \times 0.2 d^3 = 50 \times 10^6 \times 0.2 \times 0.03^3 = 270 \text{N} \cdot \text{m}$$

② 求轴能传递的功率。

由于输入力偶矩 m 等于扭矩 M_T，由式（5-2）得

$$N = \frac{mn}{9550} = \frac{270 \times 400}{9550} = 11.3 \text{kW}$$

5.5 圆轴的扭转变形与刚度条件

5.5.1 圆轴的扭转变形

圆轴受扭转时，除了考虑强度条件外，有时还要满足刚度条件。例如机床的主轴，若扭转变形太大，就会引起剧烈的振动，影响加工工件的质量。因此还需对轴的扭转变形有所限制。

圆轴受扭转作用时所产生的变形，是用两横截面之间的相对扭转角 φ 表示的，如图 5-3 所示。由于 γ 角与 φ 角对应同一段弧长，故有

$$\varphi R = \gamma l$$

式中，R 是轴的半径。由剪切虎克定律，$\tau = G\gamma$，所以

$$\varphi = \frac{\tau l}{GR}$$

将 $\tau = \dfrac{M_{\mathrm{T}}R}{J_\rho}$ 代入上式，得 $\qquad \varphi = \dfrac{M_{\mathrm{T}}l}{GJ_\rho}$ （5-9）

式(5-9)是截面 A、B 之间的相对扭转角的计算公式，φ 的单位是 rad。两截面间的相对扭转角与两截面间的距离 l 成正比，为了便于比较，工程上一般都用单位轴长上的扭转角 θ 表示扭转变形的大小，则

$$\theta = \frac{\varphi}{l}$$

$$\theta = \frac{M_{\mathrm{T}}}{GJ_\rho} \qquad (5\text{-}10)$$

式中，θ 的单位为 rad/m。如果 M 的单位是 N·m，G 的单位是 MPa，则 J_ρ 的单位是 m⁴。但是，工程实际中规定的许用单位扭转角 $[\theta]$ 是以 (°)/m 为单位的，则公式(5-10)可改写为

$$\theta = \frac{M_{\mathrm{T}}}{GJ_\rho} \times \frac{180}{\pi} \qquad (5\text{-}11)$$

式中，GJ_ρ 称为轴的抗扭刚度，取决于轴的材料与截面的形状与尺寸。轴的 GJ_ρ 值越大，则扭转角 θ 越小，表明抗扭转变形的能力越强。

5.5.2 扭转刚度条件

圆轴受扭转时如果变形过大，就会影响轴的正常工作。轴的扭转变形用许用扭转角 $[\theta]$ 来加以限制，其单位为 (°)/m，其数值的大小根据载荷性质、工作条件等确定。在一般传动和搅拌轴的计算中，可选取 $[\theta] = 0.5 \sim 1.0$ (°)/m。由此得出轴的扭转刚度条件为

$$\theta = \frac{M_{\mathrm{T}}}{GJ_\rho} \times \frac{180}{\pi} \leqslant [\theta] \qquad (5\text{-}12)$$

圆轴设计时，一般要求既满足于强度条件式(5-8)，又要满足于刚度条件式(5-12)。

【例 5-6】 某搅拌反应器的搅拌轴传递的功率 $N = 5\mathrm{kW}$，空心圆轴的材料为 45 钢，$\alpha = \dfrac{d}{D} = 0.8$，转速 $n = 60\mathrm{r/min}$，$[\tau] = 40\mathrm{MPa}$，$[\theta] = 0.5$ (°)/m，$G = 81\mathrm{GPa}$，试计算轴的内、外径尺寸 d 与 D 各为多少？

解 ① 计算外力偶矩。

$$m = 9550\frac{N}{n} = 9550 \times \frac{5}{60} = 796\text{N} \cdot \text{m}$$

轴的横截面上的扭矩 $M_\text{T} = m = 796\text{N} \cdot \text{m}$。

② 由强度条件

$$\tau_{\max} = \frac{M_\text{T}}{W_\rho} \leqslant [\tau]$$

$$W_\rho = 0.2D^3(1-\alpha^4) = 0.2D^3(1-0.8^4) = 0.118D^3$$

得

$$D \geqslant \sqrt[3]{\frac{796}{0.118 \times 40 \times 10^6}} = 5.525 \times 10^{-2}\text{m} = 55.25\text{mm}$$

③ 由刚度条件

$$\theta = \frac{M_\text{T}}{GJ_\rho} \times \frac{180}{\pi} \leqslant [\theta]$$

其中

$$J_\rho = 0.1D^4(1-\alpha^4) = 0.059D^4$$

得

$$D \geqslant \sqrt[4]{\frac{796 \times 180}{8.1 \times 10^{10} \times 0.059 \times 0.5 \times \pi}} = 6.6 \times 10^{-2}\text{m} = 66\text{mm}$$

故选取 $D = 66\text{mm}$，$d = 0.8D = 52.8\text{mm}$。如用无缝钢管做轴，则按管径规格，可选 $D = 68\text{mm}$，$d = 54\text{mm}$，即用 $\phi68\text{mm} \times 7\text{mm}$（外径×壁厚）的无缝钢管。

【例 5-7】 如图 5-11 所示，两旋转轴由法兰和四个螺栓连接，m 为作用在旋转轴上的扭矩，螺栓中心圆直径为 ϕ。若使轴和螺栓内的最大剪应力相等，求轴直径 D 与螺栓直径 d 的关系。

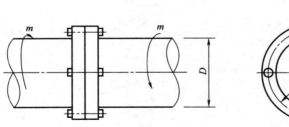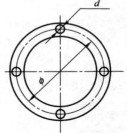

图 5-11 两旋转轴的连接结构尺寸示意图

解 由轴的剪应力计算公式，可知

$$\tau = \frac{m}{W_\rho} = \frac{m}{\pi D^3/16} \tag{a}$$

对螺栓进行强度校核，有

$$\tau = \frac{Q}{A} = \frac{Q}{\pi d^2/4} \tag{b}$$

而依据螺栓剪力与外力偶矩关系，可知

$$m = 2Q\phi \tag{c}$$

根据轴和螺栓内的最大剪应力相等的条件，联立式(a)、式(b)、式(c)，有

$$\frac{16m}{\pi D^3} = \frac{4Q}{\pi d^2} = \frac{4}{\pi d^2} \times \frac{m}{2\phi}$$

得

$$8\phi d^2 = D^3$$

● 思考题

5-1　轴扭转时的受力特点是什么？怎样按照功率和转速来计算轴上的外力偶矩？

5-2　材料相同、直径相同、传递功率也相同的两根轴，转速较高的与转速较低的比较，哪个危险性大？

5-3　什么是扭矩？怎样计算扭矩？

5-4　简述圆轴扭转时的平面假设。

5-5　圆轴扭转时，截面上产生什么应力？怎样分布？为什么？

5-6　怎样计算圆轴扭转时横截面上的最大切应力？

5-7　什么是极惯性矩和抗扭截面模量？它们有什么作用？怎样计算圆形和圆环形截面的极惯性矩和抗扭截面模量？它们的单位是什么？

5-8　试分析汽车采用空心传动轴的原因。

5-9　什么是扭转角和单位长度扭转角？

5-10　扭转的强度条件和刚度条件是什么？如果要求同时满足强度和刚度条件，怎样设计轴径？

第6章

基本变形小结

在介绍复杂应力状态以及组合变形之前，对前面介绍过的五种基本变形总结如下。

材料力学的主要任务是解决构件的强度、刚度和稳定问题。通过计算，合理地选择材料以及截面的形状和尺寸，保证构件的安全和经济。为了便于比较，对已经介绍过的五种基本变形，把它们列于表 6-1 中，并对其一般规律进行总结。

① 对一个实际的受力杆件，先要进行受力分析；根据外力的特点，判断它产生哪种基本变形。五种基本变形又可归纳为两类：拉伸、压缩、弯曲属尺寸变化的线应变；剪切和扭转属形状变化的角应变。

② 通常根据已知的载荷求得支座反力后，才能用截面法求得杆件横截面上的内力：轴力沿杆轴线方向、剪力垂直于杆轴线、扭矩作用面垂直于轴线、弯矩作用在轴线平面内。

③ 通过观察试验现象，作出杆件横截面的平面假设，找到变形规律后，结合虎克定律，确定横截面上应力的分布规律（有均匀分布和线性分布两种）。

④ 强度计算是材料力学的主要任务之一，应用强度条件可以解决杆件的三类强度问题：校核强度、设计截面、确定许可载荷。强度条件可归纳为

$$最大工作应力 = \frac{危险截面上最大内力}{相应的截面几何性质} \leqslant 许用应力$$

解决杆件扭转或弯曲强度问题时，必须先求出各截面的扭矩值或弯矩值，以确定危险截面及其最大扭矩或最大弯矩。计算铆钉类的剪切强度问题时，注意区别单剪和双剪。

⑤ 杆件在拉压和剪切时，截面对强度和刚度的影响是以面积 A 来反映的；杆件在弯曲和扭转时，截面对强度和刚度的影响则是以抗弯截面模量 W_z、抗扭截面模量 W_ρ、轴惯性矩 J_z、极惯性矩 J_ρ 来反映的，这些都是截面的几何性质，取决于截面的形状、尺寸和中性轴的位置；空心轴比实心轴经济合理；工字钢截面比矩形截面经济合理；直立的矩形截面比正方形截面经济合理；正方形截面比横放的矩形截面经济合理。

⑥ 许用应力是杆件安全工作应力的最大值。它等于极限应力除以安全系数。在静应力时，取强度极限或屈服极限为极限应力；塑性材料的许用拉应力与许用压应力相等；脆性材料的许用拉应力远远低于许用压应力。

⑦ 虎克定律是材料力学基础，它表示材料受载时应力与应变成正比的关系。应该注意它的适用范围是应力未超过比例极限。

⑧ 有些杆件除了要满足强度条件外，还要满足刚度条件。刚度条件归纳为

$$变形(\Delta l、\varphi、f、\theta) = 常数 \times \frac{载荷(P、q、M) \times 长度(l)}{弹性模量(E、G) \times 截面几何性质(A、J_z、J_\rho)}$$

⑨ 材料试验是材料力学中的重要组成部分，通过试验可以验证理论和测定材料的力学性能。材料的力学性能有强度、塑性、弹性、硬度和冲击韧性等。

表 6-1　基本变形小结

变形形式	拉伸　压缩	剪　切	扭　转	弯　曲
简图				
外力特点	外力作用线与杆轴重合	外力垂直于杆轴,相距很近	外力偶作用垂直于杆轴线	外力垂直于轴线,外力偶在纵向对称平面内
变形特点	伸长或缩短,线应变	矩形歪成平行四边形,角应变	轴表面纵线歪斜成螺旋线	轴线弯成纵向对称平面内的曲线
内力	轴力 N 垂直于横截面	剪力 Q 平行于横截面	扭矩 M_T 作用于横截面上	弯矩 M 和剪力 Q 在纵向对称平面内
应力	正应力 σ 均布	切应力 τ 假设为均布	切应力 τ 与离圆心距离 ρ 成正比	正应力 σ 与离中性轴距离 y 成正比,中性轴一侧为拉应力,另一侧为压应力
强度计算	$\sigma = \dfrac{N}{A} \leqslant [\sigma]$	$\tau = \dfrac{Q}{A} \leqslant [\tau]$ 挤压计算时假设应力为均布 $\sigma_{jy} = \dfrac{P}{A_{jy}} \leqslant [\sigma]_{jy}$	$\tau_{max} = \dfrac{M_T}{W_p} \leqslant [\tau]$　外力偶矩 $M_T = 9.55 \times 10^3 \dfrac{N}{n}$ 抗扭截面模量 $W_p = 0.2d^3$(圆) $W_p = 0.2D^3\left[1-\left(\dfrac{d}{D}\right)^4\right]$(圆环)	$\sigma_{max} = \dfrac{M_{max}}{W_z} \leqslant [\sigma]$ 最大弯矩 M_{max} 由弯矩图得到 抗弯截面模量 $W_z = 0.1d^3$(圆) $W_z = \dfrac{bh^2}{6}$(矩形) $W_z = 0.1D^3\left[1-\left(\dfrac{d}{D}\right)^4\right]$(圆环) 型钢查表
刚度计算	$\Delta l = \dfrac{Nl}{EA}$		扭转角　$\varphi = \dfrac{M_T l}{GJ_p}$ 单位长度扭转角 $\theta = \dfrac{\varphi}{l} = \dfrac{M_T}{GJ_p} \leqslant [\theta]$ 极惯性矩 $J_p = 0.1d^4$(圆) $J_p = 0.1D^4\left[1-\left(\dfrac{d}{D}\right)^4\right]$(圆环)	挠度 y 和转角 θ 查表计算 $\dfrac{f_{max}}{l} \leqslant \left[\dfrac{f}{l}\right]; \theta \leqslant [\theta]$ 惯性矩 $J_z = 0.05d^4$(圆) $J_z = \dfrac{bh^3}{12}$(矩形) $J_z = 0.05D^4\left[1-\left(\dfrac{d}{D}\right)^4\right]$(圆环) 型钢查表

习　题

1. 化工厂安装塔设备时，分段起吊塔体。设起吊重量 $G=10kN$，求钢绳 AB、BC 及 BD 的受力大小。设 BC、BD 与水平夹角为 $60°$。

2. 桅杆式起重机由桅杆 D、起重杆 AB 和钢丝绳 BC 用铰链 A 连接而组成。$P=20kN$，试求 BC 绳的拉力与铰链 A 的反力（AB 杆重不计）。

3. 起吊设备时为避免碰到栏杆，施一水平力 P，设备重 $G=30kN$，求水平力 P 及绳子拉力 T。

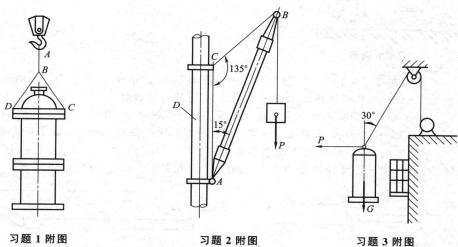

习题 1 附图　　　　习题 2 附图　　　　习题 3 附图

4. 悬臂式壁架支撑设备重 P（kN），壁架自重不计，求固定端的反力。

5. 化工厂的塔设备，塔旁悬挂一再沸器。设沿塔高受风压 q（N/m），塔高 H（m），塔径 D（m），再沸器与主塔中心相距为 e（m），主塔重 P_1（kN），再沸器重 P_2（kN）。试

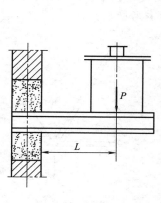

习题 4 附图

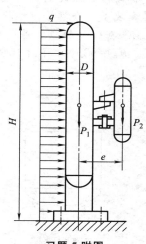

习题 5 附图

求地面基础处的支座反力。

6. 梯子由 AB 与 AC 两部分在 A 处用铰链连接而成，下部用水平软绳连接，放在光滑面上。在 AC 上作用有一垂直力 P。如不计梯子自重，当 $P=600$N，$\alpha=75°$，$h=3$m，$a=2$m 时，求绳的拉力的大小。

7. 试用截面法求各杆件所标出的横截面上的内力和应力。杆的横截面面积 A 为 250mm^2，$P=10$kN。

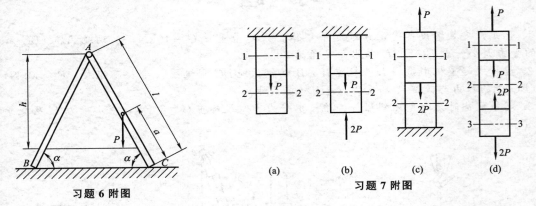

习题 6 附图   习题 7 附图

8. 一根直径 $d=16$mm、长 $L=3$m 的圆截面杆，承受轴向拉力 $P=30$kN，其伸长为 $\Delta L=2.2$mm。试求此杆横截面上的应力与此材料的弹性模量 E。

9. 图示阶梯形圆截面杆，承受轴向载荷 $F_1=50$kN 与 F_2 作用，AB 与 BC 段的直径分别为 $d_1=20$mm，$d_2=30$mm，如欲使 AB 与 BC 段横截面上的正应力相同，试求载荷 F_2 之值。

10. 两块 Q235A 钢板对焊起来作为拉杆，$b=60$mm，$\delta=10$mm。已知钢板的许用应力为 160MPa，对接焊缝许用应力为 128MPa，拉力 $P=60$kN。试校核其强度。

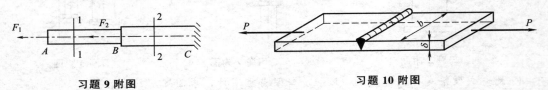

习题 9 附图   习题 10 附图

11. 已知反应釜端盖上受气体内压力及垫圈上压紧力的合力为 400kN，其法兰连接选用 Q235A 钢制 M24 的螺栓，螺栓的许用应力 $[\sigma]=54$MPa，由螺纹标准查出 M24 的根径 $d=20.7$mm，试计算需要多少个螺栓（螺栓是沿圆周均匀分布，螺栓数应取 4 的倍数）。

12. 杆 AB、BC 在 C 处铰接，另一端均与墙面铰接，如附图所示，F_1 和 F_2 作用在销钉 C 上，$F_1=445$N，$F_2=535$N，不计杆重，试求两杆所受的力。

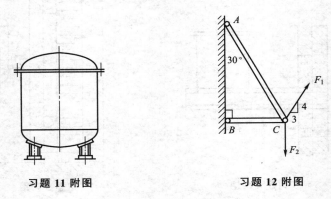

习题 11 附图   习题 12 附图

13. 某设备的油缸，缸内工作压力 $p=2\text{MPa}$，油缸内径 $D=75\text{mm}$，活塞杆直径 $d=18\text{mm}$，已知活塞杆的 $[\sigma]=50\text{MPa}$，试校核活塞杆的强度。

14. 图示一卧式容器，支承在支座 A 和 B 上，容器总重 $G=500\text{kN}$，作用于中点，两支座 A、B 的底板均为长方形，边长 $a:b$ 为 $1:4$，若支座下基础的许用应力 $[\sigma]=1\text{MPa}$，试求底板所需的尺寸。

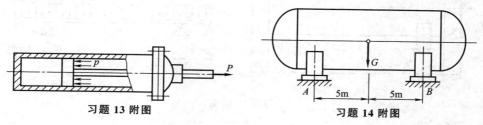

习题 13 附图　　　　　　　　　　习题 14 附图

15. 有一两端固定的钢杆，其截面积为 1000mm^2，载荷如附图。试求各段杆内的应力。

16. 有一等截面直杆，两端固定于刚性墙。当杆被嵌入后，温度升高了 $50℃$，试求杆内的应力。已知钢的 $E=200\times10^3\text{MPa}$，铜的 $E=100\times10^3\text{MPa}$，钢的 $\alpha=1.25\times10^{-5}\text{K}^{-1}$，铜的 $\alpha=1.65\times10^{-5}\text{K}^{-1}$。

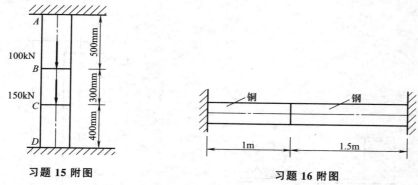

习题 15 附图　　　　　　　　　　　习题 16 附图

17. 试列出附图所示各梁的弯矩方程，并画弯矩图，求出 $M_{\max}$。

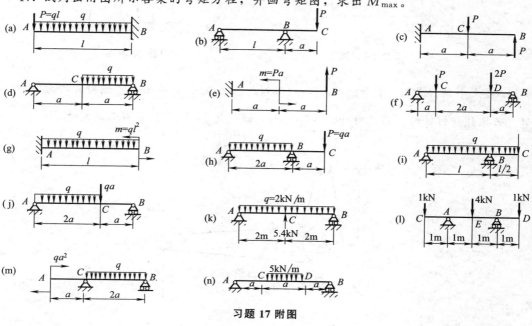

习题 17 附图

18. 附图为一卧式储罐，内径为 $\phi 1600\text{mm}$，壁厚20mm，封头高 H 为450mm；支座位置如附图所示，$L=8000\text{mm}$，$a=1000\text{mm}$。内储液体，包括储罐自重在内，可简化为单位长度上的均布载荷 $q=28\text{N/mm}$。求罐体上的最大弯矩和弯曲应力。

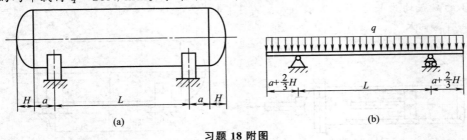

习题 18 附图

19. 悬臂管道托架上，支撑管道重8kN，$l=500\text{mm}$，梁采用10号工字钢，材料的弯曲许用应力 $[\sigma]=120\text{MPa}$。问工字梁的强度是否足够。

20. 分馏塔高 $H=20\text{m}$，塔内径为 $\phi 1000\text{mm}$，壁厚6mm，塔与基础的固定方式可视为固定端，作用在塔体上的风载荷分两段计算，$q_1=600\text{N/m}$，$q_2=400\text{N/m}$。求风力引起的最大弯曲应力。

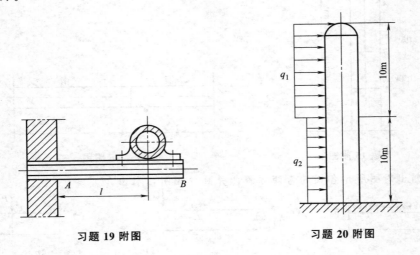

习题 19 附图　　　　　习题 20 附图

21. 空气泵的操作杆，$P=8\text{kN}$，$N=16\text{kN}$，Ⅰ-Ⅰ及Ⅱ-Ⅱ截面尺寸相同，均为 $\dfrac{h}{b}=3$ 的矩形。若操作杆材料的许用应力 $[\sigma]=50\text{MPa}$，试设计Ⅰ-Ⅰ及Ⅱ-Ⅱ截面的尺寸。

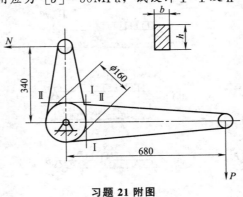

习题 21 附图

22. 附图为悬臂梁，横截面为矩形，承受载荷 F_1 与 F_2 作用，且 $F_1=2F_2=5$kN，试计算梁内的最大弯曲正应力及该应力所在截面上 K 点处的弯曲正应力。

23. 如附图所示，在一块厚度为 8mm 的钢板上冲压成型直径 $d=20$mm 的圆孔。如果冲孔时需要施加 $P=110$kN 的力，试计算钢板受到的平均切应力和冲模上受到的平均压应力。

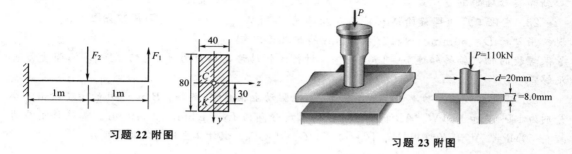

习题 22 附图　　　　　　　　　　　　**习题 23 附图**

24. 销钉连接，已知 $P=18$kN，板厚 $t_1=8$mm，$t_2=5$mm，销钉与板的材料相同，许用切应力 $[\tau]=60$MPa，许用挤压应力 $[\sigma_{jy}]=200$MPa，销钉直径 $d=16$mm，试校核销钉强度。

25. 齿轮与轴用平键连接，已知轴直径 $d=70$mm，键的尺寸 $bhl=20\text{mm}\times12\text{mm}\times100\text{mm}$，传递的力偶矩 $m=2$kN·m，键材料的许用应力 $[\tau]=80$MPa，$[\sigma_{jy}]=200$MPa，试校核键的强度。

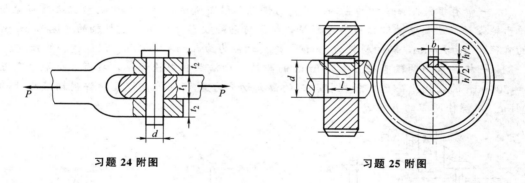

习题 24 附图　　　　　　　　　　　　**习题 25 附图**

26. 已知圆轴输入功率 $N_A=50$kW，输出功率 $N_C=30$kW，$N_B=20$kW。轴的转速 $n=100$r/min，$[\tau]=40$MPa，$[\phi]=0.5$ (°)/m，$G=8.0\times10^4$MPa。设计轴的直径 d。

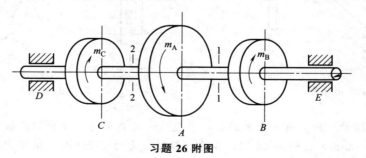

习题 26 附图

27. 某搅拌轴为中空的铝合金管，其外径 $d_2 = 100$ mm，内径 $d_1 = 80$mm，轴长度为 2.5m，铝合金的剪切模量 $G = 80$GPa。如果扭矩施加在轴的端部，当最大切应力为 50MPa 时，扭转角度是多少度？如果使用实心轴，能够承受最大切应力所需的直径 d 是多大？空心轴和实心轴的重量比是多大？

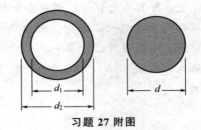

习题 27 附图

28. 某化工厂的螺旋输送机，输入功率为 7.2kW。现拟用外径 $D = 50$mm、内径 $d = 40$mm 的热轧无缝钢管做螺旋的轴，轴的转速 $n = 150$r/min，材料的扭转许用切应力 $[\tau] = 50$MPa，问强度是否足够？

29. 某电机以输入功率300kW、转速32Hz驱动主轴 ABC 旋转。B 和 C 处的齿轮输出功率分别为120kW和180kW。AB 段和 BC 段的长度分别为 $L_1 = 1.5$m，$L_2 = 0.9$m。如果许用应力 $[\tau] = 50$MPa，AC 段的许用转角 $[\theta] = 4.0°$，$G = 75$ GPa，试计算主轴所需的直径 d。

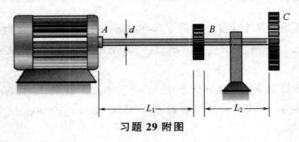

习题 29 附图

30. 一带有框式搅拌桨叶的主轴，其受力情况如附图所示。搅拌轴由电动机经过减速箱及圆锥齿轮带动。已知电动机的功率为 3kW，机械传动的效率为 85%，搅拌轴的转速为 5r/min，轴的直径为 $d = 75$mm，轴的材料为 45 钢，许用切应力为 $[\tau] = 60$MPa。试校核轴的强度。

31. 一机轴采用两段直径 $d = 100$mm 的圆轴，由法兰和螺栓连接，共有 8 个螺栓布置在 $D_0 = 200$mm 的圆周上。已知轴在扭转时的最大切应力为 70MPa，螺栓的许用切应力 $[\tau] = 60$MPa。求螺栓所需的直径 d_1。

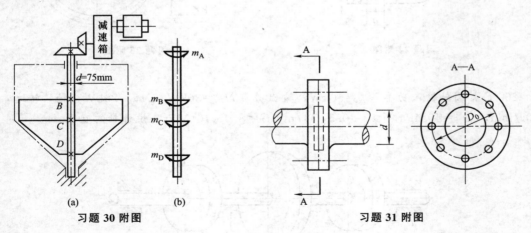

习题 30 附图   习题 31 附图

32. 车床的传动光杆装有安全联轴器，当超过一定载荷时，安全销即被剪断。已知安全销的平均直径为 5mm，材料为 45 钢，其剪切极限应力为 370MPa，求安全联轴器所能传递的最大转矩 M。

第一篇 参 考 文 献

[1] 《化工设备机械基础》编写组. 化工设备机械基础. 第2册. 北京：石油化学工业出版社，1978.

[2] 董俊华等. 化工设备机械基础. 5版. 北京：化学工业出版社，2019.

[3] 刘鸿文. 材料力学. 北京：高等教育出版社，1992.

[4] 孙训方. 材料力学. 北京：高等教育出版社，1993.

[5] 范钦珊. 材料力学. 北京：清华大学出版社，2004.

[6] 王志斌. 化工设备基础. 北京：高等教育出版社，2011.

[7] 赵军，张有忱，段成红. 化工设备机械基础. 3版. 北京：化学工业出版社，2016.

[8] ［美］盖尔（James M Gere），［美］古德诺（Barry J Goodno）. 材料力学. 英文版. 北京：机械工业出版社，2011.

第二篇

材料与焊接

　　材料是构成设备的物质基础。化工生产操作条件不尽相同，操作压力从真空到高压甚至超高压；操作温度从深冷到高温；介质具有腐蚀性、易燃易爆、有毒甚至剧毒。因此对服役工作环境下的化工设备所需要的材料的物理性能、力学性能、耐腐蚀性能有不同要求。化工设备中碳素钢、合金钢等金属材料，以及陶瓷、玻璃、玻璃钢和工程塑料等非金属材料被广泛使用。为了保证化工设备的安全运行，设计中对所选化工设备材料的可靠性有着很高的要求。因此，在设计和制造化工设备时，合理选择和正确使用材料是设计的基本环节。设计人员不仅要从设备结构、制造工艺、使用条件和寿命等方面考虑，而且还要从设备工作环境下的材料物理性能、力学性能、耐腐蚀性能以及材料的成本和供应等方面综合考虑。

　　化工设备在制造过程中要通过各种冷、热加工成型工艺，例如下料、卷板、焊接和热处理等，因此应考虑材料的加工性能。其中焊接是压力容器等化工设备制造过程中经常使用的制造方法。焊接质量直接关系到设备的质量。因此，设计人员有必要了解焊接的基本知识，如常用的焊接方法、焊接接头型式、焊接缺陷以及焊接质量检验。

第 7 章

化工设备材料

7.1　概述

　　化学工业是国民经济的基础产业，各种化学生产工艺的要求各不相同，如：压力从真空到高压甚至超高压，温度从低温到高温，生产过程中存在腐蚀性、易燃、易爆物料等，使得设备在极其复杂的操作条件下运行。由于不同的生产条件对设备材料有不同的要求，因此，合理地选用材料是设计化工设备的主要环节。

　　对于高温容器，由于钢材在高温的长期作用下，材料的力学性能和金属组织都会发生明显的变化，加之承受一定的工作压力，因此在选材时必须考虑到材料的强度及高温条件下组织的稳定性。容器内部盛装的介质大多具有一定的腐蚀性，因此需要考虑材料的耐腐蚀情况。对于频繁开、停的设备或可能受到冲击载荷作用的设备，还要考虑材料的疲劳等。低温条件下操作的设备，则需要考虑材料低温下的脆性断裂问题。

7.2　材料的性能

　　材料的性能包括材料的力学性能、物理性能、化学性能和加工工艺性能等。

7.2.1　力学性能

　　力学性能是指材料在外力作用下抵抗变形或破坏的能力，如强度、硬度、弹性、塑性、韧性等。这些性能是化工设备设计中材料选择及计算时决定许用应力的依据。

7.2.1.1　强度

　　材料的强度是指材料抵抗外加载荷而不致失效破坏的能力。一般来讲，材料强度仅指材料在达到允许的变形程度或断裂前所能承受的最大应力，像弹性极限、屈服极限、强度极限、疲劳极限和蠕变极限等。材料在常温下的强度指标有屈服强度和抗拉强度。

　　屈服强度表示材料抵抗开始产生大量塑性变形的应力。抗拉强度表示材料抵抗外力而不致断裂的最大应力。在工程上，不仅需要材料的屈服强度高，而且还需要考虑屈服强度与抗拉强度的比值（屈强比）。屈强比较小时，材料制造的零件具有较高的安全可靠性，因为在工作时万一超载，也能由于塑性变形使金属的强度提高而不致立刻断裂。但如果屈强比太小，则材料强度的利用率会降低。反之，屈强比较大时，材料强度的利用率可提高，但塑性储备较小。因此，过大、过小的屈强比都是不适宜的。

金属材料在高温环境下长期工作时，在一定应力下，会随着时间的延长缓慢地不断发生塑性变化的现象，称为蠕变现象。例如，高温高压蒸汽管道虽然其承受的应力远小于工作温度下材料的屈服强度，但在长期的使用中则会产生缓慢而连续的变形使管径日趋增大，最后可能导致破裂。材料在高温条件下抵抗这种缓慢塑性变形的能力，用蠕变极限 R_n 表示。R_n^t 蠕变极限是指材料在设计温度下经 10 万小时蠕变率为 1‰ 的蠕变极限平均值，单位为 MPa。

对于长期承受交变应力作用的金属材料，还要考虑疲劳破坏。疲劳破坏是指金属材料在小于屈服极限的循环载荷长期作用下发生破坏的现象。在疲劳断裂时，不产生明显的塑性变形，断裂是突然发生的，因此具有很大的危险性。金属材料在循环应力下，经受无限次循环而不发生破坏的最大应力称为材料的疲劳极限（或持久极限），通常用 σ_r 表示。r 为交变应力的循环特征，$r = \sigma_{min}/\sigma_{max}$，即循环中的最小应力与最大应力之比。对称循环时，$r = -1$。$\sigma_{-1}$ 表示为对称循环交变应力下的疲劳极限。对于一般钢材，以 $10^6 \sim 10^7$ 次不被破坏的应力，作为疲劳强度。

7.2.1.2 硬度

硬度是指固体材料对外界物体机械作用（如压陷、刻划）的局部抵抗能力。它采用不同的试验方法来表征不同的抗力。硬度不是金属独立的基本性能，而是反映材料弹性、强度与塑性等的综合性能指标。

在工程技术中应用最多的是压入硬度，常用的指标有布氏硬度（HB）、洛氏硬度（HRC、HRB）和维氏硬度（HV）等。所得到的硬度值的大小实质上是表示金属表面抵抗压入物体（钢球或锥体）所引起局部塑性变形的抗力大小。

一般情况下，硬度高的材料强度高，耐磨性能较好，而切削加工性能较差。根据经验，大部分金属的硬度和强度之间有如下近似关系：低碳钢 $R_m \approx 0.36 \times$ 布氏硬度值；高碳钢 $R_m \approx 0.34 \times$ 布氏硬度值；灰铸铁 $R_m \approx 0.1 \times$ 布氏硬度值。因而可用硬度近似地估计抗拉强度。

7.2.1.3 塑性

材料的塑性是指材料受力时，当应力超过屈服极限后，能产生显著的变形而不发生断裂的性质。工程上以伸长率 δ 和断面收缩率 ψ 作为衡量金属静载荷下塑性变形能力的指标。

（1）伸长率 δ　主要反映材料均匀变形的能力。它以试件拉断后，总伸长的长度与原始长度的比值（％）来表示，见式(2-7)。

伸长率的大小与试件尺寸有关，为了便于进行比较，必须将试件标准化。现国内采用的拉伸试样有长圆试样 $l_0/d_0 = 10$（d_0 为试样直径）和短圆试样 $l_0/d_0 = 5$，伸长率下标分别以 δ_{10} 和 δ_5 来表示。

（2）断面收缩率 ψ　主要反映材料局部变形的能力。它以试件拉断后，断面缩小的面积与原始截面积比值（％）来表示，见式(2-8)。

断面收缩率的大小与试件尺寸无关。它不是一个表征材料固有性能的指标，但它对材料的组织变化比较敏感，尤其对钢的氢脆以及材料的缺口比较敏感。

材料的伸长率与断面收缩率值越大，材料塑性越好。塑性指标在化工设备设计中具有重要意义。良好的塑性性能有利于成型加工（如弯卷和冲压等），同时也可使设备在使用中产生塑性变形而避免发生突然的断裂。承受静载荷的容器及零件，其制作材料都应具有一定塑性，一般要求 $\delta_5 = 10\% \sim 20\%$。过高的塑性常常会导致强度降低。

7.2.1.4 冲击韧性

对于承受波动或冲击载荷的零件及在低温条件下使用的设备，还必须考虑抗冲击性能。材料的抗冲击能力常以使其破坏所消耗的功或吸收的能除以试件的截面面积来衡量，称为材料的冲击韧度，以 α_k 表示，单位 J/cm^2。更常用冲击消耗功 A_k（J）来表示材料的冲击韧性。

韧性是材料在外加动载荷突然袭击时的一种及时并迅速塑性变形的能力。韧性高的材料，一般都有较高的塑性指标；但塑性指标较高的材料，却不一定具有较高的韧性，原因是在静载下能够缓慢塑性变形的材料，在动载下不一定能迅速地产生塑性变形。因此，冲击吸收功的大小，取决于材料有无迅速塑性变形的能力。

由于冲击韧性在低温时会有不同程度的下降，故在化工设备中，低温容器所用钢板的 KV_2 值（V形缺口试样在 2mm 摆锤刀刃下的冲击吸收能量）不低于 47J。

7.2.2 物理性能

金属材料的物理性能有密度、熔点、比热容、热导率、线膨胀系数、导电性、磁性、弹性模量与泊松比等。

密度是计算设备重量的常数。熔点低的金属和合金，其铸造和焊接加工都较容易，工业上常用于制造熔断器等零件；熔点高的合金则可用于制造要求耐高温的零件。金属及合金受热时，一般都会有不同程度的体积膨胀，因此双金属材料的焊接，要考虑它们的线膨胀系数是否接近，否则会因膨胀量不同而使容器或零件变形或损坏。有些设备的衬里及其组合件，其线膨胀系数应和基体材料相同，以免受热后因膨胀量不同而松动或破坏。常用材料的弹性模量及泊松比见表 2-2。几种常用金属的其他物理性能列于表 7-1。

表 7-1　几种常用金属的其他物理性能

金属	密度 /(g/cm³)	熔点 /℃	比热容 /[J/(g·K)]	热导率 /[W/(m·K)]	线膨胀系数 $\alpha/10^{-6}℃^{-1}$	电阻率 /μΩ·cm
灰铸铁	7.05~7.30	1200	265~605	41.7~52.2	10.0~12.5	67~180
高硅铸铁	6.9	1220	—	52	4.7	63
碳钢及低合金钢	7.85	1400~1500	480	48	10.6~12.2	11~13
镍铬钢	7.9	1400	510	24.5	14.5	73
铜	8.93	1084.9	386	398	16.7	16.73
钛	4.507	1688±10	522.3	11.4	10.2	420
铝	2.7	660.4	900	247	23.6	26.55
铅	11.34	327.4	128.7	34	29.3	206.43
镍	8.902	1453	471	82.9	13.3	68.44

7.2.3 化学性能

金属的化学性能是指材料在所处介质中的化学稳定性，即材料是否会与周围介质发生化学或电化学作用而引起腐蚀。金属的化学性能指标主要有耐腐蚀性和抗氧化性。

(1) 耐腐蚀性　金属和合金对周围介质，如大气、水汽、各种电解液侵蚀的抵抗能力称为耐腐蚀性。化工生产中所涉及的物料常会有腐蚀性。材料的耐腐蚀性不强，必将影响设备使用寿命，有时还会影响产品质量。

（2）**抗氧化性**　在化工生产中，有很多设备和机械是在高温下操作的，如氨合成塔、硝酸氧化炉、石油气制氢转化炉、工业锅炉、汽轮机等。在高温下，钢铁不仅与自由氧发生氧化腐蚀，使钢铁表面形成结构疏松容易剥落的 FeO 氧化皮；还会与水蒸气、二氧化碳、二氧化硫等气体产生高温氧化与脱碳作用，使钢的力学性能下降，特别是降低了材料的表面硬度和抗疲劳强度。因此，高温设备必须选用耐热材料。

7.2.4　加工工艺性能

金属和合金的加工工艺性能是指可铸性、可锻性、可焊性及可切削性。这些性能直接影响化工设备和零部件的制造工艺方法和质量，故加工工艺性能是化工设备选材时必须考虑的因素之一。

（1）**可铸造性能**　主要是指液体金属的流动性和凝固过程中的收缩和偏析倾向（合金凝固时化学成分的不均匀析出叫偏析）。流动性好的金属能充满铸型，故能浇铸较薄的与形状复杂的铸件。铸造时，熔渣与气体较易上浮，铸件不易形成夹渣与气孔，且收缩小。铸件中不易出现缩孔、裂纹、变形等缺陷，偏析小，铸件各部位成分较均匀。这些都使铸件质量有所提高。合金钢与高碳钢比低碳钢偏析倾向大，因此，铸造后要用热处理方法消除偏析。常用金属材料中，灰铸铁和锡青铜铸造性能较好。

（2）**可锻造性能**　是指金属承受压力加工（锻造）而变形的能力，塑性好的材料，锻压所需外力小，可锻造性能好。低碳钢的可锻造性能比中碳钢及高碳钢好；碳钢比合金钢可锻造性能好。铸铁是脆性材料，目前尚不能锻压加工。

（3）**可焊接性能**　能用焊接方法使两块金属牢固地连接，且不发生裂纹，具有与母体材料相当的强度，这种能熔焊的性能称焊接性。焊接性好的材料易于用一般焊接方法与工艺进行焊接，不易形成裂纹、气孔、夹渣等缺陷，焊接接头强度与母材相当。低碳钢具有优良的焊接性，而铸铁、铝合金等焊接性较差。化工设备广泛采用焊接结构，因此材料可焊接性能是重要的工艺性能。

（4）**可切削加工性能**　切削加工性能是指金属是否易于切削。切削加工性能好的材料，刀具寿命长，切屑易于折断脱落，切削后表面光洁。灰铸铁（特别是 HT150、HT200）、碳钢都具有较好的切削性。

7.3　铁碳合金

钢和铸铁是工程应用最广泛、最重要的金属材料。它们是由 95% 以上的铁和 $0.05\%\sim4\%$ 的碳及 1% 左右的杂质元素所组成的合金，称为铁碳合金。一般含碳量在 $0.02\%\sim2\%$ 者称为钢，大于 2% 者称为铸铁。当含碳量小于 0.02% 时，称纯铁（工业纯铁），含碳量大于 4.3% 的铸铁极脆，二者的工程应用价值都很小。

7.3.1　铁碳合金的组织结构

7.3.1.1　金属的组织与结构

在金相显微镜下看到的金属的晶粒，简称组织，如图 7-1 所示。如用电子显微镜，可以观察到金属原子的各种规则排列。这种排列称为金属的晶体结构，简称结构。

纯铁在不同温度下具有两种不同的晶体结构，即面心

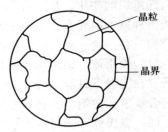

图 7-1　金属的显微组织

立方晶格与体心立方晶格，如图 7-2 所示。由于内部的微观组织和结构形式的不同，影响着金属材料的性质。纯铁在体心立方晶格结构时的塑性比面心立方晶格结构时的塑性好，而后者的强度高于前者。

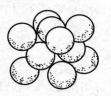 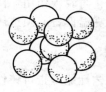

(a) 面心立方晶格　　　　　　　　　　　　(b) 体心立方晶格

图 7-2　纯铁的晶体结构

铸铁是应用广泛的一种铁碳合金材料，一般碳以石墨形式存在，石墨有不同的组织形式，如图 7-3 所示。其中球状石墨的铸铁称球墨铸铁，它的强度最高；细片状石墨次之；粗片状石墨最差。

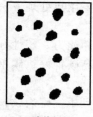  

(a) 球状石墨　　　　　　(b) 细片状石墨　　　　　　(c) 粗片状石墨

图 7-3　灰铸铁中石墨存在的形式与分布

7.3.1.2　纯铁的同素异构转变

体心立方晶格的纯铁称 α-Fe，面心立方晶格的铁称为 γ-Fe。

α-Fe 经加热可转变为 γ-Fe，反之高温下的 γ-Fe 冷却可变为 α-Fe。这种在固态下晶体构造随温度发生变化的现象，称同素异构转变。纯铁的同素异构转变是在 910℃ 恒温下完成的，即

$$\gamma\text{-}Fe \xrightleftharpoons{910℃} \alpha\text{-}Fe$$

（面心立方晶格）　（体心立方晶格）

这一转变是铁原子在固态下重新排列的过程，实质上也是一种结晶过程，是钢进行热处理的依据。

7.3.1.3　碳钢的基本组织

碳对铁碳合金性能的影响很大，铁中加入少量的碳，强度显著增加。这是由于碳引起了铁内部组织的变化，从而引起碳钢力学性能的相应改变。碳在铁中的存在形式有固溶体（两种或两种以上的元素在固态下互相溶解，而仍然保持溶剂晶格原来形式的物体）、化合物和混合物三种。这三种不同的存在形式，形成了不同的碳钢组织。

（1）**铁素体**　碳溶解在 α-Fe 中形成的固溶体称铁素体。由于 α-Fe 原子间隙小，溶碳能力低（在室温下只能溶解 0.006%），所以铁素体强度和硬度低，但塑性和韧性很好。低碳钢是含铁素体的钢，具有软而韧的性能。

（2）**奥氏体**　碳溶解在 γ-Fe 中形成的固溶体称奥氏体。γ-Fe 原子间隙较大，故碳在 γ-Fe 中的溶解度比在 α-Fe 中大得多，如在 723℃ 时可溶解 0.8%，在 1147℃ 时可达最大值

2.06%。奥氏体组织是在 α-Fe 发生同素异构转变时产生的。由于奥氏体对碳有较大的溶解度，故塑性、韧性较好，且无磁性。

(3) 渗碳体　铁碳合金中的碳不能全部溶入 α-Fe 或 γ-Fe 中，其余部分的碳和铁形成一种化合物（Fe_3C），称为渗碳体。它的熔点约为 1600℃，硬度高（约 800HB），塑性几乎等于零。纯粹的渗碳体既硬又脆，无法应用，但在塑性很好的铁素体基体上散布着这些硬度很高的微粒，将大大提高材料的强度。

渗碳体在一定条件下可以分解为铁和碳，其中碳以石墨形式出现。铁碳合金中，碳和硅的含量越高，冷却越慢，越有利于碳以石墨形式析出，析出的石墨散布在合金组织中。

铁碳合金中，当含碳量为 0.02%～2% 时，其组织是在铁素体中散布着渗碳体，这就是碳素钢。随着含碳量的增加，碳素钢的强度与硬度也随之增大。当含碳量大于 2% 时，部分碳以石墨形式存在于铁碳合金中，这种合金称为铸铁。石墨本身性软，且强度很低。从强度观点分析，分布在铸铁中的石墨，相当于在合金中挖了许多孔洞，所以铸铁的抗拉强度和塑性都比碳钢低。但是石墨的存在，并不削弱抗压强度，并且使铸铁具有一定的消振能力。

(4) 珠光体　是铁素体与渗碳体的机械混合物。其力学性能介于铁素体和渗碳体之间，即其强度、硬度比铁素体显著提高；塑性、韧性比铁素体差，但比渗碳体要好得多。

(5) 莱氏体　是珠光体和一次渗碳体的共晶混合物。莱氏体具有较高的硬度，是一种较粗而硬的金相组织，存在于白口铸铁、高碳钢中。

(6) 马氏体　是钢和铁从高温急冷下来的组织，是碳原子在 α-Fe 中过饱和的固溶体。马氏体具有很高的硬度，但很脆，延伸性差，几乎不能承受冲击载荷。

7.3.2　铁碳合金状态图

铁碳合金的组织是比较复杂的。不同含碳量或相同含碳量温度不同时，有不同的组织状态，性能也不一样。铁碳合金状态图明确反映出含碳量、温度与组织状态的关系，是研究钢铁的重要依据，也是铸造、锻造及热处理工艺的主要理论依据。图 7-4 所示即为铁碳合金状态图，图中主要点、线含义如下：

AC、CD 两曲线称为液相线，合金在这两曲线以上均为液态，从这两曲线以下开始结晶。

AH、JE 线称为固相线，合金在该线以下全部结晶为固态。

ECF 水平线段，温度为 1147℃，在这个温度时剩余液态合金将同时析出奥氏体和渗碳体的共晶混合物——莱氏体。ECF 线又称共晶线，其中 C 点称为共晶点。

ES（A_{cm}）与 GS（A_3）分别为奥氏体的溶解度曲线，在 ES 线以下奥氏体开始析出二次渗碳体，在 GS 线以下析出铁素体。

PSK（A_1）线为共析线，在 723℃ 的恒温下，奥氏体将全部转变为铁素体和渗碳体的共析组织——珠光体。

7.3.3　铸铁

工业上常用的铸铁，其含碳量（质量分数）一般在 2% 以上，并含有有益元素 Si、Mn 和杂质元素 S、P。铸铁是脆性材料，抗拉强度较低，但具有良好的铸造性、耐磨性、减振性及切削加工性。在一些介质（浓硫酸、醋酸、盐溶液、有机溶剂等）中具有相当好的耐腐蚀性能。铸铁生产成本低廉，因此在工业中得到普遍应用。

铸铁可分为灰铸铁、球墨铸铁、高硅铸铁、可锻铸铁等。

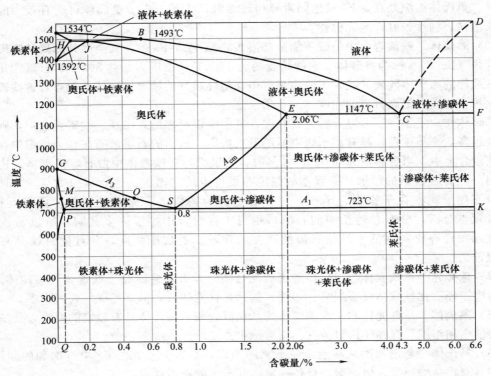

图 7-4 铁碳合金状态图

（1）**灰铸铁** 其中的碳大部或全部以自由状态的片状石墨形式存在，断面呈暗灰色，一般含碳量在 2.7%～4.0%。灰铸铁的抗压强度较大，抗拉强度很低，冲击韧性低，不适于制造承受弯曲、拉伸、剪切和冲击载荷的零件。但它的耐磨性、耐蚀性较好，与其他钢材相比，有优良的铸造性、减振性能，较小的缺口敏感性和良好的可加工性，可制造承受压应力及要求消振、耐磨的零件，如支架、阀体、泵体（机座、管路附件等）。在化工生产中可用于制作烧碱生产中的熬碱锅、联碱生产中的碳化塔及淡盐水泵等。

GB/T 9439—2010 中，灰铸铁的牌号用 HT（灰铁）和抗拉强度 R_m 值表示，如 HT100，其中 100 表示 $R_m=100$MPa。常用灰铸铁牌号有 HT100、HT150、HT200、HT250、HT300、HT350。

（2）**球墨铸铁** 简称球铁，其基体中的石墨呈球状，对削弱基体和造成应力集中的影响较小，因而其机械强度较好。

球墨铸铁在强度、塑性和韧性方面大大超过灰铸铁，甚至接近钢材。在酸性介质中，球墨铸铁耐蚀性较差，但在其他介质中耐腐蚀性比灰铸铁好。它的价格低于钢。由于它兼有普通铸铁与钢的优点，从而成为一种新型结构材料。过去用碳钢和合金钢制造的重要零件，如曲轴、连杆、主轴、中压阀门等，目前不少改用球墨铸铁。

球墨铸铁的牌号（GB/T 1348—2009）用 QT（球铁）、抗拉强度值、伸长率表示，如QT400-18，其中 400 表示 $R_m=400$MPa，18 表示 $\delta=18\%$。

（3）**高硅铸铁** 是特殊性能铸铁中的一种，是向灰铸铁或球墨铸铁中加入一定量的合金元素硅等熔炼而成的。高硅铸铁具有很高的耐蚀性能，且随含硅量的增加耐蚀性能增加。高硅铸铁强度低、脆性大及内应力形成倾向大，在铸造加工、运输、安装及使用过程中若处置不当易于脆裂。高硅铸铁热导率小、线膨胀系数大，故不适于制造温差较大的设备，否则容易产生裂纹。它常用于制作各种耐酸泵、冷却排管和热交换器等。

高硅铸铁的牌号有：HTSSi11Cu2CrR、HTSSi15R、HTSSi15Cr4R 等。

7.3.4　钢的热处理

钢、铁在固态下通过加热、保温和不同的冷却方式，改变金相组织以满足所要求的物理、化学与力学性能，这种加工工艺称为热处理。热处理工艺不仅应用于钢和铸铁，也广泛应用于其他材料。根据热处理加热和冷却条件的不同，钢的热处理可以分为很多种类：

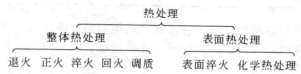

图 7-5 所示为钢的热处理工艺曲线。

7.3.4.1　退火和正火

退火是把钢（工件）放在炉中缓慢加热到临界点以上的某一温度，保温一段时间，随炉缓慢冷却下来的一种热处理工艺。退火的目的在于调整金相组织，细化晶粒，促进组织均匀化，提高力学性能；降低硬度，提高塑性，便于冷加工；消除部分内应力，防止工件变形。

正火是将加热后的工件从炉中取出置于空气中冷却。正火和退火作用相似，由于正火的冷却速度要比退火快一些，因而晶粒变细，钢的韧性可显著提高。铸、锻件在切削加工前一般要进行退火或正火。

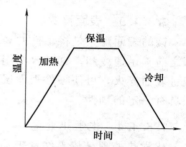

图 7-5　钢的热处理工艺曲线

7.3.4.2　淬火、回火和调质

淬火是将工件加热至淬火温度（临界点以上 30～50℃），并保温一段时间，然后投入淬火剂中冷却的一种热处理工艺。淬火后得到的组织是马氏体。为了保证良好的淬火效果，针对不同的钢种，淬火剂有空气、油、水、盐水，其冷却能力按上述顺序递增。碳钢一般在水和盐水中淬火，合金钢导热性能比碳钢差，为防止产生过高应力，一般在油中淬火。淬火可以增加零件的硬度、强度和耐磨性。淬火时冷却速度太快，容易引起零件变形或产生裂纹。冷却速度太慢，则达不到技术要求。因此，淬火常常是产品质量的关键所在。

回火是零件淬火后进行的一种较低温度的加热与冷却热处理工艺。回火可以降低或消除零件淬火后的内应力，提高韧性；使金相组织趋于稳定，并获得技术上需要的性能。回火处理有以下几种方法。

（1）**低温回火**　淬火后的零件在 150～250℃ 范围内的回火称低温回火。低温回火后的组织主要是回火马氏体。它具有较高的硬度和耐磨性，内应力和脆性有所降低。当要求零件硬度高、强度大、耐磨时，如刃具、量具，一般要进行低温回火处理。

（2）**中温回火**　当要求零件具有一定的弹性和韧性，并有较高硬度时，可采用中温回火。中温回火温度是 300～450℃。要求强度高的轴类、刀杆、轴套等一般进行中温回火。

（3）**高温回火**　要求零件具有强度、韧性、塑性等都较好的综合性能时，采用高温回火。高温回火温度为 500～680℃。

上述这种淬火加高温回火的操作，习惯上称为"调质处理"。由于调质处理比其他热处理方法能更好地改善零件的综合力学性能，故广泛应用于各种重要零件的加工中，如各种轴类零件、连杆、齿轮、受力螺栓等。表 7-2 为 45 号钢经正火与调质两种不同热处理后的力学性能比较。

表 7-2 45 号钢（$\phi20\sim40$mm）热处理后的力学性能比较

处理方法	R_m/MPa	δ/%	α_k/(J/cm²)	硬度（HB）
正火	700～800	15～20	50～80	163～220
调质	750～850	20～25	80～120	210～250

此外，生产上还采用时效热处理工艺。时效是指材料经固溶处理或冷塑变形后，在室温或高于室温条件下，其组织和性能随时间而变化的过程。时效可进一步消除内应力，稳定零件尺寸，它与回火作用相类似。

7.3.4.3 表面淬火

钢的表面淬火是将工件的表面通过快速加热到临界温度以上，在热量还来不及传导至心部之前，迅速冷却。这样改变钢的表层组织，而心部没有发生相变仍保持原有的组织状态。经过表面淬火，可使零件表面层比心部具有更高的强度、硬度、耐磨性和疲劳强度，而心部则具有一定的韧性。

7.3.4.4 化学热处理

化学热处理是将零件置于某种化学介质中，通过加热、保温、冷却等方法，使介质中的某些元素渗入零件表面，改变其表面层的化学成分和组织结构，从而使零件表面具有某些特殊性能。热处理有渗碳、渗氮（氮化）、渗铬、渗硅、渗铝、氰化（碳与氮共渗）等。其中，渗碳、氰化可提高零件的硬度和耐磨性；渗铝可提高耐热、抗氧化性；氮化与渗铬的零件，表面比较硬，可显著提高耐磨和耐腐蚀性；渗硅可提高耐酸性等。

7.4 钢的分类

化工上常用的钢材有三大类：碳素钢、低合金钢、高合金钢（表 7-3）。

表 7-3 化工常用钢材分类简介

类别	名称	钢号举例	平均含C量/%	含有害元素/%		含有益元素/%		含合金元素/%	
				S	P	Mn	Si	Cr	Ni
碳素钢	碳素结构钢	Q235A	0.22	0.050	0.045	1.40	0.35	—	—
	优质碳素结构钢	20	0.17～0.23	≤0.035	≤0.035	0.35～0.65	0.17～0.37	≤0.25	≤0.30
		45	0.42～0.50			0.50～0.80			
低合金钢	低合金高强度结构钢	Q355	0.22～0.24	≤0.035	≤0.035	≤1.60	≤0.55	≤0.30	≤0.30
	合金结构钢	35CrMo	0.32～0.40	0.030	0.030	0.40～0.70	0.17～0.37	0.80～1.10	

类别	名称	钢号举例	平均含C量/%	含有害元素/%		含有益元素/%		含合金元素/%	
				S	P	Mn	Si	Cr	Ni
高合金钢	铬不锈钢	12Cr13	0.15	0.030	0.040	1.0	1.0	11.50~13.50	0.60
	铬镍不锈钢	06Cr19Ni10	0.08	0.015	0.035	2.0	0.75	18.00~20.00	8.00~10.50
	耐热钢	06Cr25Ni20	0.08	0.030	0.045	2.0	1.5	24.00~26.00	19.00~22.00

7.4.1 碳素钢

7.4.1.1 常存杂质元素对钢材性能的影响

普通碳素钢除含碳以外，还含有少量锰（Mn）、硅（Si）、硫（S）、磷（P）、氧（O）、氮（N）和氢（H）等元素。这些元素并非为改善钢材质量有意加入的，而是由矿石及冶炼过程中带入的，故称为杂质元素。这些杂质对钢性能有一定影响，为了保证钢材的质量，在国家标准中对各类钢的化学成分都进行了严格的规定。

（1）**硫**　来源于炼钢的矿石与燃料焦炭。它是钢中的一种有害元素。硫以硫化铁（FeS）的形态存在于钢中，FeS 和 Fe 形成低熔点（985℃）化合物。而钢材的热加工温度一般在 1150~1200℃ 以上，所以当钢材热加工时，由于 FeS 化合物的过早熔化而导致工件开裂，这种现象称为热脆。含硫量越高，热脆现象越严重，故必须对钢中含硫量进行控制。优质钢含硫量小于或等于 0.035%；普通钢含硫量小于或等于 0.05%。

（2）**磷**　是由矿石带入钢中的，一般情况下磷也是有害元素。磷虽能使钢材的强度、硬度增高，但引起塑性、冲击韧性显著降低。特别是在低温时，它使钢材显著变脆，这种现象称冷脆。冷脆使钢材的冷加工及焊接性变坏，含磷量越高，冷脆性越大，故钢中对含磷量控制较严。优质钢含磷量≤0.035%；普通钢含磷量≤0.045%。

（3）**锰**　是炼钢时作为脱氧剂加入钢中的。由于锰可以与硫形成高熔点（1600℃）的 MnS，一定程度上消除了硫的有害作用。锰具有很好的脱氧能力，能够与钢中的 FeO 反应成为 MnO 进入炉渣，从而改善钢的品质，特别是降低钢的脆性，提高钢的强度和硬度。因此，锰在钢中是一种有益元素。技术条件中规定，优质碳素结构钢中，正常含锰量是 0.5%~0.8%；而较高含锰量的结构钢中，其含量可达 0.7%~1.2%。

（4）**硅**　也是炼钢时作为脱氧剂而加入钢中的元素。硅与钢水中的 FeO 能结成密度较小的硅酸盐炉渣而被除去，因此硅是一种有益的元素。硅在钢中溶于铁素体内使钢的强度、硬度增加，塑性、韧性降低。镇静钢中的含硅量通常在 0.1%~0.37%，沸腾钢中只含有 0.03%~0.07%。由于钢中硅含量一般不超过 0.5%，对钢性能影响不大。

（5）**氧**　在钢中是有害元素，使钢的强度、塑性降低。尤其是对疲劳强度、冲击韧性等有严重影响。氧在炼钢过程中是自然进入钢中的，在炼钢末期要加入锰、硅、铁和铝进行脱氧处理。脱氧不完全的叫沸腾钢（F），脱氧完全的叫镇静钢（Z），脱氧最完全的叫特殊镇静钢（TZ）。在书写钢的牌号时，如果是沸腾钢，牌号后面必须加字母"F"，如 Q235A·F。

（6）**氮**　铁素体溶解氮的能力很低。当钢中溶有过饱和的氮，在放置较长一段时间后或随后在 200~300℃ 加热就会发生氮以氮化物形式的析出，并使钢的硬度、强度提高，塑性下降，发生时效。

7.4.1.2 分类

根据实际生产和应用的需要，可将碳素钢进行分类。按含碳量分为低碳钢、中碳钢和高碳钢；按品质分为碳素结构钢和优质碳素结构钢。

（1）**碳素结构钢** 碳素结构钢牌号和化学成分见表7-4。

表7-4 碳素结构钢牌号和化学成分（GB/T 700—2006）

牌号	质量等级	脱氧方法	化学成分(质量分数)/% ≤					抗拉强度 R_m/MPa
			C	Si	Mn	P	S	
Q195		F、Z	0.12	0.30	0.50	0.035	0.040	315～390
Q215	A	F、Z	0.15	0.35	1.20	0.045	0.050	335～410
	B						0.045	
Q235	A	F、Z	0.22	0.35	1.40	0.045	0.050	375～460
	B		0.20			0.045	0.045	
	C	Z	0.17			0.040	0.040	
	D	TZ				0.035	0.035	
Q275	A	F、Z	0.24	0.35	1.50	0.045	0.050	490～610
	B	Z	0.21～0.22			0.045	0.045	
	C	Z				0.040	0.040	
	D	TZ	0.20			0.035	0.035	

注：F—沸腾钢；Z—镇静钢；TZ—特殊镇静钢。

碳素结构钢有4种牌号。钢号冠以"Q"，它是钢材屈服强度"屈"字的汉语拼音字头，后面的数字表示屈服强度值（MPa）。以 Q235A·F 为例，它是屈服强度为 235MPa、等级为 A 的碳素结构钢（沸腾钢）。这 4 个钢号，含硫量为 0.035%～0.05%；含磷量为 0.035%～0.045%；含硅量为 0.30%～0.35%；而含锰量为 0.50%～1.50%，依次递增；含碳量 0.12%～0.20%，亦依次递增；其屈服强度也是依次递增。

A、B、C、D 分别为质量等级，它与脱氧程度是否完全有关，与含有害元素 S、P 高低有关，其质量良好程度依次递增，也就是说，Q235C 优于 Q235B 和 Q235A。C 级和 D 级钢均为脱氧完全的镇静钢，其组织致密，偏析小，质量均匀。Q235B 钢板的使用温度为 20～300℃，Q235C 钢板的使用温度为 0～300℃。

碳素结构钢产量最大，用途很广。由于含碳量低，不含合金元素，具有适当的强度，良好的塑性、韧性、工艺性能和加工成形性能，多轧制成板材、型材。这类钢价格比较便宜，在化工设备中应用极为广泛。

在刚度或结构设计为主的场合，宜选用碳素结构钢。在强度设计为主的场合，应根据压力、温度、介质等使用限制，非受压元件依次选用 Q235A、Q235B、Q235C。

（2）**优质碳素结构钢** 优质碳素结构钢牌号及其含锰量见表7-5，其中普通含锰量的钢号有 17 种，较高含锰量的有 11 种。

优质碳素结构钢之优质，主要由于其含 S、P 有害杂质元素较少，两者均≤0.035%。此外，还含有少量有益元素，如 Si、Mn、Cr、Ni、Cu。其冶炼工艺严格，钢材组织均匀。其钢号用平均含 C 量的万分之几表示，如 20 号钢，其含 C 量的平均值为万分之 20，即0.20%。20Mn，其含 C 量的平均值也是 0.20%。

表 7-5　优质碳素结构钢牌号及其含锰量 (GB/T 699—2015)

普通含锰量	牌号	08,10,15,20	25,30,35,40,45,…,80,85	共 17 种
	含锰量	0.35%~0.65%	0.5%~0.8%	
较高含锰量	牌号	15Mn,20Mn,25Mn,30Mn,…,60Mn	65Mn,70Mn	共 11 种
	含锰量	0.7%~1.0%	0.9%~1.2%	

优质碳素结构钢可划分为低碳钢、中碳钢、高碳钢,其含 C 量依次递增,含 Mn 量也依次递增,其机械强度也依次递增,而塑性及可焊接性则依次递减(表 7-6)。

表 7-6　优质碳素低碳钢、中碳钢、高碳钢性能及用途举例 (GB/T 699—2015)

分类	牌号	含碳量/%	推荐热处理/℃			试样尺寸/mm	R_m /MPa ≤	R_{eL}	性能及用途
			正火	淬火	回火				
高碳钢	80	0.8 左右	—	820	480	(试样)	1080	930	强度高、硬度高,主要用作弹簧及要求耐磨的零件
中碳钢	45	0.45 左右	850	840	600	25	600	355	最常用的中碳调质钢,具有良好的综合力学性能,焊接性较差,常用作换热器管板、传动轴等
低碳钢	20	0.20 左右	910	—	—	25	410	245	强度较低,但塑性好、焊接性能好,常用作换热器列管、设备接管

7.4.2　低合金钢

7.4.2.1　合金元素对钢的影响

目前在合金钢中常用的合金元素有铬(Cr)、锰(Mn)、镍(Ni)、硅(Si)、硼(B)、钨(W)、铝(Al)、钼(Mo)、钒(V)、钛(Ti)和稀土元素(RE)等。

铬是合金结构钢主加元素之一,在化学性能方面它不仅能提高金属耐腐蚀性能,也能提高抗氧化性能。当其含量达到 13% 时,能使钢的耐腐蚀能力显著提高,并增加钢的热强性。铬能提高钢的淬透性,显著提高钢的强度、硬度和耐磨性,但它使钢的塑性和韧性降低。

锰可提高钢的强度,增加锰含量对提高低温冲击韧性有好处。

镍对钢铁性能有良好的作用。它能提高淬透性,使钢具有很高的强度,而又保持良好的塑性和韧性。镍能提高耐腐蚀性和低温冲击韧性。镍基合金具有很高的热强性能。镍被广泛应用于不锈耐酸钢和耐热钢中。

硅可提高强度、高温疲劳强度、耐热性及耐 H_2S 等介质的腐蚀性。硅含量增高会降低钢的塑性和冲击韧性。

铝为强脱氧剂,能显著细化晶粒,提高冲击韧性,降低冷脆性。铝还能提高钢的抗氧化性和耐热性,对抵抗 H_2S 介质腐蚀有良好作用。铝的价格比较便宜,所以在耐热合金钢中常以它来代替铬。

钼能提高钢的高温强度、硬度,细化晶粒,防止回火脆性。钼能抗氢腐蚀。

钒用于固溶体中可提高钢的高温强度,细化晶粒,提高淬透性。铬钢中加少量钒,在保持钢的强度情况下,能改善钢的塑性。

钛为强脱氧剂，可提高强度，细化晶粒，提高韧性，减小铸锭缩孔和焊缝裂纹等倾向。在不锈钢中起稳定碳的作用，减少铬与碳化合的机会，防止晶间腐蚀，还可提高耐热性。

稀土元素可提高强度，改善塑性、低温脆性、耐腐蚀性及焊接性能。

7.4.2.2 低合金钢的分类

(1) 可焊接的低合金高强度结构钢 低合金高强度结构钢的牌号见表7-7。

表7-7 低合金高强度钢的牌号 （GB/T 1591—2018）

牌号	Q355					Q390				Q420				Q460			Q500			Q550			Q620			Q690		
质量等级	B	C	D	E	F	B	C	D	E	B	C	D	E	C	D	E	C	D	E	C	D	E	C	D	E	C	D	E

低合金高强度结构钢有 8 种牌号，其表示方法如同碳素结构钢：Q 代表屈服强度，后面的数为规定的最小屈服强度值（MPa）。这类钢含碳量为 $0.022\% \sim 0.024\%$。含碳量低，塑性好，可焊接性能好，因此，称它为可焊接的低合金高强度钢。这类钢含有害元素较低：$P \leqslant 0.025\% \sim 0.035\%$，$S \leqslant 0.025\% \sim 0.035\%$。钢中还加入了少量有益元素，如锰（Mn）、钒（V）、铌（Nb）、氮（N）、铬（Cr）、钼（Mo）、稀土（RE）等，其含量大多在 1% 以下。低合金高强度结构钢中合金元素总含量通常不超过 3%。正因为有益元素的加入，使这类钢的强度明显高于碳素结构钢。同时，耐腐蚀性能及低温性能也有一定的提高。

B、C、D、E 分别为质量等级，与含有害元素 S、P 高低有关（见表7-8），其质量依次递增，也就是说，Q355C 优于 Q355B。

表7-8 低合金高强度结构钢 Q355 化学成分 （GB/T 1591—2018） 单位：%

牌号		C	Si	Mn	P	S	Nb	V	Ti	Cr	Ni	Cu	Mo	N	B
钢级	质量等级								不大于						
	B	0.24			0.035	0.035									
Q355	C	0.22~0.24	0.55	1.60	0.030	0.030	—	—	—	0.30	0.30	0.40	—	0.012	
	D	0.22~0.24			0.025	0.025									

由于低合金钢的机械强度比碳素结构钢高得多，采用低合金钢制造过程设备，不仅可以减少容器厚度，减轻重量，节约钢材，而且能解决大型容器在制造、检验、运输、安装中因厚度太厚、质量太大带来的各种困难。这类钢具有良好的使用价值和经济价值。

(2) 合金结构钢 这类钢属于中碳钢，同时含有有益元素，如 Si、Mn、Cr、Mo 等，使其强度更高一些。合金结构钢有 86 个牌号，仅举最常用的两例，列于表7-9、表7-10。

表7-9 合金结构钢 40Cr、35CrMo 化学成分 （GB/T 3077—2015）

牌号	化学成分(质量分数)/%						
	C	P	S	Si	Mn	Cr	Mo
40Cr	0.37~0.44	0.020~0.030	0.010~0.030	0.17~0.37	0.5~0.8	0.80~1.10	—
35CrMo	0.32~0.40				0.4~0.7		0.15~0.25

表 7-10　合金结构钢 40Cr、35CrMo 性能及用途（GB/T 3077—2015）

牌号	试样尺寸/mm	淬火		回火		R_m	R_{eL}	性能及用途
		加热温度/℃	冷却剂	加热温度/℃	冷却剂	不小于/MPa		
40Cr	25	850	油	520	水、油	980	785	调质处理后,有良好的综合力学性能,用于轴类、齿轮、螺栓等
35CrMo	25	850	油	550	水、油	980	835	调质处理后,强度、韧性均高,用于轴类、齿轮、重要的螺栓、螺母等

7.4.3　高合金钢

化工设备中使用的高合金钢主要是指不锈钢和耐热钢。

7.4.3.1　不锈钢

不锈钢是不锈耐酸钢的简称,包括不锈钢和耐酸钢两类。在空气中能抵抗腐蚀的钢叫不锈钢,如 12Cr13。在酸、碱、盐等及其溶液和其他腐蚀介质中能抵抗腐蚀的钢叫耐酸钢,如 06Cr19Ni10。不锈钢中的主要合金元素是铬、镍、锰、钼、钛。表 7-11 所列为不锈钢常用牌号对照。

表 7-11　不锈钢常用牌号对照

类别	GB/T 24511—2017 GB/T 4237—2015		美国 ASTM 型号
	统一数字代号	牌号	
铬不锈钢	S41010	12Cr13	410
	S42020	20Cr13	420
	S11306	06Cr13	410S
铬镍不锈钢	S30408	06Cr19Ni10	304
	S30403	022Cr19Ni10	304L
	S31608	06Cr17Ni12Mo2	316
	S31603	022Cr17Ni12Mo2	316L

不锈钢的分类有两种:其一,按化学成分分为铬不锈钢、铬镍不锈钢;其二,按钢的组织结构分为①奥氏体型;②奥氏体-铁素体双相型;③铁素体型;④马氏体型;⑤沉淀硬化型。

(1) 铬不锈钢　以铬为主要的合金元素。在铬不锈钢中,起耐腐蚀作用的主要元素是铬。当钢中含铬量达到 13% 左右时,能使钢的表面形成一层极薄且致密的铬氧化膜,它能有效阻止钢基体被侵蚀。由于碳是必须存在的元素,它能与铬形成铬的碳化物（如 $Cr_{23}C_6$ 等）,因而消耗钢中的铬,致使钢中铬的有效含量减少,降低钢的耐腐蚀性,故不锈钢中含碳量都是较低的。为了确保不锈钢具有耐腐蚀性能,实际应用的不锈钢中的平均含铬量都在 13% 以上。常用的钢种有 12Cr13、20Cr13、30Cr13、10Cr17 等。

① 上述 12Cr13、20Cr13、30Cr13 为马氏体不锈钢,其因淬火组织为马氏体而得名。钢在淬火、回火状态使用,有较高的强度、硬度和耐磨性。

② 上述 10Cr17 为铁素体型不锈钢。这类钢加热时无相变，组织为单相铁素体。这类钢具有良好的抗氧化性介质腐蚀的能力，并具有良好的热加工性能及一定的冷加工性能，但强度低，不能热处理强化。

国家标准中，对于每一牌号的钢都有一个"统一数字代号"，即一个钢号对应一个统一数字代号。S41010 代号的钢（12Cr13），含碳量小于 0.15%。S42020 钢（20Cr13）。含碳量为 0.16%~0.25%。

（2）铬镍不锈钢 主要合金元素为铬和镍，其次有钛、铌、钼、氮、锰。这类不锈钢具有稳定的奥氏体组织，所以也称为奥氏体不锈钢。这类钢加热无相变，无铁磁性，韧性高，脆性转变温度低，具有良好的耐腐蚀性和高温强度，较好的抗氧化性，良好的压力加工和焊接性能，但屈服强度较低，且不能用热处理方法强化。表 7-12 示出不锈钢和耐热钢的化学成分。

表 7-12　不锈钢和耐热钢的化学成分（GB/T 20878—2007）

序号	钢号	化学成分（质量分数）/%								
		C	Si	Mn	P	S	Ni	Cr	Mo	N
1	06Cr13 (S11306)	0.08	1.00	1.00	0.040	0.030	(0.60)	11.50~13.50		
2	12Cr13 (S41010)	0.15	1.00	1.00	0.040	0.030	(0.60)	11.50~13.50		
3	20Cr13 (S42020)	0.16~0.25	1.00	1.00	0.040	0.030	(0.60)	12.00~14.00		
4	06Cr19Ni10 (S30408)	0.08	1.00	2.00	0.045	0.030	8.00~11.00	18.00~20.00		0.10
5	022Cr19Ni10 (S30403)	0.03	1.00	2.00	0.045	0.030	8.00~12.00	18.00~20.00		
6	06Cr17Ni12Mo2 (S31608)	0.08	1.00	2.00	0.045	0.030	10.00~14.00	16.00~18.00	2.00~3.00	—
7	022Cr17Ni12Mo2 (S31603)	0.03	1.00	2.00	0.045	0.030	10.00~14.00	16.00~18.00	2.00~3.00	
8	06Cr17Ni12Mo2Ti (S31668)	0.08	1.00	2.00	0.045	0.030	10.00~14.00	16.00~18.00	2.00~3.00	
9	06Cr18Ni11Ti (S32168)	0.08	1.00	2.00	0.045	0.030	9.00~12.00	17.00~19.00		
10	06Cr25Ni20 (S31008)	0.08	1.50	2.00	0.045	0.030	19.00~22.00	24.00~26.00		
11	10Cr17 (S11710)	0.12	1.00	1.00	0.040	0.030	(0.60)	16.00~18.00		

这类钢除具有铬不锈钢的氧化铬薄膜的保护作用外，还因镍能使钢形成单一的奥氏体，使其在很多介质中比铬不锈钢更具耐蚀性。

铬镍不锈钢的典型钢号 S30408（06Cr19Ni10），含碳量为 0.08%，不锈钢产品所要求的铬、镍、钼等合金元素含量有一个区间，这类钢 Cr 含量为 18.00%~20.00%，Ni 含量为 8.00%~11.00%。

S30408 与 S30403 这两种钢，区别在于含碳量，前者属低碳级（0.08%），后者属超低碳级（0.03%）。含碳量的不同，除影响力学性能外，会对钢的耐腐蚀性，特别是产生晶间腐蚀的倾向性产生很大影响。要想较好地解决防止晶间腐蚀问题，可以采用超低碳级的022Cr19Ni10（S30403）。不过，由于其含碳量低，其强度有所下降。

只含 Cr、Ni 的奥氏体不锈钢，如 S30408（06Cr19Ni10）在氧化性腐蚀介质中有很好的耐蚀性能。在这类钢的基础上，添加适量的 Mo，如 S31608（即 06Cr17Ni12Mo2），可以在还原性腐蚀介质中也得到较优的耐腐蚀性能。

7.4.3.2 耐热钢

在原油加热、裂解、催化设备中，常用到许多能耐高温的钢材，例如裂解炉管，在工作时，就要求能承受 650～800℃ 的高温。在这样高的温度下，一般碳钢是无法承受的，必须采用耐热钢。耐热钢是指在高温下具有较高的强度和良好的化学稳定性的合金钢。化学稳定性又称热稳定性，主要是指钢材抵抗高温气体（如 O_2、H_2S、SO_2 等）腐蚀的能力。它被高温气体氧化后，会生成一种致密的氧化膜，保护钢的表面。在一定的热稳定性的前提下，钢材的高温强度越高，蠕变过程越缓慢，则热强性越好。

耐热钢 S31008（06Cr25Ni20）抗氧化性好，可承受 1035℃ 以下反复加热。常用作加热炉的材料。

不锈钢 06Cr19Ni10 可作为耐热钢使用，可承受 870℃ 以下反复加热。不锈钢 12Cr13 也可作为耐热钢使用，可作 800℃ 以下耐氧化用部件。

7.4.4 专用钢

最新国家标准和行业标准中的专门用途钢的牌号，如锅炉、压力容器、石油及天然气管道、船舶等用钢共 7 类。本书只讨论压力容器用钢，它包括中常温压力容器和低温压力容器用钢板，其中制作结构件用的主要是低合金高强度钢。

7.4.4.1 压力容器用钢

压力容器钢号如 Q345R，其中 Q345 的表示意义同碳素结构钢，即屈服强度为345MPa。"R" 为压力容器中 "容" 字的汉语拼音字头。压力容器专用钢共有 9 个牌号，表7-13 只列出其中 6 种压力容器用钢的牌号。其中 Q345R 是中国压力容器行业使用量最大的钢种，主要用于制造中、低压压力容器和多层高压容器。

表 7-13　压力容器用钢举例（GB/T 713—2008）

钢号	Q245R	Q345R	Q370R	18MnMoNbR	15CrMoR	13MnNiMoR

压力容器的工况往往是高温、高压或低温，具有危险性。因此，对使用的钢材性能要求很高。要求材料具有较高的强度，良好的塑性、韧性和冷变性能，较低的缺口敏感性，良好的焊接性等。为此，钢材的含碳量≤0.20%，含硫量≤0.015%，含磷量≤0.025%，并且添加有益的微量元素，如 Si、Mn、Mo、Nb、Ni 等。压力容器用钢的化学成分见表7-14。压力容器用钢板的许用应力见附录 4。Q245R 和 Q345R 的化学成分以及屈服强度见表7-15。

表 7-14　压力容器用碳素钢与低合金钢的化学成分（GB 713—2014）

| 序号 | 牌号 | 化学成分(质量分数)/% | | | | | | | | | | | | |
		C	Si	Mn	Cu	Cr	Ni	Mo	Nb	V	Ti	P	S	Alt
1	Q245R	≤0.20	≤0.35	0.50～1.10	≤0.30	≤0.30	≤0.30	≤0.08	≤0.050	≤0.050	≤0.030	≤0.025	≤0.010	≥0.020

序号	牌号	化学成分（质量分数）/%												
		C	Si	Mn	Cu	Cr	Ni	Mo	Nb	V	Ti	P	S	Alt
2	Q345R	≤0.20	≤0.55	1.20~1.70	≤0.30	≤0.30	≤0.30	≤0.08	≤0.050	≤0.050	≤0.030	≤0.025	≤0.010	≥0.020
3	Q370R	≤0.18	≤0.55	1.20~1.70	≤0.30	≤0.30	≤0.30	≤0.08	0.015~0.050	≤0.050	≤0.030	≤0.020	≤0.010	—
4	18MnMoNbR	≤0.21	0.15~0.50	1.20~1.60	≤0.30	≤0.30	≤0.30	0.43~0.63	0.025~0.030			≤0.020	≤0.010	
5	13MnNiMoR	≤0.15	0.15~0.50	1.20~1.60	≤0.30	0.20~0.40	0.60~1.00	0.20~0.40	0.005~0.020			≤0.020	≤0.010	
6	15CrMoR	0.08~0.18	0.15~0.40	0.40~0.70	≤0.30	0.80~1.20		0.45~0.60				≤0.025	≤0.010	

表 7-15　Q245R 和 Q345R 的化学成分以及屈服强度（GB 713—2014）

钢号	化学成分（质量分数）/%					板厚/mm	R_{eL}/MPa
	C	Si	Mn	P	S		
Q245R	≤0.20	≤0.35	0.50~1.10	≤0.025	≤0.010	3~16	≥245
Q345R	≤0.20	≤0.55	1.20~1.70	≤0.025	≤0.010	3~16	≥345

7.4.4.2　低温用钢

在化工生产中，许多设备是处在低温工况下运行的，如深冷分离、空气分离等。目前由于能源结构的变化，越来越普遍地使用液化天然气、液化石油气。液化气体的生产、储存、运输等也多在低温工况下，如液体 CO_2（−78.5℃）、液氧（−183℃）、液氮（−252.8℃）、液氦（−269℃）。低温用钢是指工作温度在 −20~−269℃ 之间的工程结构用钢。

低温用钢的注意问题：①低温脆断问题；②屈强比值，它可以简单地判断为在该温度下材料的脆性行为，比值愈接近 1，变脆的可能性愈大；③低温焊接性能。

按照工况温度的高低，可以参见表 7-16，根据不同温度级别，选择该级别的低温用钢。低温压力容器用钢钢板的许用应力见附录 4。

表 7-16　不同温度级别的低温用钢钢号（GB/T 3531—2014）

| 低温级别 | −40℃ | −45℃ | −50℃ | −70℃ | −100℃ | −196℃ |
| 钢号 | 16MnDR | 15MnNiDR | 15MnNiNbDR | 09MnNiDR | 08Ni3DR | 06Ni9DR |

7.4.5　钢材的品种及规格

钢材的品种有钢板、钢管、型材、棒材、锻件等。

（1）钢板　按材料分有碳素钢和低合金钢板，如 Q235A 板、Q345R 板；高合金钢钢板，如 06Cr19Ni10 不锈钢钢板；复合钢板，如不锈钢-碳钢复合板、镍-碳钢复合板、钛-碳钢复合板、铜-碳钢复合板。复合钢板多为爆炸焊接成型。

按几何尺寸分有薄钢板、厚钢板。薄钢板厚度有 0.2~4mm 的冷轧与热轧两种，厚钢板为热轧。压力容器主要用热轧厚钢板制造。依据钢板厚度的不同，厚度间隔也不同：钢板厚度在 30mm 以内时，其厚度间隔为 0.5mm；厚度在 30mm 以上时，厚度间隔为 1mm。

（2）**钢管** 按材料分有碳素钢钢管、低合金钢钢管、高合金钢钢管；按尺寸分有公制管和英制管；按壁厚分有厚壁管和薄壁管；按焊接与否可分为无缝钢管和有缝钢管两类。无缝钢管有冷轧和热轧，冷轧无缝钢管外径和壁厚的尺寸精度均较热轧为高。普通无缝钢管常用材料有 10、15、20 等。另外，还有专门用途的无缝钢管，如热交换器用无缝钢管、石油裂化用无缝钢管、锅炉用无缝钢管等。有缝钢管即焊接钢管，适用于输送水、煤气、空气等一般较低压力的流体，又称水煤气管。按表面质量分为镀锌管（白铁管）和不镀锌管（黑铁管）两种。

（3）**型材** 主要有圆钢、方钢、扁钢、角钢（等边与不等边）、工字钢和槽钢。各种型钢的尺寸和技术参数可参阅附录和有关标准。圆钢与方钢主要用来制造各类轴件；扁钢常用于各种桨叶；角钢、工字钢及槽钢可制作各种设备的支架、塔盘支撑和加强结构。

7.5 有色金属材料

铁以外的金属称非铁金属，也称有色金属。有色金属及其合金的种类很多，常用的有铝、铜、铅、钛等。

在石油、化工生产中，由于腐蚀、低温、高温、高压等特殊工艺条件，许多化工设备及其零部件经常采用有色金属及其合金制造。

有色金属有很多优越的特殊性能，例如良好的导电性、导热性，密度小，熔点高，有低温韧性，在空气、海水以及一些酸、碱介质中耐腐蚀等，但有色金属价格比较昂贵。

常用有色金属及合金的代号见表 7-17。

表 7-17 常用有色金属及合金的代号

名称	铜	黄铜	青铜	铝	铅	铸造合金	轴承合金
代号	T	H	Q	L	Pb	Z	Ch

7.5.1 铝及其合金

铝属于轻金属。铝的导电性、导热性能好，塑性好，强度低，可承受各种压力加工，并可进行焊接和切削。铝在氧化性介质中易形成 Al_2O_3 保护膜，因此在干燥或潮湿的大气中，在氧化剂的盐溶液中，在浓硝酸以及干氯化氢、氨气中，都是耐腐蚀的。但含有卤素离子的盐类、氢氟酸以及碱溶液都会破坏铝表面的氧化膜，所以铝不宜在这些介质中使用。铝无低温脆性、无磁性，对光和热的反射能力强和耐辐射，冲击不产生火花。

7.5.1.1 铝及其合金牌号表示方法

铝及其合金牌号表示方法见表 7-18。

表 7-18 铝及其合金牌号表示方法（GB/T 16474—2011）

牌号系列	组别
1×××	纯铝(铝含量不小于 99.00%)。如 1A99,1060
2×××	以铜为主要合金元素的铝合金。铜含量达 2%～5%，又称航空铝材
3×××	以锰为主要合金元素的铝合金。锰含量达 2%～5%，具有一定的防锈性能。如 3A21

牌号系列	组　别
4×××	以硅为主要合金元素的铝合金。目前应用不太广泛
5×××	以镁为主要合金元素的铝合金。应用很广泛。如 5A02
6×××~8×××	目前不常用

注：牌号的第 2 位字母，如果是 A，则表示原始纯铝或原始合金，如果是 B~Y 的其他字母，则表示已改型；牌号的最后两位数字用以标识同一组中不同铝合金或表示铝的纯度。

7.5.1.2　纯铝

纯铝有高纯铝与工业纯铝之分。高纯铝如 1A99、1A93、1A90、1A85，工业纯铝如 1060、1035。纯铝可用于化学工业以及一些特殊用途，如抗酸容器。

7.5.1.3　铝合金

在铝合金中，铝锰（Al-Mn）和铝镁（Al-Mg）合金的最大特点是有优良的耐蚀性，所以称它为防锈铝。可用于储罐、塔器、热交换器等。

① Al-Mn 合金（如 3A21），Mn 含量在 1.0%~1.6% 时，合金不但有较高的强度，而且有良好的塑性和工艺性能。Al-Mg 合金（如 5A02、5A03、5A05、5A06）中，Mg 的含量在 10% 以下，合金有良好的加工塑性和可焊性。Al-Mg 合金强度随 Mg 含量增加而增强，而塑性下降不大。Al-Mg 系合金中，均加有 0.15%~0.8% 的 Mn，目的是细化晶粒、提高强度。

② 经热处理可强化的铝合金，如硬铝、超硬铝、锻铝。

③ 铸造铝合金。

7.5.2　铜及其合金

铜属于半贵重金属，密度 $8.94g/cm^3$，铜及其合金具有高的导电性和导热性，较好的塑性、韧性及低温力学性能，在许多介质中有高耐腐蚀性，因此在化工生产中得到广泛应用。

7.5.2.1　铜

铜呈紫红色，又称紫铜。铜有良好的导电、导热和耐蚀性，也有良好的塑性，在低温时可保持较高的塑性和冲击韧性，用于制作深冷设备和高压设备的垫片。铜耐稀硫酸、亚硫酸、稀的和中等浓度的盐酸、乙酸、氢氟酸及其他非氧化性酸等介质的腐蚀，对淡水、大气、碱类溶液的耐蚀能力很好。铜不耐各种浓度的硝酸、氨和铵盐溶液的腐蚀，因其在氨和铵盐溶液中，会形成可溶性的铜氨离子 $[Cu(NH_4)_3]^{2+}$。

铜包括纯铜（代号 T_1、T_2、T_3）、无氧铜（TU_0、TU_1、TU_2）、磷脱氧铜（TP_1、TP_2）和银铜（TAg0.1）共四类。T_1、T_2 是高纯度铜，用于制造电线，配制高纯度合金。T_3 杂质含量和含氧量比 T_1、T_2 高，主要用于一般材料，如垫片、铆钉等。TU_0、TU_1、TU_2 为无氧铜，纯度高，主要用于真空器件。TP_1、TP_2 为磷脱氧铜，多以管材供应，主要用于冷凝器、蒸发器、换热器、热交换器的零件等。

7.5.2.2　铜合金

铜合金是指以铜为基体加入其他元素所组成的合金。传统上将铜合金分为黄铜、青铜、白铜三大类。

（1）黄铜　铜与锌的合金称黄铜。它的铸造性能良好，力学性能比纯铜高，耐腐蚀性与纯铜相似，在大气中耐腐蚀性比纯铜好，价格也便宜，在化工上应用较广。

在黄铜中加入锡、铝、硅、锰等元素，所形成的合金称特种黄铜，如锡黄铜、铝黄铜、硅黄铜、锰黄铜。其中，锰、铝能提高黄铜的强度；铝、锰和硅能提高黄铜的抗腐蚀性和减摩性；铝能改善切削加工性。

化工上常用的普通黄铜牌号有 H80、H68、H62 等（数字表示合金内铜平均含量的质量分数）。H80 在大气、淡水及海水中有较高的耐腐蚀性，加工性能优良，可制作薄壁管和波纹管。H68 是普通黄铜中应用最为广泛的一个品种，其塑性好，可在常温下冲压成型，制作容器的零件，如散热器外壳、导管等。H62 在室温下塑性较差，但有较高的机械强度，易焊接，价格低廉，可制作深冷设备的筒体、管板、法兰及螺母等。

锡黄铜 HSn70-1 含有 1% 的锡，能提高在海水中的耐腐蚀性。由于它首先应用于舰船，故称海军黄铜。

（2）青铜　铜与锡的合金称为锡青铜。铜分别与铝、硅、铅、铍、锰等组成的合金称为铝青铜、硅青铜等。这些青铜均有各种用途。

（3）白铜　白铜是铜镍合金，只由铜镍组成的合金叫普通白铜，在普通白铜内加入铁、锌、铝、锰等元素后，得到的合金分别为铁白铜、锌白铜等。白铜有优良的耐腐蚀性能。我国缺镍，应尽量少用白铜。

（4）铸造铜合金　铸造铜合金牌号的表示方法，不分青铜、黄铜，一律以 ZCu 为首。

典型牌号的锡青铜 ZCuSn10Pb1（ZQSn10-1），具有高强度和硬度，能承受冲击载荷，耐磨性很好，具有优良的铸造性，在许多介质中比纯铜耐腐蚀。锡青铜主要用来铸造耐腐蚀和耐磨零件，如泵壳、阀门、轴承、涡轮、齿轮、旋塞等。

本书编者将铸造铝青铜（ZCuAl10Fe3）作为轴套，用于 450℃ 的熔盐（硝酸钾、硝酸钠混合物）中，设备运行十几年，未发现异常损坏，几乎完好无损。

7.5.3　钛及其合金

钛的密度小（4.507g/cm³）、强度高、耐腐蚀性好、熔点高。这些特点使钛在军工、航空、化工领域中日益得到广泛应用。

典型的工业纯钛牌号有 TA0、TA1、TA2、TA3 四种（编号愈大、杂质含量愈多）。工业纯钛塑性好，易于加工成型，冲压、焊接、切削加工性能良好；在大气、海水和大多数酸、碱、盐中有良好的耐蚀性；钛也是很好的耐热材料，常用于飞机骨架、耐海水腐蚀的管道、阀门、泵体、热交换器、蒸馏塔及海水淡化系统装置与零部件。在钛中添加锡、铝或铬、钼等元素，可获得性能优良的钛合金。钛合金有三种牌号，即 TA、TB、TC。供应的品种主要有带材、管材和钛丝等。

7.6　非金属材料

非金属材料具有优良的耐腐蚀性，原料来源丰富，品种多样，适合于因地制宜，就地取材，是一种有着广阔发展前途的化工材料。非金属材料既可以用作单独的结构材料，又可作为金属设备的保护衬里、涂层材料，还可作为设备的密封材料、保温材料和耐火材料等。

应用非金属材料制作化工设备，除要求有良好的耐腐蚀性外，还应有足够的强度，渗透性、孔隙及吸水性要小，热稳定性要好，加工制造容易，成本低以及来源丰富等。

非金属材料分为无机非金属材料（主要包括陶瓷、搪瓷、岩石、玻璃等）、有机非金属材料（主要包括塑料、涂料、橡胶等）及复合材料（玻璃钢、不透性石墨）。

7.6.1 无机非金属材料

（1）**化工陶瓷** 具有良好的耐腐蚀性、足够的不透性、耐热性和一定的机械强度。它的主要原料是黏土、瘠性物料和助熔剂。用水混合后经过干燥和高温焙烧，形成表面光滑、断面像细密石质的材料。陶瓷导热性差，热膨胀系数较大，受撞击或温差急变时易破裂。

目前化工生产中，化工陶瓷设备和管道的应用越来越多。化工陶瓷产品有塔器、储槽、容器、泵、阀门、旋塞、反应器、搅拌器和管道及管件等。

（2）**化工搪瓷** 由含硅量高的瓷釉通过 900℃ 左右的高温煅烧，使瓷釉密着在金属表面。化工搪瓷具有优良的耐腐蚀性能、力学性能和电绝缘性能，但易碎裂。

搪瓷的热导率不到钢的 1/4，热膨胀系数大，故搪瓷设备不能直接用火焰加热，以免损坏搪瓷表面，可以用蒸汽或油浴缓慢加热。使用温度为 $-30 \sim 270℃$。

目前我国生产的搪瓷设备有反应釜、储罐、换热器、蒸发器、塔器和阀门等。

（3）**辉绿岩铸石** 由辉绿岩熔融后制成，可制成板、砖等材料作为设备衬里，也可制成管材。铸石除对氢氟酸和熔融碱不耐腐蚀外，对其他各种酸、碱、盐都具有良好的耐腐蚀性能。

（4）**玻璃** 化工用的玻璃不是一般的钠钙玻璃，而是硼玻璃（耐热玻璃）或高铝玻璃，它们有好的热稳定性和耐腐蚀性。玻璃在化工生产上用来做管道或管件，也可以做容器、反应器、泵、热交换器、隔膜阀等。

玻璃虽然有耐腐蚀性、清洁、透明、阻力小、价格低等特点，但质脆、耐温度急变性差，不耐冲击和振动。目前已成功采用在金属管内衬玻璃或用玻璃钢加强玻璃管道，用来弥补其不足。

7.6.2 有机非金属材料

7.6.2.1 工程塑料

塑料是用高分子合成树脂为主要原料，在一定温度、压力条件下塑制成的型材或产品（泵、阀等）的总称。在工业生产中广泛应用的塑料即为工程塑料。

塑料的主要成分是树脂，它是决定塑料性质的主要因素。除树脂外，为了满足各种应用领域的要求，往往加入添加剂以改善产品性能。一般添加剂有以下几种。

① 填料：主要起增强作用，提高塑料的力学性能。

② 增塑剂：降低材料的脆性和硬度，提高树脂的可塑性与柔软性。

③ 稳定剂：延缓材料的老化，延长塑料的使用寿命。

④ 固化剂：加快固化速度，使固化后的树脂具有良好的机械强度。

塑料的品种很多，根据其热性质可分为：

① 热塑性塑料 如聚乙烯、聚丙烯、聚氯乙烯等。加热到一定温度后即软化或熔化，具有可塑性，冷却后固化成型。这一过程能反复进行，而其化学结构基本不变。

② 热固性塑料 如环氧树脂、酚醛树脂。在常温或在加热初期软化、熔融，加入固化剂固化成型后，变成不熔、不溶的网状结构，不能再进行二次加工。

由于工程塑料一般具有良好的耐腐蚀性能、一定的机械强度、良好的加工性能和电绝缘性能，价格较低，因此广泛应用在化工生产中。下面介绍几种常见的工程塑料：

（1）**硬聚氯乙烯（PVC）塑料** 具有良好的耐腐蚀性能，除强氧化性酸（浓硫酸、发烟硫酸）、芳香族及含氟的碳氢化合物和有机溶剂外，对一般的酸、碱介质都是稳定的。它具有一定的机械强度、加工成型方便、焊接性能较好等特点，但它的热导率小，耐热性能差。使用温度为−10～55℃。无载荷时的最高使用温度为60～79℃。

硬聚氯乙烯塑料广泛地用于制造各种化工设备，如塔器、储罐、容器、尾气烟囱、离心泵、通风机、管道、管件及阀门等。

(2) **聚乙烯（PE）塑料** 它是乙烯的高分子聚合物，有优良的电绝缘性、防水性和化学稳定性，在室温下，除硝酸外，对各种酸、碱、盐溶液均稳定，对氢氟酸特别稳定。

这种塑料可制作管道、管件、阀门及泵等，也可以制作设备衬里，还可涂在金属表面作为防腐涂层。

(3) **耐酸酚醛（PF）塑料** 是以酚醛树脂为黏结剂，以耐酸材料（石棉、石墨、玻璃纤维等）为填料的一种热固性塑料，它有良好的耐腐蚀性和耐热性，能耐多种酸、盐和有机溶剂的腐蚀。

耐酸酚醛塑料可制作管道、阀门、泵、塔节、容器、储罐、搅拌器等，也可制作设备衬里。目前在氯碱、染料、农药等工业中应用较多。使用温度为−30～130℃。这种塑料性质较脆、冲击韧性较低。在使用过程中设备出现裂缝或孔洞，可用酚醛胶泥修补。

(4) **聚四氟乙烯（PTFE）塑料** 具有优异的耐腐蚀性，能耐强腐蚀性介质（硝酸、浓硫酸、王水、盐酸、苛性碱等）腐蚀。耐腐蚀性甚至超过贵重金属，有"塑料王"之称。

聚四氟乙烯在工业上常用来制作耐腐蚀、耐高温的密封元件及高温管道。由于聚四氟乙烯有良好的自润滑性，还可以制作无油润滑压缩机的活塞环。使用温度范围为−200～250℃。

(5) **玻璃钢** 又称玻璃纤维增强塑料。以聚合物为黏结材料，以玻璃纤维或粒子为增强材料，按一定的成型方法制成。玻璃钢具有优良的耐腐蚀性能，强度高，具有良好的工艺性能，是一种新型的非金属材料。在化工中可做容器、储罐、塔器、鼓风机、槽车、搅拌器、泵、管道、阀门等，应用越来越广泛。

玻璃钢根据所用的树脂不同而差异很大。目前应用在化工防腐方面的有环氧玻璃钢、酚醛玻璃钢、聚酯玻璃钢等。

7.6.2.2 涂料

涂料是一种高分子胶体的混合物溶液，涂在物体表面，能形成一层附着牢固的涂膜，用来保护物体免遭大气腐蚀及酸、碱等介质的腐蚀。大多数情况下用于涂刷设备、管道的外表面，也常用于设备内壁的防腐涂层。

防腐涂层的特点是品种多、选择范围广、适应性强、使用方便、价格低、适于现场施工等。但是，由于涂层较薄，在有冲击、腐蚀作用以及强腐蚀介质的情况下，涂层容易脱落，使得涂料在设备内壁面的应用受到了限制。

常用的防腐涂料有防锈漆、底漆、大漆、酚醛树脂漆、环氧树脂漆以及某些塑料涂料，如聚乙烯涂料、聚氯乙烯涂料等。

7.6.2.3 不透性石墨

不透性石墨是由各种树脂浸渍石墨消除孔隙后得到的。它的优点是具有较高的化学稳定性和良好的导热性，线膨胀系数小，耐温度急变性好；不污染介质，能保证产品纯度；加工性能良好。但它的缺点是机械强度较低、性脆。

不透性石墨的耐腐蚀性主要取决于浸渍树脂的耐腐蚀性。由于其耐腐蚀性强和导热性好，常被用来制作腐蚀性强介质的换热器，如氯碱生产中应用的换热器和盐酸合成炉，也可以制作泵、管道和机械密封中的密封环及压力容器用的安全爆破片等。

7.7 化工设备的腐蚀及防腐措施

7.7.1 金属的腐蚀

金属材料与周围环境之间发生化学或电化学作用而引起状态变化，从而使金属材料遭受破坏的现象称为腐蚀。根据腐蚀的原理，可以分为化学腐蚀和电化学腐蚀。

7.7.1.1 化学腐蚀

金属与周围介质直接发生化学反应而引起的破坏称为化学腐蚀，其特点是在腐蚀过程中没有电流发生。化学腐蚀所形成的腐蚀产物在金属表面形成不同厚度的膜，称为表面膜。在实际生产中常遇到的是金属与干燥气体中的氧或其他氧化剂作用生成的金属氧化膜。金属的种类和条件不同，氧化膜的厚度相差很大，对金属的腐蚀速率影响也很大。

如果腐蚀产物形成的表面膜完整无孔，和主体金属结合牢固，而且与主体金属具有相近的热膨胀系数时，则会因为它具有保护作用而使腐蚀速率降低或使腐蚀过程停止，因而常称这种表面膜为保护膜。铝在空气中能生成保护性的氧化膜，而铁碳合金（碳钢与铸铁）在高温时氧化生成的腐蚀产物，由于与主体金属结合不牢，它会一层层脱落（氧化皮即属此类），因而，不能起保护作用。

(1) 金属的高温氧化与脱碳　由实验可观察到铁碳合金氧化速率随温度变化的现象。在低于 300℃ 时，氧化速率很小。当温度高于 300℃ 时，钢铁就在表面出现可见的氧化皮。随着温度的升高，其氧化速率大大增加。在 570℃ 以下氧化时，形成的氧化物中不含 FeO，其氧化层由 Fe_3O_4 和 Fe_2O_3 构成。这两种氧化物组织致密、稳定，附着在铁的表面上不易脱落，于是就起到了保护膜的作用。在 570℃ 以上氧化时，形成的氧化膜主要是 FeO，其结构疏松，容易脱落。

铁碳合金除在高温下被氧化外，当温度高于 700℃ 时，组成铁碳合金的基本组织——渗碳体（Fe_3C）和氧及其他气体发生表面脱碳的化学反应。

$$Fe_3C + O_2 \longrightarrow 3Fe + CO_2 \uparrow$$
$$Fe_3C + CO_2 \longrightarrow 3Fe + 2CO \uparrow$$
$$Fe_3C + 2H_2O \longrightarrow 3Fe + CO_2 \uparrow + 2H_2 \uparrow$$

反应的结果，使铁碳合金中的渗碳体还原为铁素体，使合金表面含碳量减小脱碳，其强度极限降低。

前面提到过的耐热钢，在钢中加入合金元素如铬、钼等，都具有较高的热稳定性，如 1Cr13 可作为 800℃ 以下的耐氧化用部件。

(2) 氢腐蚀　氢气在常温、常压下对钢铁不会有显著的腐蚀，但是在高温、高压下则会对它们产生腐蚀，结果使材料的机械强度和塑性显著降低，甚至突然破坏，这种现象常称为氢腐蚀或氢脆。氢腐蚀过程可分为两个阶段：氢脆阶段和氢侵蚀阶段。

第一阶段为氢脆阶段，氢与钢材直接接触时被钢材物理吸附，氢分子分解为氢原子并被钢表面化学吸附。氢原子穿过金属表面层的晶界向钢材内部扩散，溶解在铁素体中形成固溶体。在此阶段中，溶在钢中的氢并未与钢材发生化学作用，也未改变钢材的组织，在显微镜下观察不到裂纹，钢材的抗拉强度和屈服点也无大改变。但是它使钢材塑性指标显著下降，钢材变脆，导致滞后断裂，降低疲劳抗力，甚至产生内应力。

在氢脆阶段，由于钢材并未破坏，所以也常称为氢腐蚀的孕育期。孕育期的长短与温度、压力有关。高温、高压下孕育期变短。这种脆性是可逆的。

第二阶段为氢侵蚀阶段，当孕育期结束后，溶解在钢材晶界处的氢气与钢材中的渗碳体发生化学作用。

$$Fe_3C + 2H_2 \longrightarrow 3Fe + CH_4\uparrow$$

这是一个脱碳反应。反应的结果，首先晶界附近的渗碳体转变为铁素体，并且生成甲烷气。甲烷气聚集在晶界原有的微观孔隙内，形成局部高压，引起应力集中，使晶界变宽，产生更大的裂纹，或在钢材表层夹杂等缺陷中聚集形成鼓泡。另外，由于渗碳体还原为铁素体时体积减小，由此产生的组织应力与前述应力叠加在一起使裂纹扩展，而裂纹的扩展又为氢和碳的扩散提供了有利条件。这样反复不断进行下去，最后使钢材完全脱碳，裂纹形成网络，严重地降低了钢材的力学性能，甚至遭到破坏。

铁碳合金的氢腐蚀随着压力和温度的升高而加剧，这是因为高压有利于氢气在钢中的溶解，而高温则增加氢气在钢中的扩散速度及脱碳反应的速度。通常铁碳合金产生氢腐蚀有一起始温度和起始压力，它是衡量钢材抵抗氢腐蚀能力的一个指标。

为了防止氢腐蚀的发生，可以降低钢中的含碳量，使其没有碳化物（Fe_3C）析出。也可在钢中加入合金元素如铬、钛、钼、钨、钒等，形成稳定的碳化物，使碳不与氢作用。

7.7.1.2　电化学腐蚀

金属与电解质溶液间产生电化学作用所发生的腐蚀称电化学腐蚀。它的特点是在腐蚀过程中有电流产生。金属在电解质溶液中，在水分子作用下，使金属本身呈离子化，当金属离子与水分子的结合能力大于金属离子与其电子的结合能力时，一部分金属离子就从金属表面转移到电解液中，形成了电化学腐蚀。金属在各种酸、碱、盐溶液及工业用水中的腐蚀，都属于电化学腐蚀。

（1）腐蚀原电池　把锌片和铜片分别放入盛有稀 H_2SO_4 溶液的同一容器中，并用导线通过电流表将两者相连，发现有电流通过。

由于锌的电位较铜的电位低，电流是从高电位流向低电位，即是从铜极流向锌极。按照电学中的规定，铜极应为正极，锌极应为负极。由于电子流动的方向，刚好同电流方向相反，电子是从锌极流向铜极。在化学中规定：失去电子的反应为氧化反应，进行氧化反应的电极称为阳极；而得到电子的反应为还原反应，进行还原反应的电极称为阴极。因此，在原电池中，低电位极为阳极，高电位极为阴极。

阳极：锌失去电子而被氧化，发生如下反应。

$$Zn \longrightarrow Zn^{2+} + 2e$$

阴极：酸中的氢离子接受电子而还原，成为氢气逸出。

$$2H^+ + 2e \longrightarrow H_2\uparrow$$

由此可见，在上述反应中，锌不断地溶解而遭到破坏，即被腐蚀。金属发生电化学腐蚀的实质就是原电池作用。金属腐蚀过程中的原电池就是腐蚀原电池。锌铜电池示意图见图 7-6。

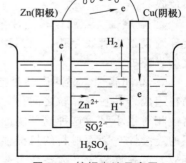

图 7-6　锌铜电池示意图

（2）微电池与宏电池　当金属与电解质溶液接触时，在金属表面由于各种原因，造成不同部位的电位不同，使在整个金属表面有很多微小的阴极和阳极同时存在，因而在金属表面就形成许多微小的原电池。这些微小的原电池称为微电池。

形成微电池的原因很多，常见的有金属表面化学组成不均一（如铁中的铁素体和碳化物）；金属表面上组织不均一；金属表面上物理状态不均一（存在内应力）等。

不同金属在同一种电解质溶液中形成的腐蚀电池称为腐蚀宏电池。例如碳钢制造的船体与青铜的推进器在海水中构成的腐蚀电池，造成船体钢板的腐蚀。同样，在碳钢法兰与不锈钢螺栓之间也会形成腐蚀。

（3）**浓差电池**　一种金属制成的容器中盛有同一电解质溶液，由于在金属的不同区域，介质的浓度、温度、流动状态和 pH 值等的不同，也会产生不同区域的电极电位不同而形成腐蚀电池，导致腐蚀的发生，此种腐蚀电池称为浓差电池。在这种电池中，与浓度较小的溶液相接触的部分电位较负成为阳极，而与浓度较大的溶液相接触的部分电位较正成为阴极。

（4）**电化学腐蚀的过程**　金属在电解质溶液中，无论是哪一种腐蚀，其电化学腐蚀过程都由三个环节组成：在阳极区发生氧化反应，使得金属离子从金属本体进入溶液；在两极电位差作用下电子从阳极流向阴极；在阴极区，流动来的电子被吸收，发生还原反应。这三个环节互相联系，缺一不可，否则，腐蚀过程将会停止。

7.7.2　金属腐蚀破坏的形式

金属在各种环境条件下，因腐蚀而受到的损伤或破坏的形态是多种多样的。按照金属腐蚀破坏的形态可分为均匀腐蚀和局部腐蚀（非均匀腐蚀）。而局部腐蚀又可分为区域腐蚀、点腐蚀、晶间腐蚀、表面下腐蚀等。各种腐蚀破坏的形式如图 7-7 所示。

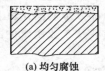

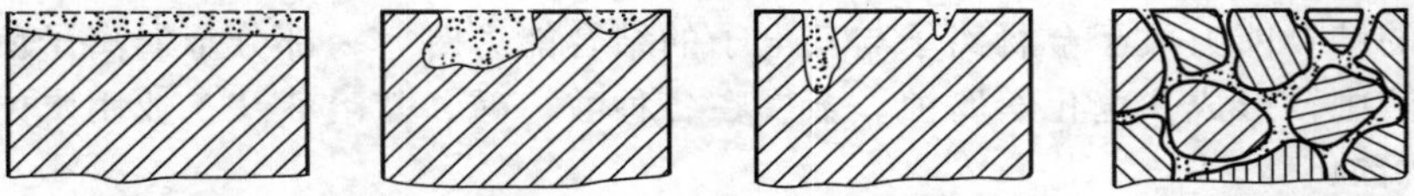

(a) 均匀腐蚀　　　(b) 区域腐蚀　　　(c) 点腐蚀　　　(d) 晶间腐蚀

图 7-7　腐蚀破坏的形式

（1）**均匀腐蚀**　均匀腐蚀是腐蚀作用均匀地发生在整个金属表面，这是危险性较小的一种腐蚀，因为只要设备或零件具有一定厚度时，其力学性能因腐蚀而引起的改变并不大。

（2）**局部腐蚀**　局部腐蚀只发生在金属表面上局部区域，因为整个设备或零件是依最弱的断面强度而定的，而局部腐蚀能使强度大大降低，又常常无先兆、难预测，因此这种腐蚀很危险。

① **点腐蚀**　点腐蚀是钝性金属在含有活性离子的介质中发生的一种局部腐蚀。点腐蚀会导致设备或管线穿孔、泄漏物料、污染环境，容易引起火灾；在有应力时，蚀孔往往是裂纹的发源处。

② **晶间腐蚀**　晶间腐蚀是指金属或合金的晶粒边界受到腐蚀破坏的现象。金属由许多晶粒组成，晶粒与晶粒之间称为晶间或晶界。当晶界或其临界区域产生局部腐蚀，而晶粒的腐蚀相对很小时，这种局部腐蚀形态就是晶间腐蚀。晶间腐蚀沿晶粒边界发展，破坏了晶粒间的连续性，因而材料的机械强度和塑性急剧降低。而且这种腐蚀不易检查，易造成突发性事故，危害性极大。大多数金属或合金在特定的腐蚀介质中都可能发生晶间腐蚀，其中奥氏体不锈钢、铁素体不锈钢等均属于晶间腐蚀敏感性高的材料，如前面讲到的铬镍不锈钢与含氯介质接触，在 500～800℃ 时，有可能产生晶间腐蚀。

（3）**应力腐蚀**　应力腐蚀是材料在腐蚀和一定拉应力的共同作用下发生的破裂。材料应力腐蚀对环境有高度选择性。例如，奥氏体不锈钢在含 Cl^- 的水中产生应力腐蚀，而在只含

NO_3^- 的水中不产生应力腐蚀；普通碳钢在含 NO_3^- 的水中产生应力腐蚀，而在含 Cl^- 的水中不产生应力腐蚀。另外在发生应力腐蚀的体系中必须存在拉应力。拉应力来源于焊接、冷加工、热处理，以及装配、使用过程中，多数破裂发生在焊接残余应力区。

7.7.3　金属设备的防腐措施

为了防止化工生产设备被腐蚀，除选择合适的耐腐蚀材料制造设备外，还可以采用多种防腐蚀措施对设备进行防护。

7.7.3.1　衬覆保护层

在金属表面增加一保护性覆盖层，使金属与腐蚀介质隔开，是防止金属腐蚀普遍采用的方法。保护性覆盖层分为金属的和非金属的两大类。

（1）**金属覆盖层**　用耐腐蚀性较强的金属或合金覆盖在耐腐蚀较弱的金属表面上。大多数采用电镀（镀铬、镀镍等）或热镀（镀铝、镀锌等）的方法制备。常见的其他方法还有喷镀、渗镀、化学镀等。

（2）**非金属覆盖层**　通常在金属设备或管道内部衬以非金属衬里或防腐蚀涂料。在金属设备或管道内部衬砖、板是行之有效的非金属防腐方法。常用的砖、板衬里材料有酚醛胶泥衬瓷砖、瓷板、不透性石墨，水玻璃胶泥衬瓷砖、瓷板。此外，还有橡胶衬里和塑料（如聚四氟乙烯）衬里。

7.7.3.2　电化学保护

根据金属腐蚀的电化学原理，如果把处于电解质溶液中的某些金属的电位提高，使金属钝化，人为地使金属表面生成难溶而致密的氧化膜，降低金属的腐蚀速率；同样，如果使某些金属的电位降低，使金属难于失去电子，也可大大降低金属的腐蚀速率，甚至使金属的腐蚀完全停止。这种通过改变金属-电解质的电极电位来控制金属腐蚀的方法称为电化学保护。电化学保护法包括阴极保护与阳极保护。

（1）**阴极保护**　是通过外加电流使被保护的金属阴极极化以控制金属腐蚀的方法，可分为外加电流法和牺牲阳极法。

外加电流法是把被保护的金属设备与直流电源的负极相连接，电源的正极和一个辅助阳极相连接。当电源接通后，电源便给金属设备以阴极电流，使金属设备的电极电位向负的方向移动，当电位降至腐蚀电池的阳极起始电位时，金属设备的腐蚀即可停止。阴极保护法用来防止在海水或河水中的金属设备的腐蚀非常有效，并也已应用到石油、化工生产中海水腐蚀的冷却设备和各种输送管道，如碳钢制海水箱式冷却槽、卤化物结晶槽、真空制盐蒸发器等。在外加电流法中，辅助阳极的材料必须具有良好的导电性能；在阳极极化状态下耐腐蚀；有较好的机械强度；容易加工；成本低、来源广。常用的有石墨、硅铸铁、镀铂、钛、镍、铅银合金和钢铁等。

牺牲阳极法是在被保护的金属上连接一块电位更

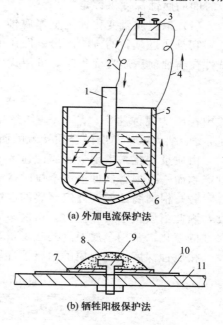

(a) 外加电流保护法

(b) 牺牲阳极保护法

图 7-8　阴极保护示意图

1—辅助阳极；2,4—导线；3—直流电源；
5—被保护金属；6—溶液；7—垫片；8—牺牲
阳极；9—螺栓；10—涂层；11—设备

负的金属作为牺牲阳极。由于外接的牺牲阳极的电位比被保护的金属更负，更容易失去电子，它输出阴极的电流使被保护的金属阴极极化。图7-8所示为阴极保护示意图。

（2）**阳极保护** 是把被保护设备与外加的直流电源正极相连，在一定的电解质溶液中，把金属的阳极极化到一定电位，使金属表面生成钝化膜，从而减小金属的腐蚀作用，使设备受到保护。阳极保护只有当金属在介质中能钝化时才能应用，否则，阳极极化会加速金属的阳极溶解。阳极保护应用时受条件限制较多，且技术复杂，使用不多。

7.7.3.3　加入缓蚀剂

在对设备金属进行防腐处理时，还可以通过改变介质的性质，降低或消除对金属的腐蚀作用。例如加入能减慢腐蚀速率的物质——缓蚀剂。缓蚀剂就是能够阻止或减缓金属在环境介质中的腐蚀的物质。加入的缓蚀剂不应该影响化工工艺过程的进行，也不应该影响产品质量。同一种缓蚀剂对各种介质的效果是不一样的，对某种介质能起缓蚀作用，对其他介质则可能无效，甚至是有害的，因此，需严格选择合适的缓蚀剂。选择缓蚀剂的种类和用量，需根据设备所处的具体操作条件通过试验来确定。

缓蚀剂有重铬酸盐、过氧化氢、磷酸盐、亚硫酸钠、硫酸锌、硫酸氢钙等无机缓蚀剂，有机胶体、氨基酸、酮类、醛类等有机缓蚀剂。

缓蚀剂按使用情况分为三类：①在酸性介质中常用硫脲、若丁（二邻甲苯硫脲）、乌洛托品（六亚甲基四胺）；②在碱性介质中常用硝酸钠；③在中性介质用重铬酸钠、亚硝酸钠、磷酸盐等。

7.7.4　金属腐蚀的评定方法

金属腐蚀的评定方法多种多样。均匀腐蚀速率常用单位时间内单位面积的腐蚀质量或单位时间的腐蚀深度来评定。

（1）**根据质量变化评定金属腐蚀** 根据质量变化表示金属腐蚀速率的方法应用极为广泛。它是通过试验的方法测出试件在单位表面积、单位时间腐蚀而引起的质量变化。当测定试件在腐蚀前后质量变化时，可用式(7-1)表示腐蚀速率。

$$K = \frac{m_0 - m_1}{At} \tag{7-1}$$

式中，K 为腐蚀速率，$g/(m^2 \cdot h)$；m_0 为腐蚀前试件的质量，g；m_1 为腐蚀后试件的质量，g；A 为试件与腐蚀介质接触的面积，m^2；t 为腐蚀作用的时间，h。

由质量变化来表示金属腐蚀速率的方法只能用于均匀腐蚀，并且只有当能很好地除去腐蚀产物而不致损害试件主体金属时，结果才能准确。

（2）**根据腐蚀深度评定金属的腐蚀** 根据质量变化表示腐蚀速率时，没有考虑金属的密度，因此当质量损失相同时，密度不同的金属其截面尺寸的减少则不同。为了表示腐蚀前后尺寸的变化，常用金属厚度的减少量，即腐蚀深度来表示腐蚀速率。

按腐蚀深度评定金属的耐腐蚀性能有三级标准（表7-19）。

表 7-19　金属耐腐蚀性能三级标准

耐腐蚀性能	腐蚀级别	腐蚀速率/(mm/a)
耐蚀	1	<0.1
耐蚀、可用	2	0.1~1.0
不耐蚀、不可用	3	>1.0

7.8 化工设备的材料选择

在设计、制造化工设备及其零部件时，选择材料的依据是：设计压力、设计温度、介质的腐蚀性、工况特点等，还要考虑材料的加工工艺性、经济性、使用寿命等。

7.8.1 介质的腐蚀性

常用金属材料在酸、碱、盐类介质中的耐腐蚀性见表7-20。

表7-20 常用金属材料在酸、碱、盐类介质中的耐腐蚀性

材料	硝酸		硫酸		盐酸		氢氧化钠		硫酸铵		硫化氢		尿素		氨	
	/%	/℃	/%	/℃	/%	/℃	/%	/℃	/%	/℃	/%	/℃	/%	/℃	/%	/℃
灰铸铁	×	×	70~100 (80~100)	20 (70)	×	×	(任)	(480)	×	×	—	—	×	×	—	—
高硅铸铁 Si-15	≥40 <40	≤沸 <70	50~100	<120	(<35)	(30)	(34)	(100)	耐	耐	潮湿	100	耐	耐	(25)	(沸)
碳素钢	×	×	70~100 (80~100)	20 (70)	×	×	≤35 ≥70 100	120 260 480	×	×	80	200	×	×	—	—
0Cr18Ni9	<50 (60~80) 95	沸 (沸) 40	80~100 (<10)	<40 (<40)	×	×	≤70 (熔体)	100 (320)	(饱)	(250)	—	—	—	—	溶液与气体	100
铝	(80~95) >95	(30) 60	×	×	×	×	×	×	10	20	—	—	—	—	气	300
铜	×	×	<50 (80~100)	60 (20)	(<27)	(55)	50	35	(10)	(40)	—	—	×	×	×	×
铅	×	×	<60 (<90)	<80 (90)	×	×	×	×	(浓)	(110)	干燥气	20	—	—	气	300
钛	任	沸	5	35	<10	<40	10	沸	—	—	—	—	耐	耐	—	—

注：表中数据及文字为材料耐腐蚀的一般条件，其中，带"（ ）"者为尚耐蚀，"×"为不耐蚀，"任"为任意浓度，"沸"为沸点温度，"饱"为饱和温度，"熔体"为熔融体。

表7-20所列的例子属于传统的有效的方法。随着时代的进步、技术的发展，会不断更新。前面讨论过的金属设备的防腐措施，可以用碳素钢作为基体，敷设保护性的覆盖层，也可以用耐腐蚀的金属或非金属作为衬里，使金属与腐蚀介质隔开。还可以采取电化学保护或加入缓蚀剂等方法。其他方法均不解决问题时，只好用贵重的不锈钢材料。

7.8.2 设计压力

首先确定准备设计制造的设备是否属于压力容器。如果属于压力容器，则必须按压力容器的规定处理。不同类别的压力容器有不同的技术要求，选用钢材时，要选用压力容器用钢。一般中、低压容器可采用Q245R或Q345R。直径较大、压力较高的设备，最好采用Q370R等级别更高的钢种。

7.8.3 设计温度

不同的材料有一定的适应温度范围。如果是常温，可选用一般钢材。当使用温度≥700℃时，要考虑使用耐热钢；当使用温度＜－20℃时，要考虑选择低温用钢或低温压力容器用钢。

7.8.4 其他

一般情况下，在刚度或结构设计为主的场合，宜选用普通碳素钢。在强度设计为主的场合，应根据压力、温度、介质等使用限制，非受压元件依次选用 Q235A、Q235B、Q235C、Q245R、Q345R 等钢板。对于受压元件，推荐依次选用 Q235B、Q235C、Q245R、Q345R 等钢板。

● **思考题**

7-1 化工设备对材料有哪些基本要求？

7-2 R_{eL}、R_m、α_k、δ 各表示什么性能？各采用什么单位？

7-3 脆性材料与韧性材料拉断后的断口有何不同特征？

7-4 切削加工性能的好坏，应根据什么来判断？

7-5 什么是金属的化学性能？

7-6 什么叫同素异构转变？铁的同素异构转变有何特点？

7-7 铁素体和奥氏体的区别是什么？

7-8 含碳量对碳钢的力学性能有何影响？

7-9 冷脆和热脆的区别是什么？

7-10 什么是热处理？什么是淬火、回火？各达到什么目的？

7-11 什么叫调质？哪些零件要调质？

7-12 正火与退火有什么不同？能否代用？

7-13 什么是晶间腐蚀？

7-14 低合金钢有哪些特点？

7-15 不锈钢为什么含碳量都很低？

7-16 下列钢号各代表何种钢？符号中的数字各有什么意义？
Q235A、Q235A·F、20、Q345R、06Cr13、06Cr19Ni10、022Cr17Ni12Mo2、16MnDR

7-17 简述玻璃钢的特点及其在化工设备中的应用。

7-18 化学腐蚀和电化学腐蚀有何区别？

第 8 章

焊　接

　　焊接是指通过适当的物理化学过程使两个分离的固态物体产生原子（分子）间结合力而连接成一体的连接方法。

　　常用的焊接方法可分为三大类：熔化焊、压力焊、钎焊。熔化焊中又分为气焊、电弧焊、电渣焊、等离子弧焊等。压力焊可分为电阻焊、摩擦焊、超声波焊、爆炸焊等。本章简要介绍电弧焊中的手工电弧焊、埋弧自动焊和氩弧焊以及压力焊中的搅拌摩擦焊。

　　在化工机械制造中，据统计，化工装置焊接的构件量，占整个装置重量的75%左右。各种容器、塔器、换热器、反应器、钢结构等大多数采用焊接方法制造。由于化工、炼油、制药等生产工艺复杂，操作压力高，温度范围广，要求密封性好、耐腐蚀性强，所以对焊接要求特别严格。因此，提高焊接技术水平，规范焊接工艺，确保焊接质量，对保证长期、安全、高效率生产有着重要的意义。

8.1　常见焊接方法

8.1.1　手工电弧焊

　　手工电弧焊是利用电弧产生的热量熔化被焊金属的一种手工操作焊接方法。由于它所需的设备简单，操作灵活，对空间不同位置、不同接头形式的焊缝均能方便地进行焊接，因此，目前它仍被广泛使用。

　　手工电弧焊焊接过程如图8-1所示。焊接前，将被焊工件和焊钳分别与电焊机的两极连接并用焊钳夹持焊条。焊接时使焊条与工件瞬时接触，形成短路，随即将它们分开一定距离（2～4mm），就引燃了电弧。电弧下的工件立即熔化，构成一个半卵形熔池。焊条药皮熔化后，一部分变成气体包围住电弧使它与空气隔绝，从而使液态金属免于氧、氮的侵害；一部分变成熔渣，或单独喷向熔池，或与焊芯熔化生成的液态金属熔滴一起喷向熔池。在电弧及熔池中，液态金属、熔渣和电弧气体相互间会发生某种物理化学变化，如气体向液态金属内溶解，进行氧化还原反应等。熔池内的气体和熔渣由于质量轻而上浮。当电弧移去后，温度降低，金属和熔渣会先后凝固。这样两件金属经熔化结晶的焊缝金属而连接起来。

　　手工电弧焊的主要设备是电焊机。电焊机是产生焊接电弧的电源，有交流和直流两种。

8.1.2　埋弧自动焊

　　埋弧自动焊的焊接过程如图8-2所示。焊剂2由焊剂漏斗3流出后，均匀地堆敷在装配好的工件1上，焊丝4由送丝机构经送丝滚轮5和导电嘴6送入焊接电弧区。焊接电源的两端分别接在导电嘴和工件上。送丝机构、焊剂漏斗及控制盘通常都装在一台小车上以实现焊接电弧的移动。埋弧自动焊接时，引燃电弧、送丝、电弧沿焊接方向移动及焊接收尾等过程完全由机械来完成。焊接过程是通过操作控制盘上的按钮开关来实现自动控制的。

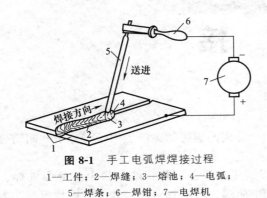

图 8-1　手工电弧焊焊接过程

1—工件；2—焊缝；3—熔池；4—电弧；
5—焊条；6—焊钳；7—电焊机

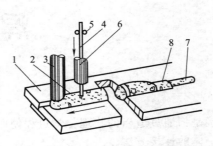

图 8-2　埋弧自动焊的焊接过程

1—工件；2—焊剂；3—焊剂漏斗；4—焊丝；
5—送丝滚轮；6—导电嘴；7—焊缝；8—渣壳

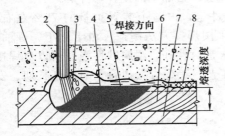

图 8-3　埋弧焊时焊缝的形成过程

1—焊剂；2—焊丝；3—电弧；4—熔池金属；
5—熔渣；6—焊缝；7—工件；8—渣壳

焊接过程中，在工件被焊处覆盖着一层 30～50mm 厚的粒状焊剂，连续送进的焊丝在焊剂层下与工件间产生电弧，电弧的热量使焊丝、工件和焊剂熔化，形成金属熔池，使它们与空气隔绝。随着焊机自动向前移动，电弧不断熔化前方的工件金属、焊丝及焊剂，而熔池后方的边缘开始冷却凝固形成焊缝，液态熔渣随后也冷凝形成坚硬的渣壳，如图 8-3 所示。未熔化的焊剂可回收使用。

焊丝和焊剂在焊接时的作用与手工电弧焊的焊条芯、焊条药皮一样。焊接不同的材料应选择不同成分的焊丝和焊剂。焊接电源通常采用容量较大的弧焊变压器。

埋弧自动焊至今仍然是工业生产中最常用的一种焊接方法，适于批量较大，较厚、较长的直线及较大直径的环形焊缝的焊接，广泛应用于化工容器、锅炉、造船、桥梁等金属结构的制造中。这种方法也有不足之处，如不及手工焊灵活。

8.1.3　氩弧焊

氩弧焊是利用氩气作为保护介质的一种电弧焊方法。氩气是一种惰性气体，它既不与金属起化学反应使被焊金属氧化，也不溶解于液态金属。因此，可以避免焊接缺陷，获得高质量的焊缝。

氩弧焊时，由于氩气的电离势较高，故引弧较困难，为此常借用高频振荡器产生高频高压电来引弧。由于氩气的散热能力较低，因而一旦引燃后，就能较稳定地燃烧。

氩弧焊按所用的电极不同分为两种：非熔化极氩弧焊和熔化极氩弧焊。

（1）非熔化极氩弧焊（TIG 焊）　非熔化极氩弧焊时，电极只起发射电子、产生电弧的作用，电极本身不熔化，常采用熔点较高的钍钨棒或铈钨棒作为电极，所以又称钨极氩弧焊。焊接过程可以用手工进行，也可以自动进行。其过程如图 8-4（a）所示。焊接时，在钨极与工件间产生电弧，填充金属从一侧送入，在电弧热的作用下，填充金属与工件熔融在一起形成焊缝。为了防止电极的熔化和烧损，焊接电流不能过大。因此，钨极氩弧焊通常适用

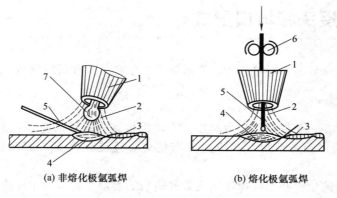

(a) 非熔化极氩弧焊　　　(b) 熔化极氩弧焊

图 8-4　氩弧焊示意图

1—喷嘴；2—氩气；3—焊缝；4—熔池；5—焊丝；6—送丝滚轮；7—钨极

于焊接 4mm 以下的薄板，如管子对接、管子与管板的连接。

（2）熔化极氩弧焊（MIG 焊）　是利用金属焊丝作为电极，电弧产生在焊丝和工件之间，焊丝不断送进并熔化过渡到焊缝中去。因此熔化极氩弧焊所用焊接电流可大大提高，适用于中、厚板的焊接，如化工容器筒体的焊接。焊接过程可采用自动或半自动方式，其过程如图 8-4（b）所示。熔化极氩弧焊主要用于焊接厚度为 3mm 以上的金属材料。

由于氩气比较稀缺，使得氩弧焊的焊接成本较高。故目前主要用来焊接易氧化的有色金属（如铝、镁及其合金）、稀有金属（如钼、钛及其合金）、高强度合金钢及一些特殊用途的高合金钢（如不锈钢、耐热钢）。

8.1.4　搅拌摩擦焊

搅拌摩擦焊的工作原理如图 8-5 所示。搅拌摩擦焊使用的搅拌头一般由搅拌针、轴肩和夹持轴组成。将一个耐高温硬质材料制成的一定形状的搅拌针旋转着插入到两被焊材料的接缝处，旋转头高速旋转，在两焊件连接边缘处产生大量的摩擦热，从而在连接处产生金属塑性软化区，该塑性软化区在搅拌头的作用下受到搅拌、挤压，并随着搅拌头的旋转沿着焊缝向后流动，形成塑性金属流，在搅拌头离开后的冷却过程中，受到挤压而形成固相焊接接头。采用搅拌摩擦焊取代传统的氩弧焊，不仅能完成材料的对接、搭接、铝锂合金的焊接，而且大大提高了焊接接头的力学性能，排除了熔焊缺陷产生的可能性。

摩擦焊相对传统熔焊最大的不同点在于整个焊接过程中，待焊金属获得能量升高达到的温度并没有达到其熔点，即金属是热塑性状态下实现的固相连接。摩擦焊成型的焊接接头质量好，能达到焊缝与基体材料等强度，焊接效率高，一致性好，可实现异种材料焊接。摩擦焊也具有局限性，对于非圆形横断面工件的焊接很困难。盘状工件和薄壁管件，由于不容易夹持也很难焊接。由于受到摩擦焊机主轴电动机功率和压力不足的限制，目前最大的焊接断面积受限。摩擦焊机的成本高，适合大批量集中生产。

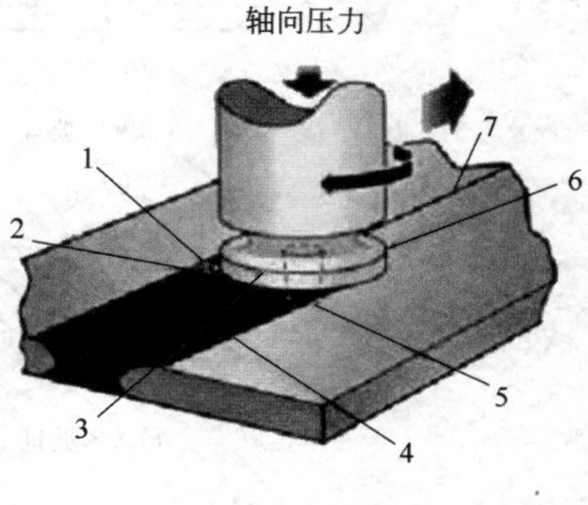

图 8-5　搅拌摩擦焊示意图

1—焊缝前进侧；2—搅拌头轴肩；

3—搅拌头后沿；4—焊缝回转侧；

5—搅拌针；6—搅拌头前沿；7—焊接线

8.2　焊接接头和坡口形式

焊接接头形式可分为：对接接头、T形接头、角接接头和搭接接头。

8.2.1　对接接头

将两块钢板对在一起焊接，称为对接；一块钢板卷成圆筒后对在一起焊接，也属对接。对接接头容易焊透，受力情况好，应力分布均匀，连接强度高，因而焊接接头质量容易保证。

为了保证焊接质量，必须在焊接接头处开适当的坡口。坡口的主要作用是保证焊透，此外，坡口的存在还可形成足够容积的金属液熔池，以便焊渣浮起，不致造成夹渣。坡口的几何尺寸必须设计好，以便减少金属填充量、减少焊接工作量和减少变形。

对接接头形式如图8-6所示。对于钢板厚度在6mm以下的双面焊，因其手工焊的熔深可达4mm，故可以不开坡口，如图8-6（a）所示。对于厚度在＜18mm的钢板，可采用如图8-6（b）所示的V形坡口，进行双面焊。在无法进行双面焊时，也可采用带垫板（厚度≥3mm）的单面焊。由于垫板的存在，不易被烧穿。当板厚为＞28m时，可采用如图8-6（c）所示的X形坡口。在板厚相同的情况下，采用X形坡口可减少焊条金属量1/2左右，而且焊件的变形及所产生的内应力相应小些，因此它多用于厚度较大并变形要求较小的工件。X形坡口有对称的；还有不对称的，即一侧深另一侧浅。较浅的一侧焊接工作量小些。图8-6（d）、（e）所示分别为单U形坡口及双U形坡口，这类坡口的填敷金属量均较V形坡口少些，焊件变形也较小，但其坡口加工较困难，故一般只在较重要的焊接结构上采用。

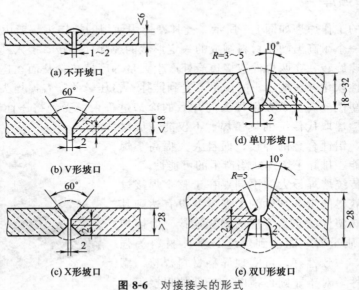

(a) 不开坡口

(b) V形坡口

(c) X形坡口

(d) 单U形坡口

(e) 双U形坡口

图 8-6　对接接头的形式

当对接的两块钢板厚度不相等时，为了防止焊接时薄的一边金属过热，而厚的一边金属难于熔化的现象，避免焊不透或烧穿，减小由于接头处厚度不等、刚度不一而产生焊接变形与裂纹的可能性，应采用如图8-7所示的厚度过渡开坡口的形式。在考虑焊接接头时采用等厚度焊接是一条很重要的原则。当薄板厚度小于或等于 10mm，两板厚度差大于或等于 3mm，或当薄板厚度大于 10mm，而两板厚度差大于薄板厚度的 30% 或超过 5mm 时，均应按图 8-7 的要求削薄边缘的厚度。

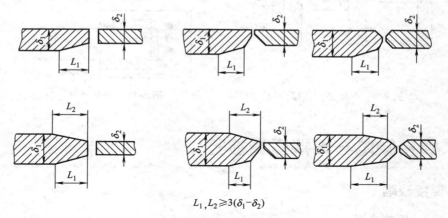

$$L_1, L_2 \geqslant 3(\delta_1 - \delta_2)$$

图 8-7 厚薄不等的对接接头形式

8.2.2 T 形接头和角接接头

根据焊接工件厚度的不同，将两块钢板互成直角连接在一起的焊缝接头称为 T 形接头和角接接头。接头可分为不开坡口、单边 V 形坡口、双边 V 形坡口以及 K 形坡口，如图 8-8 所示。根据厚薄不同，可采用单面焊或双面焊。

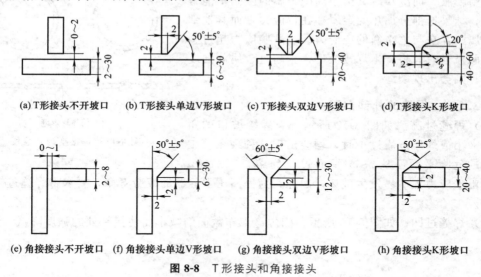

(a) T 形接头不开坡口　(b) T 形接头单边 V 形坡口　(c) T 形接头双边 V 形坡口　(d) T 形接头 K 形坡口

(e) 角接接头不开坡口　(f) 角接接头单边 V 形坡口　(g) 角接接头双边 V 形坡口　(h) 角接接头 K 形坡口

图 8-8 T 形接头和角接接头

图 8-9 所示为不允许的角接焊缝结构。这些角接焊缝应力分布不均，在焊缝的根部有较大的应力集中，在压力容器的受压件上是禁止采用的。

8.2.3 搭接接头

图 8-10 所示为搭接接头，接头不开坡口。其焊缝均属角接焊缝。根据焊缝所在位置，有端焊缝与侧焊缝之分。

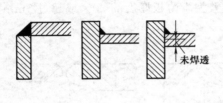

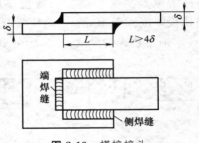

图 8-9 不允许的角接焊缝　　　　　　**图 8-10** 搭接接头

8.3　焊接缺陷与焊接质量检验

8.3.1　焊接缺陷

8.3.1.1　焊接变形

工件焊后一般都会产生变形，如果变形量超过允许值，就会影响使用。焊接变形的几个例子如图 8-11 所示。产生变形的主要原因是焊件不均匀地局部加热和冷却。因为焊接时，焊件仅在局部区域被加热到高温，离焊缝越近，温度越高，膨胀也越大，但是加热区域的金属因受到周围温度较低金属的限制，不能自由膨胀，而冷却时又由于周围金属的限制不能自由收缩。结果这部分加热的金属存在拉应力，而其他部分的金属则存在与之平衡的压应力。当这些应力超过金属的屈服极限时，将产生焊接变形；当超过金属的强度极限时，则会出现裂缝。

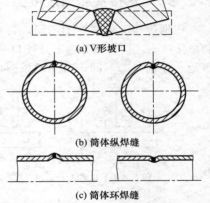

图 8-11　焊接变形示意图

8.3.1.2　焊缝的外部缺陷

（1）**焊缝过高**　如图 8-12 所示，当焊接坡口的角度开得太小或焊接电流过小时，均会出现这种现象。工件焊缝的危险平面已从 m-m 平面过渡到熔合区的 n-n 平面，由于应力集中易发生破坏，因此，为提高压力容器的疲劳寿命，要求将焊缝过高的部分铲平。

（2）**焊缝过凹**　如图 8-13 所示，因焊缝工作截面的减小而使接头处的强度降低。

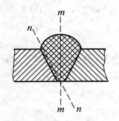

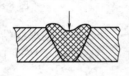

图 8-12　焊缝过高　　　　　　　**图 8-13**　焊缝过凹

（3）**焊缝咬边**　在工件上沿焊缝边缘所形成的凹陷称咬边，如图 8-14 所示。它不仅减小了接头工作截面，而且在咬边处造成严重的应力集中。

（4）**焊瘤** 熔化金属流到熔池边缘未熔化的工件上，堆积形成焊瘤，它与工件没有熔合，如图 8-15 所示。焊瘤对静载强度无影响，但会引起应力集中，使动载强度降低。

（5）**烧穿** 如图 8-16 所示。烧穿是指部分熔化金属从焊缝反面漏出，甚至烧穿成洞，它使接头强度下降。

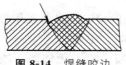 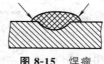 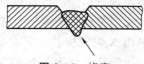

图 8-14 焊缝咬边　　　　图 8-15 焊瘤　　　　图 8-16 烧穿

以上五种缺陷存在于焊缝的外表，肉眼就能发现，并可及时补焊。如果操作熟练，一般是可以避免的。

8.3.1.3 焊缝的内部缺陷

（1）**未焊透** 是指工件与焊缝金属或焊缝层间局部未熔合的一种缺陷。未焊透减小了焊缝工作截面，造成严重的应力集中，大大降低了接头强度，它往往成为焊缝开裂的根源。

（2）**夹渣** 焊缝中夹有非金属熔渣，即称夹渣。夹渣减小了焊缝工作截面，造成应力集中，会降低焊缝强度和冲击韧性。

（3）**气孔** 焊缝金属在高温时，吸收了过多的气体（如 H_2）或由于熔池内部冶金反应产生的气体（如 CO），在熔池冷却凝固时来不及排出，而在焊缝内部或表面形成孔穴，即为气孔。气孔的存在减小了焊缝有效工作截面，降低接头的机械强度。若有穿透性或连续性气孔存在，会严重影响焊件的密封性。

（4）**裂纹** 焊接过程中或焊接以后，在焊接接头区域内所出现的金属局部破裂称为裂纹。裂纹可能产生在焊缝上，也可能产生在焊缝两侧的热影响区。有时产生在金属表面，有时产生在金属内部。通常按照裂纹产生的机理不同，可分为热裂纹和冷裂纹两类。

① 热裂纹是在焊缝金属中由液态到固态的结晶过程中产生的，大多产生在焊缝金属中。其产生原因主要是焊缝中存在低熔点物质（如 FeS，熔点 1193℃），它削弱了晶粒间的联系，当受到较大的焊接应力作用时，就容易在晶粒之间引起破裂。焊件及焊条内含 S、Cu 等杂质较多时，就容易产生热裂纹。

热裂纹有沿晶界分布的特征。当裂纹贯穿表面与外界相通时，则具有明显的氢化倾向。

② 冷裂纹是在焊后冷却过程中产生的，大多产生在基体金属或基体金属与焊缝交界的熔合线上。其产生的主要原因是由于热影响区或焊缝内形成了淬火组织，在高应力作用下，引起晶粒内部的破裂。焊接含碳量较高或合金元素较多的易淬火钢材时，最易产生冷裂纹。焊缝中熔入过多的氢，也会引起冷裂纹。

裂纹是最危险的一种缺陷，它除了减少承载截面之外，还会产生严重的应力集中，在使用中裂纹会逐渐扩大，最后可能导致构件的破坏。所以焊接结构中一般不允许存在这种缺陷，一经发现必须铲去重焊。

8.3.2 焊接的检验

对焊接接头进行必要的检验是保证焊接质量的重要措施。因此，工件焊完后应根据产品技术要求对焊缝进行相应的检验，凡不符合技术要求所允许的缺陷，需及时进行返修。焊接质量的检验包括外观检查、无损探伤和力学性能试验三个方面。这三者是互相补充的，而以无损探伤为主。

（1）外观检查　一般以肉眼观察为主，有时用 5～20 倍的放大镜进行观察。通过外观检查，可发现焊缝表面缺陷，如咬边、焊瘤、表面裂纹、气孔、夹渣及烧穿等。焊缝的外形尺寸还可采用焊口检测器或样板进行测量。

（2）无损探伤　隐藏在焊缝内部的夹渣、气孔、裂纹等缺陷的检验，目前使用最普遍的方法是采用 X 射线检验，还有超声波探伤、磁粉探伤和渗透探伤。

X 射线检验是利用 X 射线对焊缝照相，根据底片影像来判断内部有无缺陷、缺陷多少和类型，再根据产品技术要求评定焊缝是否合格。

超声波探伤的基本原理如图 8-17 所示。超声波束由探头发出，传到金属中，当超声波束传到金属与空气界面时，它就折射而通过焊缝。如果焊缝中有缺陷，超声波束就反射到探头而被接受，这时荧光屏上就出现了反射波。根据这些反射波与正常波比较、鉴别，就可以确定缺陷的大小及位置。超声波探伤比 X 射线照相简便得多，因而得到广泛应用。相控阵超声检测（PAU）和衍射时差超声检测（TOFD）的检测速度快、检测范围大、检测精度高，目前已在化工能源和航空航天等领域崭露头角。

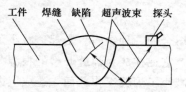

图 8-17　超声波探伤的基本原理

工件　焊缝　缺陷　超声波束　探头

对于离焊缝表面不深的内部缺陷和表面极微小的裂纹，还可采用磁粉探伤。

渗透检测用于检测由无孔材料制成的部件表面存在的缺陷。

（3）水压试验和气压试验　对于要求密封性的受压容器，需进行水压试验和（或）气压试验，以检查焊缝的密封性和承压能力。其方法是向容器内注入 1.25～1.5 倍工作压力的清水或 1.1 倍工作压力的气体（多数用空气），停留一定的时间，然后观察容器内的压力下降情况，并在外部观察有无渗漏现象，根据这些可评定焊缝是否合格。

（4）焊接试板的力学性能试验　无损探伤可以发现焊缝内在的缺陷，但不能说明焊缝热影响区的金属的力学性能如何，因此有时对焊接接头要进行拉伸、冲击、弯曲等试验。这些试验由试板完成。所用试板最好与圆筒纵缝一起焊成，以保证施工条件一致。然后将试板进行力学性能试验。实际生产中，一般只对新钢种的焊接接头进行这方面的试验。

● **思考题**

8-1　与手工电弧焊相比，埋弧自动焊有什么特点？

8-2　氩弧焊有什么特点？

8-3　搅拌摩擦焊有什么特点？

8-4　焊接接头处开坡口有什么意义？请列举出对接接头及 T 形接头坡口形式及尺寸的例子。

8-5　不同厚度钢板焊接时应如何开坡口？

8-6　焊缝处为什么容易产生缺陷？

8-7　焊缝的内部和外部缺陷分别指的是什么？

8-8　常用的无损检测方法有哪些？有何优缺点？

第二篇　参考文献

[1]　《机械工程手册》编委会.机械工程手册.北京：机械工业出版社，1997.

[2]　《机械工程师手册》编委会.机械工程师手册.3版.北京：机械工业出版社，2007.

[3]　师昌绪.材料大辞典.北京：化学工业出版社，1994.

[4]　顾芳珍，陈国桓.化工设备设计基础.天津：天津大学出版社，1994.

[5]　中国机械工程学会焊接学会编.焊接手册（1）：焊接方法及设备.北京：机械工业出版社，1992.

[6]　GB 150—2011 压力容器.

[7]　GB/T 700—2006 碳素结构钢.

[8]　GB/T 699—2015 优质碳素结构钢.

[9]　GB/T 1591—2018 低合金高强度结构钢.

[10]　GB/T 3077—2015 合金结构钢.

[11]　GB/T 20878—2007 不锈钢和耐热钢牌号及化学成分.

[12]　GB 24511—2017 承压设备用不锈钢和耐热钢钢板及钢带.

[13]　GB 713—2014 锅炉和压力容器用钢板.

[14]　GB 19189—2011 压力容器用调质高强度钢板.

[15]　GB/T 5117—2012 非合金钢及细晶粒钢焊条.

[16]　GB/T 5118—2012 热强钢焊条.

[17]　GB/T 983—2012 不锈钢焊条.

[18]　NB/T 47015—2011 压力容器焊接规程.

[19]　HG/T 20583—2011 钢制化工容器结构设计规定.

第 三 篇

容器设计

在化工生产过程中，有的设备用来储存物料，如储罐；有的设备用来进行物理过程，如换热器和精馏塔；有的设备用来进行化学反应，如反应器和合成炉。这些设备虽然尺寸不同，形状各异，内部构件形式多样，但这些设备的外壳统称为容器。

容器的设计和使用过程中，设计压力、设计温度、介质危害性、材料力学性能、使用场合和安装方式等不尽相同。为了确保容器在设计寿命内安全可靠地运行，必须重视容器的设计。设计准则是连接工程力学分析和材料性能的桥梁。容器在使用过程中受到介质压力和支座反力等多种载荷的作用，因此分析载荷作用下容器的应力和变形是容器设计的重要理论基础。设计人员需要了解容器及其附件的基本结构、常规设计方法和分析设计方法。常规设计包括圆柱形筒体、封头、法兰、支座和开孔的设计和选用。世界各工业国家都制定了一系列容器设计的规范和标准，设计人员应遵循规范和标准，在确保容器安全的前提下尽可能提高经济性。

第 9 章

容器设计基础

9.1 概述

9.1.1 容器的结构

在石油化工生产的过程中，单元操作的装置一般分为两大类：运动的装置称为机器，静止的装置称为设备。石油化工设备依据各自的特点又分成了许多种，容器是其中之一。它主要用于储存气态、液态或固态的原料，中间产品或成品，如原油、氧气及液氨储罐等。其他的石油化工设备（如反应设备、换热设备、分离设备等）可以视为由外壳以及装入外壳内能满足工艺要求的内件所构成。实质上，这些外壳本身也是容器。因此，在石油化工领域，容器是指储存设备和其他各种设备的外壳。

容器一般是由壳体（又称筒体）、封头（又称端盖）、法兰、支座、接口管及人孔等组成（图 9-1）。常压、低压化工设备通用零部件大都已有标准，设计时可直接选用。本章主要讨论承受中、低压容器的壳体、封头的设计计算，介绍常压、低压化工设备通用零部件标准及其选用方法。

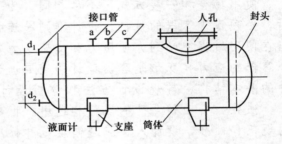

图 9-1 容器的结构组成

9.1.2 容器的分类

压力容器的种类很多，分类的方法各异，大致可以分为以下几类。

9.1.2.1 按容器形状分类

(1) **方形和矩形容器** 由平板焊成，制造简便，但承压能力差，只用于小型常压储槽。

(2) **球形容器** 由数块弓形板拼焊而成，承压能力好，但由于安装内件不便，制造稍难，一般多用于储罐。

(3) **圆筒形容器** 由圆柱形筒体和各种凸形封头（半球形、椭球形、碟形、圆锥形）或平板封头所组成。作为容器主体的圆柱形筒体，制造容易，安装内件方便，而且承压能力较好，因此这类容器应用最广。

9.1.2.2 按承压性质分类

按承压性质可将容器分为内压容器和外压容器两类。

容器的内部介质压力大于外界压力时为内压容器。反之，则为外压容器。真空容器是指内部压力小于一个绝对大气压（0.1MPa）的外压容器。

内压容器按其设计压力，可划分为低压、中压、高压和超高压四个压力等级，见表9-1。

表9-1　内压容器的分类

容器的分类	设计压力 p/MPa	容器的分类	设计压力 p/MPa
低压容器	$0.1 \leqslant p < 1.6$	高压容器	$10 \leqslant p < 100$
中压容器	$1.6 \leqslant p < 10$	超高压容器	$p \geqslant 100$

高压容器的设计计算方法、材料选择、制造技术及检验要求，与中、低压容器不同。本章只讨论中、低压容器的设计。

9.1.2.3　按容器壁温或材料分类

根据容器的壁温，可分为常温容器（$-20 \sim 200℃$）、中温容器（在常温和高温之间）、高温容器（壁温达到材料蠕变温度，对碳素钢或低合金钢容器，温度超过420℃，合金钢超过450℃，奥氏体不锈钢超过550℃）和低温容器（$\leqslant -20℃$）。

按制造材料容器分为金属制的和非金属制的两类。金属容器中，又可分为钢制容器（低碳钢、普通低合金钢、不锈钢等）、铸铁容器及有色金属容器（钛、铝等）。非金属材料既可制作容器的衬里，又可制作独立的构件。

9.1.2.4　按安全技术管理分类

按照《固定式压力容器安全技术监察规程》，为便于管理及监察检查，对压力容器进行分类，分为Ⅰ、Ⅱ、Ⅲ共三类，分类依据为介质的危害性、设计压力 p（MPa）和容积 V（L）三个因素。

（1）介质的危害性　介质包括气体、液化气体以及最高工作温度高于或者等于标准沸点的液体。介质的危害性指压力容器在生产过程中，因事故使介质与人体大量接触，发生爆炸或者因经常泄漏引起职业性慢性危害的程度。用介质毒性程度和爆炸危害程度表示。

① 毒性程度　综合考虑急性毒性、最高容许浓度和职业性慢性危害等因素，将毒性程度分为四级，详见表9-2。

表9-2　介质毒性程度分级

级别	危害程度	最高容许浓度	有关介质举例
Ⅰ	极度危害	$<0.1 \mathrm{mg/m^3}$	光气、氰化氢、氢氟酸
Ⅱ	高度危害	$0.1 \sim 1.0 \mathrm{mg/m^3}$	甲醛、苯胺、氟化氢
Ⅲ	中度危害	$1.0 \sim 10.0 \mathrm{mg/m^3}$	二氧化硫、硫化氢、氨、一氧化碳
Ⅳ	轻度危害	$\geqslant 10.0 \mathrm{mg/m^3}$	丙酮、四氟乙烯

② 易爆介质　指气体或者液体的蒸气、薄雾与空气混合形成的爆炸混合物，并且其爆炸下限小于10%，或者爆炸上限和爆炸下限的差值大于或者等于20%的介质。

③ 介质分组　压力容器的介质分为以下两组。

a. 第一组介质：毒性程度为极度危害、高度危害的化学介质，易爆介质，液化气体。

b. 第二组介质：除第一组之外的介质。

（2）压力容器分类　分类依据为介质特性、设计压力 p（MPa）和容积 V（L）。将压力容器的分类用两个坐标图表示，以确定某一个压力容器属于第几类。首先，依据介质类别，即第一组介质还是第二组介质，确定选用图9-2还是选用图9-3。然后依据压力容器的操作条件，即设计压力 p（MPa）、容器容积 V（L）在相应坐标图内画点，点落在哪个区域，区域中的罗马数字就表示第几类压力容器。对于不同类别的容器，在材料的选择、设计、制造、安装及检验等方面有不同的要求，对第Ⅲ类压力容器要求最高。

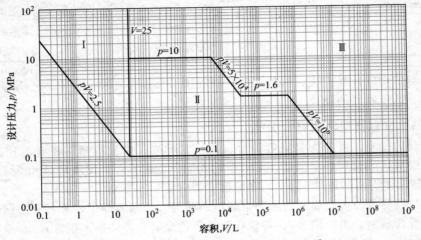

图 9-2 压力容器类别划分——第一组介质

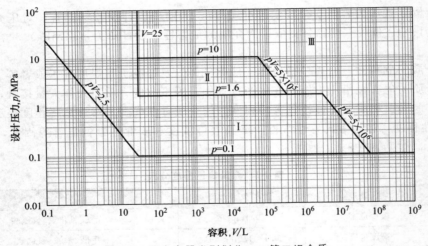

图 9-3 压力容器类别划分——第二组介质

如果工作压力小于0.1MPa，工作压力与容积的乘积小于2.5MPa·L，则不在压力容器之列。

9.1.3 容器的零部件标准化

为便于设计，有利于成批生产，提高质量，便于互换，降低成本，提高劳动生产率，我国各有关部门对容器的零部件（例如封头、法兰、支座、人孔、手孔、视镜、液面计等）进行了标准化、系列化工作，许多化工设备（例如储槽、换热器、搪玻璃与陶瓷反应器）也有了相应的标准。

容器零部件标准的最基本参数是公称直径 DN 与公称压力 PN。

9.1.3.1 公称直径

公称直径指标准化以后的直径，以 DN 表示，单位为 mm，例如内径 1200mm 的容器的公称直径标记为 $DN1200$。压力容器、管子、容器零部件的公称直径在定义上有所不同，下面分别介绍。

（1）压力容器的公称直径 用钢板卷焊制成的筒体，其公称直径指的是内径。现行标准中规定的公称直径系列如表 9-3 所示。若容器直径较小，筒体可直接采用无缝钢管制作。此时，公称直径以外径为基准，如表 9-4 所示。

设计时，应将工艺计算初步确定的设备直径，调整为符合表 9-3 或表 9-4 所规定的公称直径。

封头的公称直径与筒体一致。

表 9-3 以内径为基准的压力容器公称直径（GB 9019—2015）　　　单位：mm

300	350	400	450	500	550	600	650	700	750
800	850	900	950	1000	1100	1200	1300	1400	1500
1600	1700	1800	1900	2000	2100	2200	2300	2400	2500
2600	2700	2800	2900	3000	3100	3200	3300	3400	3500
3600	3700	3800	3900	4000	4100	4200	4300	4400	4500
4600	4700	4800	4900	5000	5100	5200	5300	5400	5500

表 9-4 压力容器公称直径（外径为基准）　　　单位：mm

公称直径	150	200	250	300	350	400
外径	168	219	273	325	356	406

标记示例：公称直径为 250，外径为 273mm 的管子做筒体的压力容器公称直径表示为公称直径 $DN250$ GB/T 9019—2015。

（2）管子的公称直径 为了使管子、管件连接尺寸统一，采用 DN 表示其公称直径（也称公称通径）。化工厂用来输送水、煤气、空气、油等一般压力的流体，管道往往采用电焊钢管，称有缝管。有缝管按厚度可分为薄壁钢管、普通钢管和加厚钢管。其公称直径不是外径，也不是内径，而是近似普通钢管内径的一个名义尺寸。每一公称直径，对应一个外径，其内径数值随厚度不同而不同。公称直径可用公制 mm 表示，也可用英制 in 表示，见表 9-5。

表 9-5 水、煤气输送钢管的公称直径、外径与厚度

公称直径		外径	壁厚		公称直径		外径	壁厚	
/mm	/in	/mm	普通钢管 /mm	加厚钢管 /mm	/mm	/in	/mm	普通钢管 /mm	加厚钢管 /mm
6	1/8	10.0	2.00	2.50	40		48.0	3.50	4.25
8	1/4	13.5	2.25	2.75	50	2	60.0	3.50	4.50
10	3/8	17.0	2.25	2.75	70		75.5	3.75	4.50
15	1/2	21.3	2.75	3.25	80	3	88.5	4.00	4.75
20	3/4	26.8	2.75	3.50	100	4	114	4.00	5.00
25	1	33.5	3.25	4.00	125		140	4.50	5.00
32		42.3	3.25	4.00	150	6	165	4.50	5.50

管路附件也用公称直径表示，意义同有缝管。

工程中所用的无缝管，例如输送流体用无缝钢管（GB/T 8163—2018）、石油裂化用无缝钢管（GB 9948—2013）、化肥设备用高压无缝钢管（GB 6479—2013）等，标记方法不用公称直径，而是以外径乘以厚度表示，如 $\phi89\times4.5$。标准中称此外径与厚度为公称外径与公称厚度。

无缝钢管按用途可分为输送流体用无缝钢管和一般用途无缝钢管，按轧制工艺可分为热轧管和冷拔管两种。冷拔管的最大外径为 200mm；热轧管的最大外径为 630mm 或更大。在管道工程中，管径超过 57mm 时，常采用热轧管；管径在 57mm 以内，常选用冷拔管。

(3) 容器零部件的公称直径 有些零部件如法兰、支座等的公称直径，指的是与它相配的筒体、封头的公称直径。$DN2000$ 法兰是指与 $DN2000$ 筒体（容器）或封头相配的法兰。$DN2000$ 鞍座是指支撑 $DN2000$ 容器的鞍式支座。还有一些零部件的公称直径是以与它相配的管子的公称直径表示的。例如管法兰，$DN200$ 管法兰是指连接 $DN200$ 管子的管法兰。另有一些容器零部件，其公称直径是指结构中的某一重要尺寸，如视镜的视孔、填料箱的轴径等。$DN80$ 视镜，其窥视孔的直径为 80mm。

9.1.3.2 公称压力

容器及管道的操作压力经标准化以后的压力称为公称压力，以 PN 表示，单位为 MPa。

为了使石油、化工容器的零部件标准化、通用化、系列化，必须将其承受的压力范围分为若干个标准压力等级，即公称压力。表 9-6 列出了压力容器法兰的公称压力。

表 9-6 压力容器法兰的公称压力 单位：MPa

压力容器法兰	0.25	0.6	1.0	1.6	2.5	4.0	6.4

设计时如果选用标准零部件，必须将操作温度下的最高操作压力（或设计压力）调整为所规定的某一公称压力等级，然后根据 DN 与 PN 选定该零部件的尺寸。如果零件不选用标准零部件，而是自行设计，设计压力就不必符合规定的公称压力。

9.1.4 压力容器的标准简介

(1)《压力容器》（GB 150—2011） 2011 年国家发布《压力容器》标准（GB 150—2011）。包括：①通用要求；②材料；③设计；④制造、检验、验收四个部分。《压力容器》标准是全面总结压力容器生产、设计、安全等方面的经验，不断纳入新科技成果而产生的。它是压力容器设计、制造、验收等必须遵循的准则。压力容器标准涉及设计方法、选材及制造、检验方法等。

随着工业的发展、技术的进步，压力容器标准有一个不断充实、不断完善、不断提高的过程。最初于 1977 年有《钢制石油化工压力容器设计规范》，后经两次修订补充，在这个基础上，制定出《钢制压力容器》（GB 150—89）及后续的《钢制压力容器》（GB 150—1998）。

GB 150 包括压力容器板壳元件计算、容器结构要素的确定、密封设计、超压泄放装置的设置以及容器的制造与验收的要求等，是压力容器制造、设计、检验与验收的综合性国家标准。它是确保压力容器结构强度、结构稳定和结构刚度，以达到安全使用所必须遵循的基本技术要求。

(2)《固定式压力容器安全技术监察规程》（TSGR 21—2016） 这个规程是在 1999 年和 2009 年颁布的《压力容器安全技术监察规程》的基础上建立的。颁布这个规程的目的很明确，就是要保障固定式压力容器安全运行，保护人民生命和财产安全，促进国民经济发展。它从设备材料、设备设计、制造、安装维修、使用管理、定期检验等各方面，作出安全的具体规定。这个规程对于压力容器工作者是必读的文件。

9.2 内压薄壁容器设计

9.2.1 薄壁容器设计的理论基础

9.2.1.1 薄壁容器

压力容器按厚度可以分为薄壁容器和厚壁容器。薄壁与厚壁并不是按容器厚度的大小来划分，而是一种相对概念，通常根据容器外径 $D_。$ 与内径 D_i 的比值 K 来判断，$K > 1.2$ 为厚壁容器，$K \leqslant 1.2$ 为薄壁容器。工程实际中的压力容器大多为薄壁容器。

9.2.1.2 圆筒形薄壁容器承受内压时的应力

为判断薄壁容器能否安全工作，需对压力容器各部分进行应力计算与强度校核，因此，必须了解在容器壁上的应力。因为薄壁容器的厚度远小于筒体的直径，可认为在圆筒内部压力作用下，筒壁内只产生拉应力，不产生弯曲应力，且这些拉应力沿厚度均匀分布。以图9-4所示的圆筒形容器，当承受内部压力作用以后，器壁上的"环向纤维"和"纵向纤维"均有伸长，可以证明这两个方向都受到拉力的作用。用 σ_1（或 $\sigma_轴$）表示圆筒母线方向（即轴向）的拉应力，用 σ_2（或 $\sigma_环$）表示其圆周方向的拉应力。

9.2.1.3 圆筒的应力计算

（1）轴向（经向）应力　假设在图9-4（a）上沿 AB 圆周作一截面，将圆筒分为两部分，以下部为研究对象。作用在容器内表面的介质压力，分布在圆面积（$\pi D^2/4$）上；容器的切割面是一圆环面，在此圆环面上，承受均匀分布的拉应力 σ_1。对图9-4（b）建立平衡方程，即

$$-p\,\frac{\pi}{4}D^2 + \sigma_1 \pi D \delta = 0$$

$$\sigma_1 = \frac{pD}{4\delta} \tag{9-1}$$

式中，σ_1 为轴向应力，MPa；p 为内压，MPa；D 为筒体平均直径，也称中径，mm；δ 为厚度，mm。

需要指出的是，在计算介质作用的总压力时，严格地讲，应采用筒体内径，但为了使计算公式简化，在这里近似地采用平均直径。

（2）环向（周向）应力　在图9-4（b）上沿 CD 面作一横截面，过圆筒轴线再作一垂直截面，如图9-4（c）所示，建立水平方向的平衡方程，即

$$-pDl + \sigma_2 \times 2\delta l = 0$$

$$\sigma_2 = \frac{pD}{2\delta} \tag{9-2}$$

式中，σ_2 为环向应力，MPa；其他符号意义同前。

比较式(9-1)与式(9-2)可知，薄壁圆筒受内压时，环向应力是轴向应力的两倍。因此，在设计过程中，如在筒体上开椭圆孔，应使其短轴与筒体的轴线平行，以尽量减少开孔

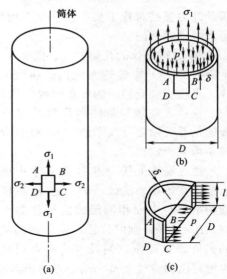

图9-4　内压薄壁容器的应力

对纵截面的削弱程度，使环向应力不致增加很多。简体的纵向焊缝受力大于环向焊缝，施焊时应予以注意。

分析式(9-1)和式(9-2)还可知，简体承受内压时，简壁内产生的应力和δ/D成反比，δ/D值的大小体现着圆筒承压能力的高低。因此，分析一个设备能耐多大压力，不能只看厚度的绝对值。

9.2.2 无力矩理论基本方程式

9.2.2.1 基本概念与基本假设

(1) 基本概念

① 旋转壳体——壳体的中面（等分壳体厚度的面）是任意直线或平面曲线作母线，绕其同平面内的轴线旋转一周而成的旋转曲面。平面曲线的不同，得到的回转壳体的形状也不同。例如，与轴线平行的直线绕轴旋转形成圆柱壳，与轴线相交的直线绕轴旋转形成圆锥壳，半圆形曲线绕轴旋转形成球壳，如图9-5所示。

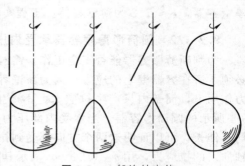

图9-5 一般旋转壳体

② 轴对称——壳体的几何形状、约束条件和所受外力都是对称于某一轴。化工用的压力容器通常是轴对称的。

③ 旋转壳体的几何概念。图9-6表示一般旋转壳体的中面，它是由平面曲线OAA'绕同平面内的OO'轴旋转而成的。曲线OAA'称为母线。母线绕轴旋转时的任意位置，如OBB'称为经线。显然，经线与母线的形状是完全相同的。经线的位置可以由母线平面$OAA'O'$为基准，绕轴旋转θ角来确定。

通过经线上任一点B垂直于中面的直线，称为中面在该点的法线（n）。过B点作垂直于旋转轴的平面与中面相割形成的圆称为平行圆，例如圆ABD。平行圆的位置可由中面的法线与旋转轴的夹角φ来确定（当经线为一直线时，平行圆的位置可由离直线上某一给定点的距离确定）。

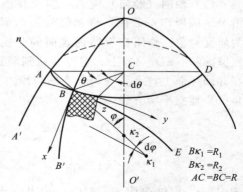

图9-6 旋转壳体的几何特性

中面上任一点B处经线的曲率半径为该点的第一曲率半径R_1，即$R_1 = B\kappa_1$。通过经线上任一点B的法线作垂直于经线的平面与中面相割形成的曲线BE，此曲线在B点处的曲率半径称为该点的第二曲率半径R_2。第二曲率半径的中心κ_2落在回转轴上，其长度等于法线段$B\kappa_2$，即$R_2 = B\kappa_2$。

(2) 基本假设 假定壳体材料具有连续性、均匀性和各向同性，即壳体是完全弹性的。并采用以下几点假设。

① 小位移假设。壳体受力以后，各点的位移都远小于厚度。根据这一假设，在考虑变形后的平衡状态时，可以利用变形前的尺寸来代替变形后的尺寸。而变形分析中的高阶微量可以忽略不计，使问题简化。

② 直线法假设。壳体在变形前垂直于中面的直线段，在变形后仍保持直线，并垂直于变形后的中面。联系假设①可知变形前后的法向线段长度不变。据此假设，沿厚度各点的法

视频

向位移均相同，变形前后壳体厚度不变。

③ 不挤压假设。壳体各层纤维变形前后互不挤压。由此假设，壳壁法向的应力与壳壁其他应力分量比较是可以忽略的微小量，其结果就变为平面问题。这一假设只适用于薄壳。

9.2.2.2　基本方程式

无力矩理论是在旋转薄壳的受力分析中忽略了弯矩的作用。由于这种情况下的应力状态和承受内压的薄膜相似，故又称薄膜理论。

对任意形状的回转壳体，无力矩理论中采用对微元体建立平衡的方法，如图9-7(a) 所示，得到薄壁容器受力的基本方程式，称平衡方程，即

$$\frac{\sigma_1}{R_1}+\frac{\sigma_2}{R_2}=\frac{p}{\delta} \tag{9-3}$$

式中，R_1、R_2 为壳体第一、第二曲率半径，mm；σ_1、σ_2 为壳体的经向、环向应力，MPa；δ 为壳体的厚度，mm；p 为壳体所受介质的压力，MPa。

基本方程式表达了壳体上任一点处的 σ_1、σ_2、内压、该点曲率半径和厚度的关系。

对于任意壳体，用垂直于母线的圆锥面切割壳体 ［图9-7(b)］，取截面以下部分为研究对象，建立轴向平衡方程，即

$$-\pi r_{\mathrm{k}}^2 p+2\pi r_{\mathrm{k}}\sigma_1\delta\cos\alpha=0$$

$$\sigma_1=\frac{pr_{\mathrm{k}}}{2\delta\cos\alpha} \tag{9-4}$$

式中，r_{k} 为任意点处的回转半径，mm。

式(9-4) 是任何回转壳体承受内压时的经向薄膜应力计算式，因为这是用切割部分壳体推导出来的，故称区域平衡方程。

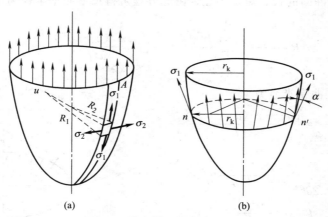

图 9-7　微小单元体的应力分析

9.2.3　基本方程式的应用

9.2.3.1　受气体内压壳体的受力分析

（1）**圆筒形壳体**　圆筒壳的第一曲率半径 $R_1=\infty$，第二曲率半径 $R_2=D/2$，代入式(9-3) 和式(9-4) 得

$$\sigma_1=\frac{pD}{4\delta} \qquad \sigma_2=\frac{pD}{2\delta}$$

可见，壳体轴向、环向应力的计算公式与式(9-1)、式(9-2) 相同。

（2）**球形壳体**　球壳的 $R_1=R_2=D/2$，可得

$$\sigma_1=\sigma_2=\frac{pD}{4\delta} \tag{9-5}$$

由式(9-5) 可知，在直径与内压相同的情况下，球壳内的应力仅是圆筒形壳体环向应力的一半，即球形壳体的厚度仅需圆筒容器厚度的一半。当容器容积相同时，球表面积最小，故大型储罐制成球形较为经济。

（3）**圆锥形壳体**　图 9-8 所示为一圆锥形壳，半锥角为 α，A 点处半径为 r，厚度为 δ，则在 A 点处

$$R_1=\infty, \qquad R_2=\frac{r}{\cos\alpha}$$

代入式(9-3)、式(9-4) 可得 A 点处的应力

$$\sigma_1=\frac{pr}{2\delta\cos\alpha}, \qquad \sigma_2=\frac{pr}{\delta\cos\alpha} \tag{9-6}$$

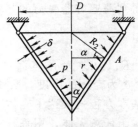

图 9-8　圆锥形壳的受力分析

由式(9-6) 可知，圆锥形壳体的环向应力是轴向应力的两倍，与圆筒形壳体相同。并且圆锥形壳体的应力，随半锥角 α 的增大而增大；当 α 角很小时，其应力值接近圆筒形壳体的应力值。所以在设计制造圆锥形容器时，α 角要选择合适，不宜太大。同时还可以看出，σ_1、σ_2 是随 r 改变的，在圆锥形壳体大端 $r=R$ 时，应力最大，在圆锥顶处，应力为零。因此，一般在圆锥顶开孔。

（4）**椭圆形壳体**　椭圆形壳体的经线为一椭圆，设其经线方程为

$$\frac{x^2}{a^2}+\frac{y^2}{b^2}=1$$

式中，a、b 分别为椭圆的长、短轴半径。由此方程可得第一曲率半径为

$$R_1=\frac{\left[1+\left(\dfrac{\mathrm{d}y}{\mathrm{d}x}\right)^2\right]^{3/2}}{\dfrac{\mathrm{d}^2y}{\mathrm{d}x^2}}=\frac{[a^4-x^2(a^2-b^2)]^{3/2}}{a^4b}$$

由图 9-9，第二曲率半径为

$$R_2=\frac{x}{\sin\varphi}=\frac{[a^4-x^2(a^2-b^2)]^{1/2}}{b}$$

可得应力计算式

$$\begin{cases}\sigma_1=\dfrac{p}{2\delta b}\sqrt{a^4-x^2(a^2-b^2)}\\[2mm]\sigma_2=\dfrac{p}{2\delta b}\sqrt{a^4-x^2(a^2-b^2)}\\[2mm]\qquad\times\left[2-\dfrac{a^4}{a^4-x^2\ (a^2-b^2)}\right]\end{cases} \tag{9-7}$$

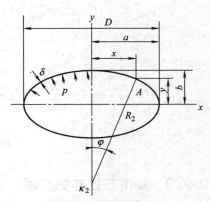

图 9-9　椭圆形壳体

椭圆形壳体上的应力分布如下。

在顶点（$x=0$）处　　$\sigma_1=\sigma_2=\dfrac{pa}{2\delta}\times\dfrac{a}{b}$

在边缘（$x=a$）处　　$\sigma_1=\dfrac{pa}{2\delta}$，　　$\sigma_2=\dfrac{pa}{2\delta}\left[2-\left(\dfrac{a}{b}\right)^2\right]$

对于化工常用的标准椭圆形封头，$a/b=2$，故

顶点处
$$\sigma_1 = \sigma_2 = \frac{pa}{\delta} \qquad\qquad (9\text{-}8)$$

边缘处
$$\sigma_1 = \frac{pa}{2\delta}, \qquad \sigma_2 = -\frac{pa}{\delta} \qquad\qquad (9\text{-}9)$$

由式(9-8)和式(9-9)可知，在椭圆壳的顶点应力最大，经向应力与环向应力是相等的拉应力；椭圆壳顶点的经向应力比边缘处的经向应力大一倍；椭圆壳顶点处的环向应力和边缘处相等，但符号相反，前者为拉应力，后者为压应力，应力值连续变化如图9-10所示。

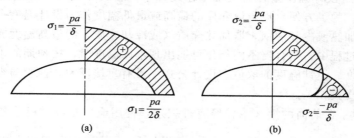

图 9-10 标准椭圆壳的应力分布图

9.2.3.2 受液体静压圆筒形壳体的受力分析

液体的压力垂直于筒壁，各点的压力值随液体的深度而变，离液面越远，所受的液体静压越大。筒壁上任一点的压力（不考虑气体压力）为
$$p = \rho g h \times 10^{-6}$$
式中，p 为筒壁上任一点的液体压力，MPa；ρ 为液体密度，kg/m^3；g 为重力加速度，m/s^2；h 为离液面的深度，m。

根据式(9-3)
$$\sigma_2 = \frac{\rho g h D}{2\delta} \times 10^{-6} \qquad\qquad (9\text{-}10a)$$

对于底部支承的圆筒〔图 9-11(a)〕，由于液体的重量由支承传递给基础，圆筒壁不受液体的轴向力作用，则 $\sigma_1 = 0$。

对于上部支承的圆筒〔图 9-11(b)〕，由于液体的重量使得圆筒壁受轴向力作用，在圆筒壁上产生经向应力，有
$$2\pi R \delta \sigma_1 = \pi R^2 H \rho g$$
$$\sigma_1 = \frac{\rho g H R}{2\delta} = \frac{\rho g H D}{4\delta} \qquad\qquad (9\text{-}10b)$$

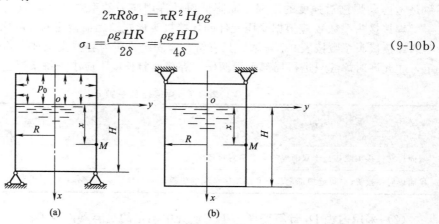

图 9-11 受液压的圆筒形容器

9.2.4　筒体强度计算

为了保证筒体强度，筒体内较大的环向应力不应高于在设计温度下材料的许用应力，即

$$\frac{pD}{2\delta} \leqslant [\sigma]^t \tag{9-11}$$

式中，p 为筒体压力，MPa；$[\sigma]^t$ 为设计温度下筒体材料的许用应力，MPa。

这里对许用应力与设计温度的概念进行简要介绍。

① 设计温度　设计温度指容器正常工作过程中，金属器壁可能达到的最高或最低（指 $-20℃$ 下）温度。为了方便，规定取介质的最高或最低温度作为设计温度。对于用蒸汽、热水或其他载热体加热或冷却的壁，取加热介质（或冷却介质）的最高温度或最低温度作为设计温度。在工作过程中，当容器不同部位可能出现不同温度时，按预期的不同温度作为各相应部分的设计温度。设计温度的取值在设计公式中没有直接反映，但它与容器材料的选择和许用应力的确定直接相关。

② 许用应力　在前面的第 2 章曾经有过叙述，许用应力是以材料的各项强度数据为依据，合理选择安全系数 n 得出的，如 $[\sigma]=\dfrac{R_m}{n_b}$ 或 $[\sigma]=\dfrac{R_{eL}}{n_s}$。所需要考虑的强度指标主要有抗拉强度、屈服强度，对于需要考虑蠕变的材料，强度指标还应有蠕变强度。设计时应比较各种许用应力，取其中最低值。常用钢板与钢管的许用应力可从附录 4 直接查取。

在实际设计工作中，尚需考虑如下因素。

（1）焊接接头系数　容器筒体一般由钢板卷焊而成，由于在焊接加热过程中，对焊缝金属组织产生不利影响，同时在焊缝处往往形成夹渣、气孔、未焊透等缺陷，导致焊缝及其附近区域强度可能低于钢材本体的强度。因此，式（9-11）中钢板的许用应力 $[\sigma]^t$ 应该用强度较低的焊缝许用应力代替。方法是把钢板的许用应力乘以焊接接头系数 ϕ（$\phi \leqslant 1$）。于是式（9-11）可写为

$$\frac{pD}{2\delta} \leqslant [\sigma]^t \phi \tag{9-12}$$

焊缝是容器和受压元件中比较薄弱的环节，虽然在确定焊接材料时，希望使焊缝金属的强度等于甚至超过母材金属的强度，但由于施焊过程中焊接热的影响，而造成焊接应力及焊缝金属晶粒粗大、气孔、未焊透等缺陷，降低了焊缝及附近区域的强度。因此，焊接接头系数是考虑到焊接对强度的削弱，而降低设计许用应力的系数 ϕ（$\phi \leqslant 1$）。

焊接接头系数 ϕ 应根据受压元件的焊接接头形式及无损检测的长度比例确定，钢制压力容器的焊接接头系数按表 9-7 选取。只有符合《固定式压力容器安全技术检察规程》中的相关规定，才允许对焊缝只进行局部无损探伤。焊缝抽验长度不应小于每条焊缝长度的 20%。

表 9-7　焊接接头系数 ϕ

焊接接头形式	无损检测的长度比例	
	100%	局部
双面焊对接接头或相当于双面焊的全焊透对接接头	1.0	0.85
单面焊对接接头（沿焊缝根部全长有紧贴基体金属的垫板）	0.9	0.8

（2）采用内径 D_i 计算壁厚　工艺设计中确定的是容器内径 D_i，在制造过程中测量的也是圆筒的内径，而受力分析中的 D 指的却是筒体中面直径。用内径代替式（9-12）中的中面

直径更为方便，于是有

$$\frac{p(D_i+\delta)}{2\delta} \leqslant [\sigma]^t \phi \tag{9-13}$$

解上式，得到内压圆筒的厚度 δ 计算式

$$\delta = \frac{pD_i}{2[\sigma]^t \phi - p} \tag{9-14}$$

式中，δ 为圆筒计算厚度，mm；D_i 为圆筒内径，mm；ϕ 为焊接接头系数。

（3）计算压力 p_c（或称设计压力 p_d） 计算压力 p_c 大小与设计压力 p_d 相同，其值应稍高于最大工作压力（p_w）。最大工作压力是指容器顶部在工作过程中可能产生的最高压力（表压）。设备上装有超压泄放装置时，例如使用安全阀时，设计压力不小于安全阀的开启压力，一般取最大工作压力的 1.05～1.10 倍；使用爆破膜作安全装置时，根据爆破膜片的形式确定，一般取最大工作压力的 1.15～1.4 倍作为设计压力。因此，将计算压力 p_c 代入式（9-14），得到

$$\delta = \frac{p_c D_i}{2[\sigma]^t \phi - p_c} \tag{9-15}$$

当容器内盛有液体物料时，若液体物料的静压力不超过最大工作压力的 5%，则在设计压力中可不计入液体静压力，否则，需在设计压力中计入液体静压力。

此外，某些容器有时还要考虑重力、风力、地震力等载荷及温度的影响，这些载荷不能直接折算为设计压力而代入以上计算公式，必须分别计算。

（4）腐蚀裕量 C_2 考虑到介质对筒壁的腐蚀作用，在设计筒体所需厚度时，还应在计算厚度 δ 的基础上，增加腐蚀裕量 C_2。由此得到筒体的设计厚度为

$$\delta_d = \frac{p_c D_i}{2[\sigma]^t \phi - p_c} + C_2 \tag{9-16}$$

式中，δ_d 为圆筒设计厚度，mm。

腐蚀裕量 C_2 应根据各种钢材在不同介质中的腐蚀速率和容器设计寿命确定。关于设计寿命，塔类、反应器类容器一般按 20 年考虑；换热器壳体、管箱及一般容器按 10 年考虑。

当腐蚀速率 $\leqslant 0.05$mm/a（包括大气腐蚀）时，碳素钢和低合金钢单面腐蚀取 $C_2=$ 1mm，双面腐蚀取 $C_2=2$mm，不锈钢取 $C_2=0$；当腐蚀速率 >0.05mm/a 时，单面腐蚀取 $C_2=2$mm，双面腐蚀取 $C_2=4$mm。

当介质对容器材料产生氢脆、碱脆、应力腐蚀及晶间腐蚀等情况时，增加腐蚀裕量不是有效办法，而应根据情况采用有效防腐措施。

（5）钢板负偏差 C_1 C_1 应按所用钢板（或钢管）的标准选取。对于压力容器用的低合金钢钢板（GB 713—2014）和不锈钢钢板（GB 24551—2009），它们的厚度负偏差一律为 0.3mm（即 -0.3mm）。在设计条件下得到的筒体设计厚度，加上钢板厚度负偏差 C_1 后向上圆整至钢材标准规格的厚度，即为筒体的名义厚度 δ_n

$$\delta_n \approx \delta_d + C_1 = \delta + C_2 + C_1 = \delta + C \tag{9-17}$$

式中，C 称为壁厚附加量，是指考虑加工与腐蚀影响而额外增加的厚度量，包括钢板负偏差（或钢管负偏差）C_1 和腐蚀裕量 C_2。计算厚度与壁厚附加量的和，再向上圆整至钢材标准

规格即可得到名义厚度。

（6）**有效厚度 δ_e** 筒体在服役条件下能够承载的有效壁厚。制作筒体的钢板在加工及服役过程中，可能确实存在钢板负偏差和腐蚀的影响而减薄。有效厚度的计算公式为

$$\delta_e = \delta_n - C \tag{9-18}$$

由式（9-18）可知，有效厚度 δ_e 大于等于计算厚度 δ，其差值大小与向上圆整的幅值大小有关。

（7）**加工减薄量** 在容器制造时，对于整体冲压成型的封头，其局部区域由于拉伸变形造成厚度的减薄量或钢板热卷圆时引起厚度的减薄量，可由制造单位依据各自的加工工艺和加工能力自行选取，设计者在图纸上注明的厚度不包括加工减薄量。

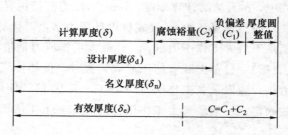

综上，容器各种壁厚的关系详见图 9-12。

图 9-12 容器各种壁厚的关系

（8）**其他** 对于已然在役的圆筒，停车检修时测量其筒体厚度为 δ_n，则其最大许可承压的计算公式为：

$$[p] = \frac{2[\sigma]^t \phi (\delta_n - C)}{D_i + (\delta_n - C)} = \frac{2[\sigma]^t \phi \delta_e}{D_i + \delta_e} \tag{9-19}$$

式中，$[p]$ 为最大许可承压，MPa。如果圆筒的计算（设计）压力小于或等于最大许可承压，则表示该圆筒可继续正常工作。

当然，也可以根据设计温度下圆筒的计算应力按式（9-20）计算，即

$$\sigma = \frac{p_c (D_i + \delta_e)}{2\delta_e} \tag{9-20}$$

如果式中 σ 满足小于或等于 $[\sigma]^t \phi$，则说明筒体可继续正常工作。

9.2.5 球壳强度计算

设计温度下球壳的计算厚度按式（9-21）计算：

$$\delta = \frac{p_c D_i}{4[\sigma]^t \phi - p_c} \tag{9-21}$$

设计温度下球壳的计算应力按式（9-22）计算：

$$\sigma = \frac{p_c (D_i + \delta_e)}{4\delta_e} \tag{9-22}$$

如果式中 σ 满足小于或等于 $[\sigma]^t \phi$，则说明筒体可继续正常工作。

9.2.6 最小厚度

对于设计压力较低的容器，根据公式（9-16）计算出来的厚度很薄。大型容器，如果筒体厚度过薄，将导致刚度不足而极易引起过大的弹性变形，不能满足运输、安装的要求。因此，必须限定一个最小厚度以满足刚度和稳定性要求。

壳体加工成型后不包括腐蚀裕量的最小厚度 δ_{min} 为：碳素钢和低合金钢制容器不小于 3mm；高合金钢制容器不小于 2mm。

9.2.7 压力试验

按强度、刚度计算确定的容器厚度，由于材质、钢板弯卷、焊接及安装等制造加工过程不完善，有可能导致容器不安全，会在规定的工作压力下发生过大变形或焊缝有渗漏现象等，故必须进行压力试验予以考核。

最常用的压力试验方法是液压试验。通常用常温水进行水压试验。需要时也可用不会发生危险的其他液体进行液压试验。试验时液体的温度应低于其闪点或沸点。对于不适合进行液压试验的容器，例如生产时装入贵重催化剂、要求内部烘干的容器，或容器内衬有耐热混凝土不易烘干的容器，或由于结构原因不易充满液体的容器以及容积很大的容器等，可用气压试验代替液压试验。

试验压力规定如下。

液压试验时

$$p_T = 1.25 p_c \frac{[\sigma]}{[\sigma]^t} \tag{9-23}$$

立式容器卧置进行水压试验时，试验压力应取立置试验压力加液柱静压力。

气压试验时

$$p_T = 1.1 p_c \frac{[\sigma]}{[\sigma]^t} \tag{9-24}$$

式中，p_T 为试验压力，MPa；p_c 为计算压力，MPa；$[\sigma]$ 为试验温度下的材料许用应力，MPa；$[\sigma]^t$ 为设计温度下的材料许用应力，MPa。

压力试验时，由于容器承受的压力 p_T 高于计算压力 p_c，故必要时需进行强度校核。液压试验时要求满足的强度条件为

$$\sigma_T = \frac{p_T(D_i + \delta_e)}{2\delta_e} \leqslant 0.9 R_{eL} \phi \tag{9-25}$$

气压试验时要求满足的强度条件为

$$\sigma_T = \frac{p_T(D_i + \delta_e)}{2\delta_e} \leqslant 0.8 R_{eL} \phi \tag{9-26}$$

液压试验时，使设备充满水（液体），水温不能过低（碳素钢、Q345R不低于5℃，其他低合金钢不低于15℃），外壳应保持干燥。设备充满水后，待壁温大致相等时，缓慢升压到规定试验压力，稳压30min，然后将压力降低到设计压力，保持30min以检查有无损坏，有无宏观变形，有无泄漏及微量渗透。水压试验后及时排水，并用压缩空气及其他惰性气体，将容器内表面吹干。

9.2.8 边缘应力

在采用无力矩理论进行内压容器受力分析时，忽略了剪力与弯矩的影响，这样的简化可以满足工程设计精度的要求，但对图9-13所示的一些情况，就必须考虑弯矩的影响。结构（a）、（b）、（c）是壳体与封头连接处经线突然折断；结构（d）是两段厚度不等的筒体相连接；结构（e）、（f）、（g）是筒体上装有法兰、加强圈、管板等刚度很大的构件。另外，如壳体上相邻两段材料性

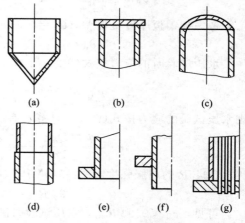

图 9-13 边缘结构示意图

能不同，或所受的温度或压力不同，都会导致连接的两部分变形量不同，但又相互约束，从而产生较大的剪力与弯矩。

以筒体与封头连接为例，若平板盖具有足够的刚度，受内压作用时变形很小，而壳壁较薄，变形量较大，两者连接在一起，在连接处（即边缘部分）筒体的变形受到平板盖的约束，因此产生了附加的局部应力（即边缘应力）。边缘应力数值很大，有时能导致容器失效，设计时应予重视。

理论与实验均已证明，发生在连接边缘处的边缘应力具有以下两个基本特性。

① 局部性。不同性质的连接边缘产生不同的边缘应力，但它们大多数都有明显的衰减特性，随着离开边缘的距离增大，边缘应力迅速衰减。

② 自限性。由于边缘应力是两连接件弹性变形不一致、相互制约而产生的，一旦材料产生了塑性变形，弹性变形的约束就会缓解，边缘应力自动受到限制，这就是边缘应力的自限性。因此，若用塑性好的材料制造筒体，可减少容器发生破坏的危险性。

正是由于边缘应力的局部性与自限性，设计中一般不按局部应力来确定厚度，而是在结构上进行局部处理。对于脆性材料，必须考虑边缘应力的影响。

【例 9-1】 利用无力矩理论的基本方程求解球形壳体中的应力（壳体承受气体内压 p，壳体中面直径为 D，壳体厚度为 δ）。若壳体材料由 Q245R 改为 Q345R 时，球壳中的应力如何变化？

解 根据无力矩理论，球形壳体的径向应力 σ_1 和环向应力 σ_2 为

$$\sigma_1 = \sigma_2 = \frac{pD}{4\delta}$$

由应力计算表达式可知，径向应力和环向应力的大小与壳体材料无关。因此当壳体材料由 Q245R 改为 Q345R 时，球壳中的应力不发生变化。

【例 9-2】 某化工厂欲设计一台石油气分离工程中的乙烯精馏塔。工艺要求为：塔体内径 $D_i = 600\text{mm}$；设计压力 $p = 2.2\text{MPa}$；工作温度 $t = -3 \sim -20℃$。试选择塔体材料并确定塔体厚度。

解 由于石油气对钢材腐蚀不大，温度在 $-20℃$ 以上，承受一定的压力，故选用 Q345R。由题意知 $p_c = 2.2\text{MPa}$，$D_i = 600\text{mm}$，$[\sigma]^t = 189\text{MPa}$（见附录 4），$\phi = 0.8$（表9-7），$C_2 = 1.0\text{mm}$。根据式(9-16)

$$\delta_d = \frac{p_c D_i}{2[\sigma]^t \phi - p_c} + C_2 = \frac{2.2 \times 600}{2 \times 189 \times 0.8 - 2.2} + 1.0 = 5.40\text{mm}$$

考虑到钢板厚度负偏差（$C_1 = 0.3\text{mm}$）圆整后，取名义厚度 $\delta_n = 6\text{mm}$。则有效厚度

$$\delta_e = \delta_n - C_1 - C_2 = 6 - 0.3 - 1.0 = 4.7\text{mm}$$

水压试验时的应力按式(9-23) 计算，有

$$p_T = 1.25 p_c \frac{[\sigma]}{[\sigma]^t} = 1.25 \times 2.2 \times 1 = 2.75\text{MPa}$$

则水压试验的应力按式(9-25) 计算，有

$$\sigma_T = \frac{p_T(D_i + \delta_e)}{2\delta_e} = \frac{2.75 \times (600 + 4.7)}{2 \times 4.7} = 176.9\text{MPa}$$

Q345R 的屈服强度 $R_{eL} = 345\text{MPa}$（附录 4），则有

$$0.9\phi R_{eL} = 0.9 \times 0.8 \times 345 = 248\text{MPa}$$

可见，$\sigma_T < 0.9\phi R_{eL}$，水压试验时满足强度要求。

9.3 外压圆筒设计

9.3.1 外压容器失稳

外压容器是指容器的外部压力大于内部压力的容器。在石油、化工生产中，处于外压操作的设备是很多的，例如石油分馏中的减压蒸馏塔、多效蒸发中的真空冷凝器、带有蒸汽加热夹套的反应釜以及真空干燥、真空结晶设备等。

当容器承受外压时，与受内压作用一样，也将在筒壁上产生经向和环向应力，其环向应力值仍为 $\sigma_2 = \dfrac{pD}{2\delta}$，但不是拉应力而是压应力。如果压缩应力超过材料的屈服极限或强度极限时，和内压圆筒一样，将发生强度破坏。然而，这种情况极少发生，往往是容器的强度足够却突然失去了原有的形状，筒壁被压瘪或发生褶皱，筒壁的圆环截面一瞬间变成了曲波形。这种在外压作用下，筒体突然失去原有形状的现象称为弹性失稳。容器发生弹性失稳将使容器不能维持正常操作，造成容器失效。

外压圆筒在失稳以前，筒壁内只有单纯的压缩应力，在失稳时，由于突然的变形，在筒壁内产生了以弯曲应力为主的附加应力，而且这种变形和附加应力一直迅速发展到筒体被压瘪或发生褶皱为止，所以外压容器的失稳，实际上是容器筒壁内的应力状态由单纯的压应力平衡跃变为主要受弯曲应力的新平衡。

9.3.2 容器失稳形式

容器的失稳主要分为整体失稳和局部失稳。整体失稳中又分为侧向失稳和轴向失稳。

（1）**侧向失稳** 容器由于均匀侧向外压引起的失稳称为侧向失稳。侧向失稳时壳体横断面由原来的圆形被压瘪而呈现波形，其波形数可以等于两个、三个、四个等，如图 9-14 所示。

视频

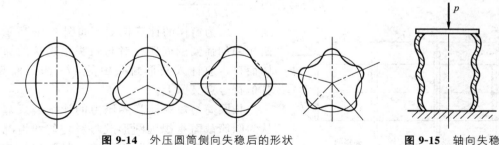

图 9-14 外压圆筒侧向失稳后的形状   **图 9-15** 轴向失稳

（2）**轴向失稳** 如果一个薄壁圆筒承受轴向外压，当载荷达到某一数值时，也会丧失稳定性。在失去稳定时，它仍然具有圆形的环截面，但是破坏了母线的直线性，母线产生了波形，即圆筒发生了褶皱，如图 9-15 所示。

（3）**局部失稳** 容器在支座或其他支撑处以及在安装运输中由于过大的局部外压也可能引起局部失稳。

9.3.3 临界压力计算

导致筒体失稳的外压称为该筒体的临界压力，以 p_{cr} 表示。筒体在临界压力作用下，筒壁内的环向压缩应力称临界应力，以 σ_{cr} 表示。容器所受外压力低于 p_{cr} 时，产生的变形在压力卸除后能恢复其原先的形状，即发生弹性变形；达到或高于 p_{cr} 时，产生的曲波形将是不可能恢复的。

容器在临界压力的载荷作用下产生失稳是它固有的性质，不是由于圆筒不圆或材料不均或其他原因所导致的。每一具体的外压圆筒结构，都客观上对应着一个固有的临界压力值。临界压力的大小与筒体几何尺寸、材质及结构因素有关。

工程上，根据失稳破坏的情况将承受外压的圆筒分为长圆筒、短圆筒和刚性筒三类。

9.3.3.1 长圆筒

当筒体足够长，两端刚性较高的封头对筒体中部的变形不能起到有效支撑作用时，这类圆筒最容易失稳压瘪，出现波形数 $n=2$ 的扁圆形。这种圆筒称为长圆筒。长圆筒的临界压力仅与圆筒的相对厚度 δ_e/D_o 有关，而与圆筒的相对长度 L/D_o 无关。长圆筒的临界压力计算公式为

$$p_{cr}=\frac{2E^t}{1-\mu^2}\left(\frac{\delta_e}{D_o}\right)^3 \tag{9-27a}$$

式中，p_{cr} 为临界压力，MPa；δ_e 为筒体的有效厚度，mm；D_o 为筒体的外直径，mm，$D_o=D_i+2\delta_n$；E^t 为操作温度下圆筒材料的弹性模量，MPa；μ 为材料的泊松比。

对于钢制圆筒，$\mu=0.3$，则式（9-27a）可写为

$$p_{cr}=2.2E^t\left(\frac{\delta_e}{D_o}\right)^3 \tag{9-27b}$$

9.3.3.2 短圆筒

若圆筒两端的封头对筒体变形有约束作用，圆筒失稳破坏的波形数 $n>2$，出现三波、四波等的曲形波，这种圆筒称短圆筒。

短圆筒的临界压力不仅与圆筒的相对厚度 δ_e/D_o 有关，同时也随圆筒的相对长度 L/D_o 而变化。L/D_o 越大，封头的约束作用越小，临界压力越低。短圆筒的临界压力计算公式为

$$p_{cr}=2.59E^t\frac{(\delta_e/D_o)^{2.5}}{L/D_o} \tag{9-28}$$

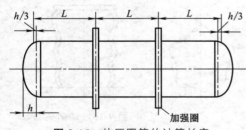

图 9-16 外压圆筒的计算长度

式中，L 为筒体的计算长度，如图 9-16 所示，指两相邻加强圈的间距，对与封头相连接的那段筒体而言，应计入凸形封头中的 1/3 的凸面高度。其他符号意义同上。

长圆筒与短圆筒临界压力的计算公式都是在认为圆筒截面是规则圆形及材料均匀的情况下得到的。即使壳体的形状很精确、材料很均匀，当外压力达到一定数值时，也会失稳。但是，实际使用的筒体都存在一定的圆度，不可能是绝对圆的，所以实际筒体的临界压力将低于由公式计算出来的理论值。壳体的圆度与材料的不均匀性能使其临界压力的数值降低，使失稳提前发生。

9.3.3.3 刚性筒

若筒体较短，筒壁较厚，即 L/D_o 较小，δ_e/D_o 较大，容器的刚性好，不会因失稳而破坏，这种圆筒称为刚性筒。刚性筒破坏是强度破坏，计算时只要满足强度要求即可，其强度校核公式与内压圆筒相同。

9.3.3.4 临界长度

实际的外压圆筒是长圆筒还是短圆筒，可根据临界长度 L_{cr} 来判定。

当圆筒处于临界长度 L_{cr} 时，则用长圆筒公式计算所得的临界压力 p_{cr} 值和用短圆筒公式计算的临界压力 p_{cr} 值应相等。由此得到长、短圆筒的临界长度 L_{cr} 值，即

$$2.2E^t \left(\frac{\delta_e}{D_o}\right)^3 = 2.59E^t \frac{(\delta_e/D_o)^{2.5}}{L/D_o}$$

得：

$$L_{cr} = 1.17D_o \sqrt{\frac{D_o}{\delta_e}} \tag{9-29}$$

当圆筒的长度 $L \geqslant L_{cr}$ 时，p_{cr} 按长圆筒公式计算；当圆筒的长度 $L \leqslant L_{cr}$ 时，p_{cr} 按短圆筒公式计算。

另外，由于公式是按圆筒横截面是规则圆形推演出来的，实际圆筒总存在一定的圆度，公式的使用范围必须要求限制筒体的圆度。

9.3.4 外压圆筒的设计

9.3.4.1 算法概述

外压圆筒计算常遇到两类问题：一类是已知圆筒的尺寸，求它的许用外压 $[p]$；另一类是已给定工作外压，确定所需厚度 δ_e。

(1) 许用外压 式(9-27)和式(9-28)中临界压力的计算是在假定圆筒没有初始圆度条件下推导出来的，而实际上圆筒是存在圆度的。实践表明，许多长圆筒或管子一般压力达到临界压力值的 $1/3 \sim 1/2$ 时就可能会被压瘪。此外，考虑到容器有可能承担大于计算压力的工况，因此，不允许在外压力等于或接近临界压力时进行操作，必须有一定的安全裕度，使许用压力比临界压力小，即

$$[p] = \frac{p_{cr}}{m} \tag{9-30}$$

式中，$[p]$ 为许用外压，MPa；m 为稳定安全系数，取 $m=3$。

稳定安全系数 m 的选取，主要考虑两个因素：一个是计算公式的可靠性；另一个是制造上所能保证的圆度。圆度与 δ_e/D、L/D 有关。对于承受外压及真空容器，沿壳体径向测量的最大正负偏差 e 不得大于由图 9-17 查得的最大允许值。当 D_o/δ_e 与 L/D 的交点位于图 9-17 中任意两条曲线之间时，其最大正负偏差 e 由内插法确定；当 D_o/δ_e 与 L/D 的交点位于图中 $e=1.0\delta_e$ 曲线的上方或 $e=0.2\delta_e$ 曲线的下方时，其最大正负偏差 e 分别不得大于 δ_e 及 $0.2\delta_e$ 值。

(2) 设计外压容器 设计一台外压容器，应该使该容器的许用外压 $[p]$ 小于临界压力 p_{cr}，即稳定条件为

$$p_{cr} \geqslant m[p] \tag{9-31}$$

由于 p_{cr} 或 $[p]$ 都与筒体的几何尺寸（δ_e、D_o、L）有关，通常采用试算法，先假定一个 δ_e，求出相应的 $[p]$，然后比较 $[p]$ 是否大于或接近设计压力 p 以判断假设是否合理。

9.3.4.2 算图

在求解外压圆筒的临界压力时，无论是长圆筒，还是短圆筒，其临界压力计算公式都可归纳成以下形式，即

$$p_{cr} = KE \left(\frac{\delta_e}{D_o}\right)^3 \tag{9-32}$$

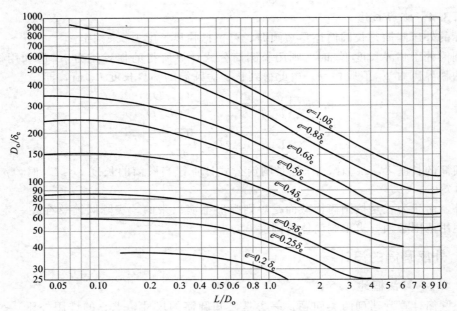

图 9-17 外压圆筒的最大正负偏差图

式中，K 为特征系数，它与圆筒尺寸 L/D_o、δ_e/D_o 有关，即 $K=\phi\left(\dfrac{L}{D_o}, \dfrac{\delta_e}{D_o}\right)$。外压圆筒在临界压力作用下的周向应力为 $\sigma_{cr}=\dfrac{p_{cr}D_o}{2\delta}=\dfrac{1}{2}KE\left(\dfrac{\delta_e}{D_o}\right)^2$，受径向均布外压作用的圆筒在临界压力下的周向应变为 $\varepsilon=\dfrac{\sigma_{cr}}{E}=\dfrac{1}{2}K\left(\dfrac{\delta_e}{D_o}\right)^2=f\left(\dfrac{D_o}{\delta_e}, \dfrac{L}{D_o}\right)$。为了求解方便，将 ε 与圆筒几何参数 D_o/δ_e、L/D_o 的关系绘成曲线，如图 9-18 所示，并在图中以 A 代替 ε，即可进行外压圆筒的设计。

图 9-18 中的上部为垂直线簇，这是长圆筒情况，表明失稳时应变量与圆筒长度 L/D_o 无关；图的下部是倾斜线簇，属短圆筒情况，表明失稳时的应变与 L/D_o、D_o/δ_e 都有关。图中垂直线与倾斜线交接点处所对应的 L/D_o 是临界长度与外径的比。此算图与材料的弹性模量 E 无关，因此，对各种材料的外压圆筒都能适用。

图 9-19～图 9-22 为不同材料的 A-B 关系图，都是外压圆筒的厚度计算图。其中

$$B=\frac{2}{3}E\varepsilon=\frac{2}{3}\sigma, \qquad A=\varepsilon$$

故 A-B 的关系就是 ε 与 $\dfrac{2}{3}\sigma$ 的关系，可以用材料拉伸曲线在纵坐标上按 2/3 取值得到。

由于同类钢材 E 值大致相同，而不同类的钢材 E 值差别较大，因此将屈服限相近钢种的 A-B 关系曲线画在同一张图上（即数种钢材合用一张图）。

由于材料的 E 值及拉伸曲线随温度不同而不同，所以每张图中都有一组与温度对应的曲线，表示该材料在不同温度下的 A-B 关系，称为材料的温度线。每一条 A-B 曲线的形状都与对应温度的 σ-ε 曲线相似，其直线部分表示应力 σ 与应变 ε 成正比，材料处于弹性阶段。这时，E 值可从附录 2 中查出，B 值可通过 $B=\dfrac{2}{3}EA$ 算出，故无需将此直线部分全部画出。图中画出了接近屈服的弹性直线段，而将其余直线部分省略了。

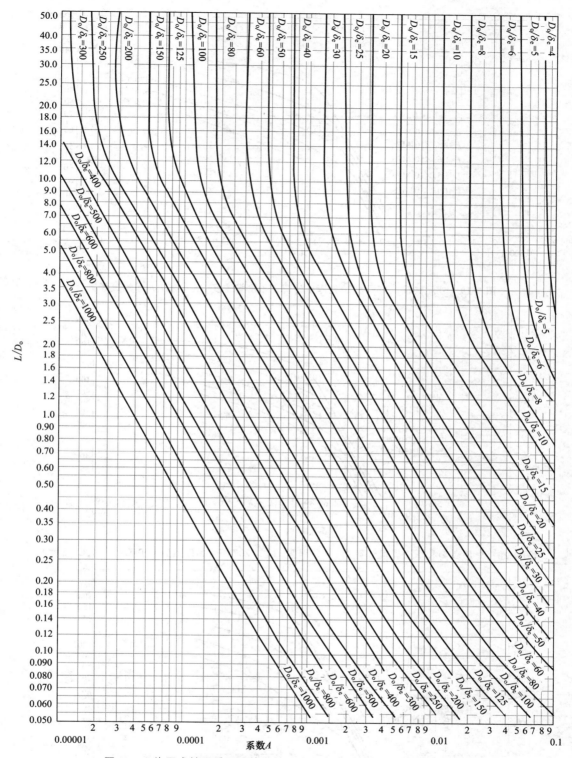

图 9-18 外压或轴压受压圆筒和管子几何参数计算图(用于所有材料)

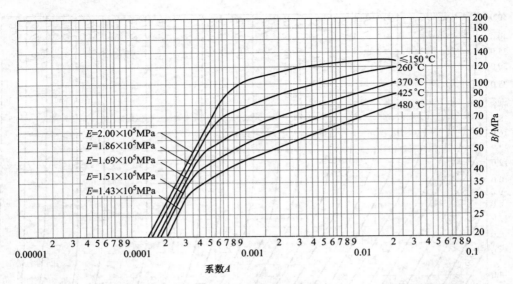

图 9-19 外压圆筒、管子和球壳厚度计算图（屈服强度 $R_{eL}<207\text{MPa}$ 的碳素钢）

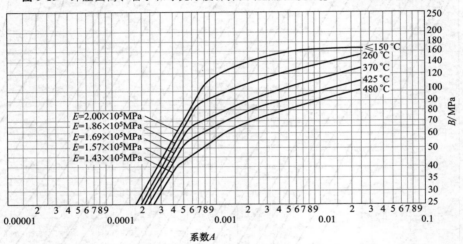

图 9-20 外压圆筒和球壳厚度计算图（屈服强度 $R_{eL}>207\text{MPa}$ 的碳素钢和 06Cr13、12Cr13 钢）

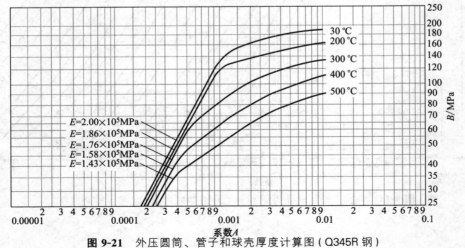

图 9-21 外压圆筒、管子和球壳厚度计算图（Q345R 钢）

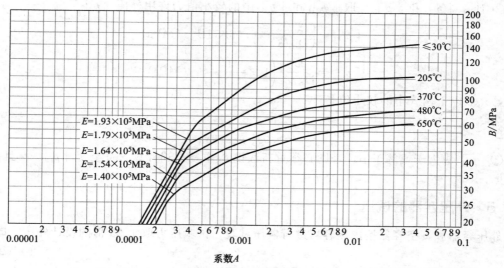

图 9-22 外压圆筒、管子和球壳厚度计算图（06Cr19Ni10 钢）

9.3.4.3 外压圆筒厚度设计方法

利用算图确定外压圆筒厚度的步骤如下。

(1) $D_o/\delta_e \geqslant 20$ 的外压圆筒及外压管

① 假设 δ_n，计算 $\delta_e = \delta_n - C$，定出 L/D_o、D_o/δ_e 值。

② 在图 9-18 的左方找到 L/D_o 值的所在点，由此点向右引水平线与 D_o/δ_e 线相交（遇中间值，则用内插法）。若 $L/D_o > 50.0$，则用 $L/D_o = 50.0$ 查图，若 $L/D_o < 0.050$，则用 $L/D_o = 0.050$ 查图。

③ 由此交点引垂直线向下，在图的下方得到系数 A。

④ 根据所用材料，从图 9-19～图 9-22 中选出适用的一张，在该图下方找到 A 值所在点。

若 A 值落在该设计温度下材料温度曲线的右方，则由此点向上引垂线与设计温度下的材料线相交（遇中间温度值用内插法），再通过此交点向右引水平线，即可由右边读出 B 值，并按式(9-33) 计算许用外压 $[p]$。

$$[p] = \frac{B}{D_o/\delta_e} \tag{9-33}$$

若 A 值处于该设计温度下材料曲线的左方，则用式(9-34) 计算许用外压 $[p]$。

$$[p] = \frac{2AE}{3(D_o/\delta_e)} \tag{9-34}$$

⑤ 比较许用外压 $[p]$ 与设计外压 p。

若 $p \leqslant [p]$，假设的厚度 δ_n 可用，若小得过多，可将 δ_n 适当减小，重复上述计算。

若 $p > [p]$，需增大初设的 δ_n，重复上述计算，直至使 $[p] > p$ 且接近 p 为止。

(2) $D_o/\delta_e < 20$ 的外压圆筒及外压管

① 用与 $D_o/\delta_e \geqslant 20$ 相同的方法得到系数 B，但对 $D_o/\delta_e < 4$ 的圆筒及管子应按式(9-35) 计算系数 A。

$$A = \frac{1.1}{(D_o/\delta_e)^2} \tag{9-35}$$

系数 $A > 0.1$ 时，取 $A = 0.1$。

② 计算 $[p]_1$ 和 $[p]_2$。取 $[p]_1$ 和 $[p]_2$ 中的较小值为许用外压 $[p]$。

$$\begin{cases} [p]_1 = \left(\dfrac{2.25}{D_o/\delta_e} - 0.0625\right)B \quad \text{(MPa)} \\ [p]_2 = \dfrac{2\sigma_o}{D_o/\delta_e}\left(1 - \dfrac{1}{D_o/\delta_e}\right) \quad \text{(MPa)} \end{cases} \quad (9\text{-}36)$$

式中，σ_o 取以下两式中的较小值。

$$\begin{cases} \sigma_o = 2[\sigma]^t \\ \sigma_o = 0.9\sigma_s^t \ \text{或} \ 0.9\sigma_{0.2}^t \end{cases} \quad (9\text{-}37)$$

③ $[p]$ 应大于或等于 p，否则必须重新假设 δ_n 重复上述计算，直至使 $[p]>p$ 且接近 p 为止。

9.3.5 外压容器的试压

外压容器和真空容器按内压容器进行液压试验，试验压力取 1.25 倍的设计外压，即

$$p_T = 1.25p \quad (9\text{-}38)$$

式中，p 为设计外压，MPa；p_T 为试验压力，MPa。

对于带夹套的容器，应在容器液压试验合格后再焊接夹套。夹套的内压试验压力按式(9-23)确定。进行夹套内压试验时，必须事先校核该容器在夹套试压时的稳定性是否足够。如果容器在该试验压力下不能满足稳定性要求，则应在夹套进行液压试验的同时，在容器内保持一定的压力，以便在整个试压过程中，夹套与筒体的压力差不超过设计值。夹套容器内筒如设计压力为正值时，按内压容器试压；如设计压力为负值时，按外压容器进行液压试验。

【例 9-3】 今需制造一台分馏塔，塔的内径为 2000mm，塔身（不包括两端的椭圆形封头）长度为 6000mm，封头深度为 500mm（图 9-23）。分馏塔在 370℃ 及真空条件下操作。现库存有 9mm、12mm、14mm 厚的 Q245R 钢板。试问能否用这三种钢板来制造这台设备。

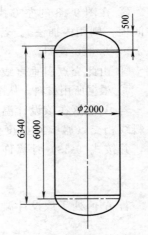

图 9-23 ［例 9-3］附图

解 塔的计算长度

$$L = 6000 + 2 \times \frac{1}{3} \times 500 = 6340\text{mm}$$

厚度为 9mm、12mm、14mm 的钢板，它们的钢板负偏差均为 0.3mm，钢板的腐蚀裕量取 1mm。于是不包括厚度附加量的塔体钢板有效厚度应分别为 7.7mm、10.7mm 和 12.7mm。

当 $\delta_n = 9\text{mm}$ 时

$$\frac{L}{D_o} = \frac{6340}{2000 + 2 \times 9} = 3.14$$

$$\frac{D_o}{\delta_e} = \frac{2018}{7.7} = 262.1$$

查图 9-18，得 $A = 0.000095$。Q245R 钢板的屈服应力 $R_{eL} = 245\text{MPa}$，查图 9-20，A 值所在点落在材料温度线的左方，故

$$B = \frac{2}{3}EA$$

Q245R 钢板 370℃ 时的 $E = 1.69 \times 10^5\text{MPa}$，于是

$$[p] = B\frac{\delta_e}{D_o} = \frac{2}{3} \times 1.69 \times 10^5 \times 9.5 \times 10^{-5} \times \frac{1}{262.1} = 0.041\text{MPa}$$

因为 $[p]$ < 0.1MPa，所以 9mm 钢板不能用。

当 $\delta_n = 12$mm 时

$$\frac{L}{D_o} = \frac{6340}{2000 + 2 \times 12} = 3.132$$

$$\frac{D_o}{\delta_e} = \frac{2024}{10.7} = 189.2$$

查图 9-18，得 $A = 0.00016$。查图 9-20，A 值所在点仍在材料温度线的左方，故

$$[p] = \frac{2}{3} \times 1.69 \times 10^5 \times 1.6 \times 10^{-4} \times \frac{1}{189.2} = 0.095\text{MPa}$$

因为 $[p]$ < 0.1MPa，所以 12mm 钢板也不能用。

当 $\delta_n = 14$mm 时

$$\frac{L}{D_o} = \frac{6340}{2000 + 2 \times 14} = 3.126$$

$$\frac{D_o}{\delta_e} = \frac{2028}{12.7} = 159.7$$

查图 9-18，得 $A = 0.0002$。查图 9-20，A 值所在点仍在材料温度线的左方，故

$$[p] = \frac{2}{3} \times 1.69 \times 10^5 \times 2 \times 10^{-4} \times \frac{1}{159.7} = 0.141\text{MPa}$$

因为 $[p]$ > 0.1MPa，所以，可采用 14mm 厚的 Q245R 钢板制造。

9.3.6 加强圈

上面例题说明，一个内径为 2000mm、全长（包括两端封头）为 7000mm 的分馏塔，要保证它在 0.1MPa 的外压下安全操作，必须采用 14mm 厚的钢板制造，较薄钢板满足不了承受 0.1MPa 外压的要求。这似乎说明较薄钢板不能用来制造承受较高压力的外压容器，工程实际中并非如此，在筒体上装上一定数量的加强圈，利用加强圈对筒壁的支撑作用，可以提高圆筒的临界压力，从而提高其工作外压。

扁钢、角钢、工字钢等都可制作加强圈，如图 9-24 所示。

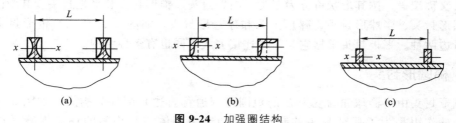

图 9-24 加强圈结构

在设计外压圆筒时，如果加强圈间距已选定，则可按上述图算法确定出筒体的厚度；如果筒体的 D_o/δ_e 已确定，为了保证筒体能够承受设计的外压，可从式(9-39)解出加强圈最大间距。

$$L = \frac{2.59ED_o \left(\frac{\delta_e}{D_o}\right)^{2.5}}{mp} \qquad (9-39)$$

加强圈的实际间距如小于或等于式(9-39)算出的间距，表明该圆筒能安全承受设计压力。

加强圈可设置在容器的内部或外部，加强圈与筒体之间可采用连续的或间断的焊接。当

加强圈设置在容器的外面时，加强圈每侧间断焊接的总长度不应小于圆筒外圆周长的 1/2；当设置在容器的里面时，焊缝总长度不应小于内圆周长的 1/3。间断焊接的最大间距，对外加强圈，不能大于筒体名义厚度的 8 倍；对内加强圈，不能大于筒体名义厚度的 12 倍。

为保证强度，加强圈不能任意削弱或割断。对于设置在筒体外部的加强圈，这是比较容易做到的，但是对设置在内壁的加强圈，有时就不能满足这一要求，如水平容器中的加强圈，必须开排液小孔。允许割开或削弱而不需补强的最大弧长间断值，可由图 9-25 查出。

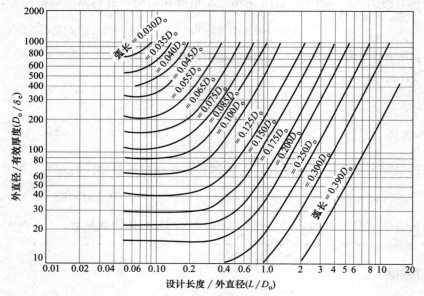

图 9-25 圆筒上加强圈允许的间断弧长值

9.4 封头的设计

封头又称端盖，按其形状可分为三类：凸形封头、锥形封头和平板封头。其中凸形封头包括椭圆形封头、半球形封头、碟形封头和球冠形封头，如图 9-26 所示。锥形封头分为无折边与折边两种。平板封头根据它与筒体连接方式不同也有多种结构。

9.4.1 椭圆形封头

椭圆形封头由半椭球和高度为 h 的短圆筒（通称直边）两部分构成，如图 9-26(a) 所示。直边的作用是为了保证封头的制造质量和避免筒体与封头间的环向焊缝受边缘应力作用。

由 9.2 节可知，虽然椭圆形封头各点曲率半径不一样，但变化是连续的，受内压时，薄膜应力分布没有突变。

9.4.1.1 受内压的椭圆形封头
受内压的椭圆形封头的计算厚度按式(9-40)确定。

$$\delta = \frac{Kp_c D_i}{2[\sigma]^t \phi - 0.5 p_c} \tag{9-40}$$

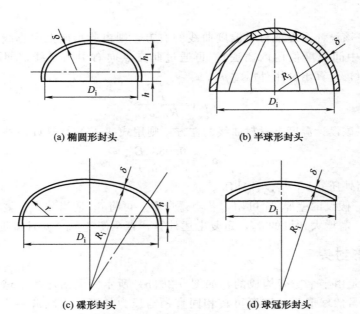

(a) 椭圆形封头　　　　　　　　　　　(b) 半球形封头

(c) 碟形封头　　　　　　　　　　　　(d) 球冠形封头

图 9-26　封头的结构形式

式中，K 为椭圆形封头形状系数。长短轴的比值为 2 的椭圆形封头称为标准椭圆形封头，此时 $K=1$。它的壁厚计算公式为

$$\delta=\frac{p_{c}D_{i}}{2[\sigma]^{t}\phi-0.5p_{c}} \tag{9-41}$$

当封头是由整块钢板冲压时，ϕ 值取为 1。比较式(9-41)与筒体设计壁厚计算公式 [式(9-15)]，如果忽略分母上的微小差异，两个公式完全一样，因此，大多数椭圆形封头壁厚取为与筒体相同，或是比筒体稍厚。另外，在设计椭圆形封头时，封头的有效壁厚 δ_{e} 取值：对标准椭圆形封头应不小于封头内径的 0.15%。

椭圆形封头的最大允许工作压力按式(9-42)计算。

$$[p]=\frac{2[\sigma]^{t}\phi\delta_{e}}{KD_{i}+0.5\delta_{e}} \tag{9-42}$$

标准椭圆形封头的直边高度由表 9-8 确定。

表 9-8　标准椭圆形封头的直边高度 h　　　　　　　　　　　单位：mm

项目	碳素钢、普通低合金钢、复合钢板			不锈钢、耐酸钢		
封头壁厚	4～8	10～18	≥20	3～9	10～18	≥20
直边高度	25	40	50	25	40	50

9.4.1.2　受外压（凸面受压）的椭圆形封头

受外压的椭圆形封头的厚度设计，计算步骤如下。

① 假设 δ_{n}，计算 $\delta_{e}=\delta_{n}-C$，算出 R_{o}/δ_{e}。其中 R_{o} 为椭圆形封头的当量球壳外半径，$R_{o}=K_{1}D_{o}$。K_{1} 为由椭圆形长短轴比值决定的系数，标准椭圆形封头 $K_{1}=0.9$。

② 计算系数

$$A=\frac{0.125}{R_{o}/\delta_{e}} \tag{9-43}$$

③ 根据所用材料，从图 9-19～图 9-22 中选出适用的一张，在该图下方找到 A 值所

在点。

若 A 值落在该设计温度下材料温度曲线的右方，则由此点向上引垂线与设计温度下的材料线相交（遇中间温度值用内插法），再通过此交点向右引水平线，即可由右边读出 B 值，并按式（9-44）计算出许用外压 $[p]$。

$$[p]=\frac{B}{R_o/\delta_e}\qquad(9\text{-}44)$$

若 A 值落在该设计温度下材料曲线的左方，则用式（9-45）计算许用外压 $[p]$。

$$[p]=\frac{0.0833E}{(R_o/\delta_e)^2}\qquad(9\text{-}45)$$

④ 比较许用外压 $[p]$ 与设计外压 p。

若 $p\leqslant[p]$，假设的壁厚 δ_n 可用，若小得过多，可将 δ_n 适当减小，重复上述计算。

若 $p>[p]$，需增大初设的 δ_n，重复上述计算，直至使 $[p]>p$ 且接近 p 为止。

9.4.2 半球形封头

半球形封头是由半个球壳构成的，如图 9-26（b）所示。受内压的半球形封头的计算壁厚与球壳相同。虽然球形封头壁厚可较相同直径与压力的圆筒壳减薄一半，但在实际工作中，为了焊接方便以及降低边界处的边缘压力，半球形封头常和筒体取相同的厚度。

受外压的半球形封头的厚度设计，计算步骤同椭圆形封头。

9.4.3 碟形封头

碟形封头又称带折边球形封头，由三部分构成：以 R_i 为半径的球面、以 r 为半径的过渡圆弧（即折边）和高度为 h 的直边，如图 9-26（c）所示。球面半径越大，折边半径越小，封头的深度将越浅，这对于加工成型有利。但是考虑到球面部分与过渡区连接处的局部高应力，规定碟形封头球面部分的半径一般不大于筒体内径，而折边内半径 r 在任何情况下均不得小于筒体内径的 10%，且应不小于 3 倍封头名义壁厚。

$R_i=0.9D_i$、$r=0.17D_i$ 的碟形封头，称为标准碟形封头。其有效厚度应不小于封头内径的 0.15%。其他碟形封头的有效厚度应不小于 0.30%。

由于在相同受力条件下，碟形封头的壁厚比相同条件下的椭圆形封头壁厚要大些，而且碟形封头存在应力不连续，因此没有椭圆形封头应用广泛。

受外压的碟形封头，设计步骤与椭圆形封头设计步骤相同，仅是 R_o 为碟形封头球面部分外半径。

9.4.4 球冠形封头

为了进一步降低凸形封头的高度，将碟形封头的直边及过渡圆弧部分去掉，只留下球面部分。并把它直接焊在筒体上，这就构成了球冠形封头，如图 9-26（d）所示。这种封头也称为无折边球形封头。

9.4.5 锥形封头

锥形封头广泛应用于许多化工设备（如蒸发器、喷雾干燥器、结晶器及沉降器等）的底盖，它的优点是便于收集与卸除这些设备中的固体物料。此外，有一些塔设备上、下部分的直径不等，也常用锥形壳体将直径不等的两段塔体连接起来，这时的圆锥形壳体称为变径段。

锥形封头的结构如图 9-27 所示。对应于无折边和折边封头，关于锥形封头的折边设置要求见表 9-9。

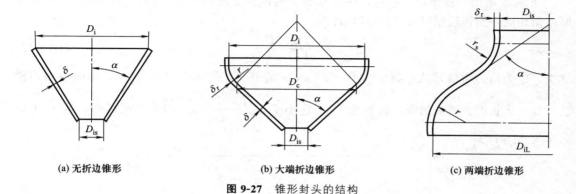

(a) 无折边锥形   (b) 大端折边锥形   (c) 两端折边锥形

图 9-27　锥形封头的结构

表 9-9　锥形封头的折边设置要求

位置 ＼ 半顶角 α	≤30°	≤45°	≤60°	>60°
锥壳大端	允许无折边	应有折边($r≥10\%D_{iL}$且$≥3\delta_r$)		按平盖（或应力分析）
锥壳小端	允许无折边		应有折边（$r_s≥5\%D_{is}$且$≥3\delta_r$）	

9.4.5.1　无折边锥形封头

无折边锥形封头或锥形筒体适用于锥壳半顶角 $α≤30°$的情况。

(1) 锥壳大端　其与圆筒连接时，应按以下步骤确定连接处锥壳大端的厚度。

① 以 $p_c/([\sigma]^t\phi)$ 与半顶角 $α$ 的值，查图 9-28：当其交点位于曲线上方时，不必局部加强；当其交点位于曲线下方时，则需要局部加强。

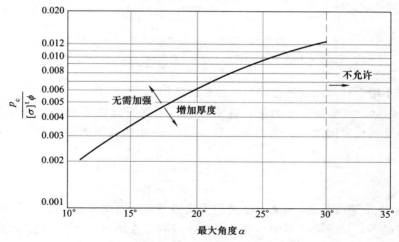

图 9-28　确定锥壳大端连接处的加强曲线

注：曲线按最大应力强度（主要为轴向弯曲应力）绘制，控制值为$3[\sigma]^t$。

② 无需加强时，锥壳大端壁厚按式(9-46)计算。

$$\delta = \frac{p_c D_i}{2[\sigma]^t \phi - p_c} \times \frac{1}{\cos\alpha} \tag{9-46}$$

③ 需要增加厚度予以加强时，则应在锥壳与圆筒之间设置加强段，锥壳和圆筒加强段厚度需相同，加强段壁厚按式（9-47）计算。

$$\delta_r = \frac{Q p_c D_i}{2[\sigma]^t \phi - p_c} \tag{9-47}$$

式中，Q 为应力增值系数，与 $p_c/([\sigma]^t\phi)$ 及 α 值有关，可由图 9-29 查出，中间值用内插法。加强区长度：锥壳加强段的长度 L_1 不应小于 $2\sqrt{\dfrac{0.5D_i\delta_r}{\cos\alpha}}$；圆筒加强段的长度 L 不应小于 $2\sqrt{0.5D_i\delta_r}$。

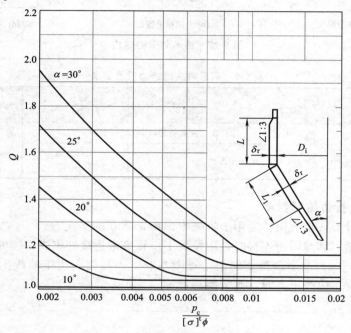

图 9-29 锥壳大端连接处的 Q 值
注：曲线按最大应力强度（主要为轴向弯曲应力）绘制，控制值为 $3[\sigma]^t$。

（2）锥壳小端 其与圆筒连接时，其壁厚设计如下。

以 $p_c/([\sigma]^t\phi)$ 与半顶角 α 的值，查图 9-30，当其交点位于曲线上方时，不必局部加强。计算壁厚 δ 的计算同大端。当其交点位于图 9-30 中曲线下方时，则需要局部加强，其计算壁厚为

$$\delta_r = \frac{Q p_c D_{is}}{2[\sigma]^t \phi - p_c} \tag{9-48}$$

式中，D_{is} 为锥体小端内直径，mm；Q 为应力增值系数，由图 9-31 查出。

在任何情况下，加强段的厚度不得小于相连接的锥壳厚度。锥壳加强段的长度 L_1 不应小于 $\sqrt{\dfrac{D_{is}\delta_r}{\cos\alpha}}$；圆筒加强段的长度 L 不应小于 $\sqrt{D_{is}\delta_r}$。

（3）无折边锥壳的厚度 当无折边锥壳的大端或小端，或大、小端同时具有加强段时，应分别按式（9-46）~式（9-48）确定锥壳各部分厚度。若整个锥形封头采用同一厚度时，应

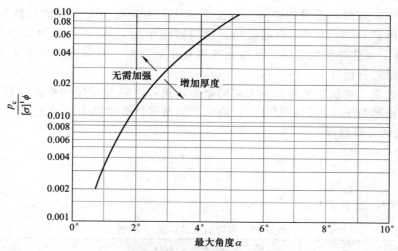

图 9-30 确定锥壳小端连接处的加强曲线

注：曲线按连接处每侧 $0.25\sqrt{0.5D_{is}\delta_r}$ 范围内的薄膜应力强度（由平均
环向拉应力和平均径向压应力计算所得）绘制，控制值为 $1.1[\sigma]^t$。

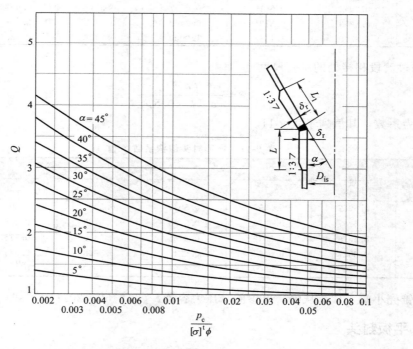

图 9-31 锥壳小端连接处的 Q 值

注：曲线按连接处每侧 $0.25\sqrt{0.5D_{is}\delta_r}$ 范围内的薄膜应力强度（由平均
环向拉应力和平均径向压应力计算所得）绘制，控制值为 $1.1[\sigma]^t$。

取上述各部分厚度中的最大值作为封头的厚度。

9.4.5.2 折边锥形封头

采用带折边锥壳作为封头或变径段可以降低转角处的应力集中。当锥壳大端的半顶角
$\alpha > 30°$ 时，应采用带过渡段的折边结构。否则应按应力分析的方法进行设计。对于锥壳小

端，当半顶角 $\alpha>45°$ 时，需采用带折边的锥形封头。大端折边锥壳过渡段转角半径 r 应不小于封头大端内径 D_i 的 10%，小端折边过渡段转角半径 r_s 应不小于封头小端内径 D_{is} 的 5%，且均不小于锥体厚度的 3 倍。当锥壳半顶角 $\alpha>60°$ 时，其厚度可按平盖计算，也可按应力分析的方法进行设计。

（1）锥壳大端 带折边锥形封头大端的壁厚，按过渡段与相接处锥体两部分分别计算。当整个带折边锥形封头采用同一厚度时，应取下述两式计算结果中的较大值。

① 过渡段的计算壁厚

$$\delta=\frac{Kp_cD_i}{2[\sigma]^t\phi-0.5p_c} \tag{9-49}$$

式中，K 为系数，查表 9-10。

表 9-10　锥形封头结构系数 K 值

α	R/D_i					
	0.10	0.15	0.20	0.30	0.40	0.50
10°	0.6644	0.6111	0.5789	0.5403	0.5168	0.5000
20°	0.6956	0.6357	0.5986	0.5522	0.5223	0.5000
30°	0.7544	0.6819	0.6357	0.5749	0.5329	0.5000
45°	0.9253	0.8181	0.7440	0.6402	0.5635	0.5000
60°	1.3500	1.1433	1.0000	0.7923	0.6337	0.5000

② 与过渡段相接处的锥壳厚度

$$\delta=\frac{fp_cD_i}{[\sigma]^t\phi-0.5p_c} \tag{9-50}$$

式中，f 为系数，其值列于表 9-11。

表 9-11　锥形封头结构系数 f 值

α	R/D_i					
	0.10	0.15	0.20	0.30	0.40	0.50
10°	0.5062	0.5055	0.5047	0.5032	0.5017	0.5000
20°	0.5257	0.5225	0.5193	0.5128	0.5064	0.5000
30°	0.5619	0.5542	0.5465	0.5310	0.5155	0.5000
45°	0.6657	0.6450	0.6243	0.5828	0.5414	0.5000
60°	0.9000	0.8500	0.8000	0.7000	0.6000	0.5000

（2）锥壳小端 计算从略，可参阅《压力容器》（GB 150—2011）。

9.4.6　平板封头

平板封头是化工设备常用的一种封头。平板封头的几何形状有圆形、椭圆形、长圆形、矩形和方形等，最常用的是圆形平板封头。根据薄板理论，受均布载荷的平板，最大弯曲应力 σ_{max} 与 $(R/\delta)^2$ 成正比，而薄壳的最大拉（压）应力 σ_{max} 与 (R/δ) 成正比。因此，在相同的 (R/δ) 和受载条件下，薄板的所需厚度要比薄壳大得多，即平板封头要比凸形封头厚得多。但是，由于平板封头结构简单、制造方便，在压力不高、直径较小的容器中，采用平板封头比较经济简便。而承压设备的封头一般不采用平形，只是压力容器的人孔、手孔以及在操作时需要用盲板封闭的地方，才用平板盖。

另外，在高压容器中，平板封头用得较为普遍。这是因为高压容器的封头很厚，直径又相对较小，凸形封头的制造较为困难。

平板封头按式（9-51）计算壁厚。

$$\delta_p = D_c \sqrt{\frac{K p_c}{[\sigma]^t \phi}} \tag{9-51}$$

式中，δ_p 为平板封头的计算壁厚，mm；D_c 为计算直径（表 9-12 中图例所示），mm；p_c 为计算压力，MPa；ϕ 为焊接接头系数；K 为与平板结构有关的结构特征系数，见表9-12；$[\sigma]^t$ 为材料在设计温度下的许用应力，MPa。

表 9-12　平板封头结构特征系数 K

固定方法	序号	简图	结构特征系数 K	备注
与圆筒一体或对焊	1		0.145	仅适用于圆形平盖 $p_c \leqslant 0.6\text{MPa}$ $L \geqslant 1.1\sqrt{D_i \delta_e}$ $r \geqslant 3\delta_{ep}$
角焊缝或组合焊缝连接	2		圆形平盖：$0.44m\,(m=\delta/\delta_e)$，且不小于 0.3 非圆形平盖：0.44	$f \geqslant 1.4\delta_e$
	3			$f \geqslant \delta_e$
	4		圆形平盖：$0.5m\,(m=\delta/\delta_e)$，且不小于 0.3 非圆形平盖：0.5	$f \geqslant 0.7\delta_e$
	5			$f \geqslant 1.4\delta_e$

固定方法	序号	简图	结构特征系数 K	备注
锁底对接焊缝	6		$0.44m\ (m=\delta/\delta_e)$，且不小于 0.3	仅适用于圆形平盖，且 $\delta_1 \geqslant \delta_e + 3mm$
	7		0.5	
螺栓连接	8		圆形平盖或非圆形平盖：0.25	
螺栓连接	9		圆形平盖： 操作时 $0.3 + \dfrac{1.78WL_G}{p_c D_c^3}$； 预紧时 $\dfrac{1.78WL_G}{p_c D_c^3}$ 非圆形平盖： 操作时 $0.3Z + \dfrac{6WL_G}{p_c La^2}$ 预紧时 $\dfrac{6WL_G}{p_c La^2}$ W——螺栓设计载荷，N	$Z = 3.4 - 2.4\dfrac{a}{b}$，且 $Z \leqslant 2.5$ a——非圆形平盖的短轴长度，mm b——非圆形平盖的长轴长度，mm Z——非圆形平盖的形状系数
	10			

【例 9-4】 试确定【例 9-2】所给精馏塔封头形式与尺寸。该塔内径 $D_i = 600mm$，壁厚 $\delta_n = 7mm$，材质为 Q345R，设计压力 $p_c = 2.2MPa$，工作温度 $t = -3 \sim 20℃$。

解 从工艺操作要求考虑，对封头形状无特殊要求。球冠形封头、平板封头都存在较大的边缘应力，且采用平板封头厚度较大，故不宜采用。理论上应对各种凸形封头进行计算、比较后，再确定封头形式。但由定性分析可知：半球形封头受力最好、壁厚最薄、重量轻，但深度大，制造较难，中、低压小设备不宜采用；碟形封头的深度可通过过渡半径 r 加以调节，适合于加工，但由于碟形封头母线曲率不连续，存在局部应力，故受力不如椭圆形封头；标准椭圆形封头制造比较容易，受力状况比碟形封头好，故可采用标准椭圆形封头。

依题可知，$p_c = 2.2MPa$；$D_i = 600mm$；$[\sigma]^{20} = 170MPa$；$\phi = 1.0$（整体冲压）；$C_2 =$

1.0mm。代入椭圆形封头壁厚计算公式，得椭圆形封头壁厚

$$\delta_d = \frac{p_c D_i}{2[\sigma]^t \phi - 0.5 p_c} + C_2 = \frac{2.2 \times 600}{2 \times 170 \times 1 - 0.5 \times 2.2} + 1.0 = 4.9 \text{mm}$$

考虑钢板厚度负偏差，取 $C_1 = 0.3 \text{mm}$，圆整后用 $\delta_n = 5.5 \text{mm}$ 钢板。

【例 9-5】 一不锈钢反应釜，操作压力 1.2MPa，釜体内径 1.2m，为便于出料，釜体下部为一带折边锥底，其半顶角为 45°。出料管公称直径为 200mm，釜壁温度为 300℃。试确定该锥底的壁厚及接口管尺寸。

解 由于半顶角 $\alpha > 30°$，所以锥体大端采用带折边的结构。折边内半径 $r = 0.15 D_i$，$D_i = 180 \text{mm}$。整个封头取同一厚度。其中 $f = 0.6450$（表 9-11）；$p_c = 1.3 \times 1.2 = 1.6$（MPa）（防爆膜防爆）；$D_i = 1200 \text{mm}$；$[\sigma]^{300} = 78 \text{MPa}$；$\phi = 1.0$（双面对接焊，全部无损探伤）；$C_2 = 0 \text{mm}$（不锈钢）。

与过渡段相接处锥壳厚度按式(9-50)计算：

$$\delta_d = \frac{f p_c D_i}{[\sigma]^t \phi - 0.5 p_c} + C_2 = \frac{0.6450 \times 1.6 \times 1200}{78 - 0.5 \times 1.6} + 0 = 16.04 \text{mm}$$

过渡段壁厚按式(9-49)计算：

$$\delta_d = \frac{K p_c D_i}{2[\sigma]^t \phi - 0.5 p_c} + C_2 = \frac{0.8181 \times 1.6 \times 1200}{2 \times 78 - 0.5 \times 1.6} + 0 = 10.12 \text{mm}$$

两者比较后，取 $\delta_d = 16.04 \text{mm}$。考虑钢板厚度负偏差，取 $C_1 = 0.3 \text{mm}$，故采用 $\delta_n = 16.5 \text{mm}$ 的不锈钢板制造。

锥底接管 $DN = 200 \text{mm}$，其外径 $d = 219 \text{mm}$，故锥底小端直径 D_{is} 取 222mm。

接管加强段厚度取与锥体同厚，$\delta = 16.5 \text{mm}$，加强段长度 l 按下式计算：

$$l = \sqrt{0.5 D_{is} \delta} = \sqrt{0.5 \times 222 \times 16.5} = 42.8 \text{mm}$$

● **思考题**

9-1 压力容器按照压力、温度、监察管理各是怎样分类的？

9-2 钢板卷制的筒体和成型封头的公称直径指的是哪个直径？无缝钢管制作筒体时，公称直径指的是哪个直径？

9-3 受气体内压作用的球壳和椭球壳中的薄膜应力各有何特点？

9-4 无力矩理论的适用条件是什么？

9-5 边缘应力的特点是什么？

9-6 为什么工厂中常见的高压容器通常都是细长的圆筒形？

9-7 比较半球形封头、椭圆形封头、碟形封头的受力情况。

9-8 外压圆筒的失稳形式有哪些？

9-9 影响外压圆筒临界压力的因素有哪些？

9-10 外压圆筒上设置加强圈的目的是什么？

第 10 章

容器零部件设计

10.1 法兰连接

在石油、化工设备和管道中，由于生产工艺的要求，或者为制造、运输、安装、检修方便，常采用可拆卸的连接结构。常见的可拆卸结构有法兰连接、螺纹连接和承插式连接。采用可拆卸连接之后，确保接口密封的可靠性，是保证化工装置正常运行的必要条件。由于法兰连接有较好的强度和紧密性，适用的尺寸范围宽，在设备和管道上都能应用，所以应用最普遍，但法兰连接时，不能很快地装配与拆卸，制造成本较高。

设备法兰与管法兰均已制定出标准。在很大的公称直径和公称压力范围内，法兰规格尺寸都可以从标准中查到，只有少量超出标准规定范围的法兰，才需进行设计计算。

10.1.1 法兰连接结构与密封原理

法兰连接结构是一个组合件，是由一对法兰，若干螺栓、螺母和一个垫片所组成。图10-1(a) 是管法兰连接整体结构装配图，图10-1(b) 是设备法兰的剖面图。在实际应用中，压力容器由于连接件或被连接件的强度破坏所引起法兰密封失效是很少见的，较多的是因为密封不好而泄漏。故法兰连接的设计中主要解决的问题是防止介质泄漏。

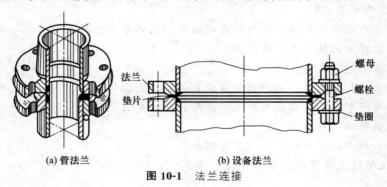

(a) 管法兰　　　　　(b) 设备法兰

图 10-1 法兰连接

法兰密封的原理是，法兰在螺栓预紧力的作用下，把处于压紧面之间的垫片压紧。施加于单位面积上的压力（压紧应力）必须达到一定的数值才能使垫片变形而被压实，压紧面上由机械加工形成的微隙被填满，形成初始密封条件。所需的这个压紧应力称为垫片密封比压力，以 y 表示，单位为 MPa。密封比压力主要决定于垫片材质。显然，当垫片材质确定后，垫片越宽，为保证应有的比压力，垫片所需的预紧力就越大，从而螺栓和法兰的尺寸也要求越大，所以法兰连接中垫片不应过宽，更不应该把整个法兰面都铺满垫片。当设备或管道在工作状态时，介质内压形成的轴向力使螺栓被拉伸，法兰压紧面沿着彼此分离的方向移动，降低了压紧面与垫片之间的压紧应力。如果垫片具有足够的回弹能力，使压缩变形的回复能补偿螺栓和密封面的变形，而使预紧密封比压值至少降到不小于某一值（这个比压值称为工作密封比压），则法兰压紧面之间能够保持良好的密封状态。反之，垫片的回弹力不足，预紧密封比压下降到工作密封比压以下，甚至密封处重新出现缝隙，则此密封失效。因此，为了实现法兰连接处的密封，必须使密封组合件各部分的变形与操作条件下的密封条件相适应，即使密封元件在操作压力作用下，仍然保持一定的残余压紧力。为此，螺栓和法兰都必须具有足够大的强度和刚度，使螺栓在容器内压形成的轴向力作用下不发生过大的变形。

10.1.2　法兰的分类

法兰按整体性程度分为：整体法兰和松套法兰。

（1）整体法兰　法兰、法兰颈部及设备或接管能有效地连接成一整体结构时称为整体法兰。常见的整体法兰有两种。

① 平焊法兰。如图 10-2(a)、(b) 所示，法兰盘焊接在设备筒体或管道上，制造容易，应用广泛，但刚性较差。法兰受力后，法兰盘的矩形截面发生微小转动，如图 10-3 所示，与法兰相连接的筒壁或管壁随着发生弯曲变形，于是在法兰附近筒壁的截面上，将产生附加的弯曲应力。所以平焊法兰适用的压力范围较低（$PN < 4.0\text{MPa}$）。

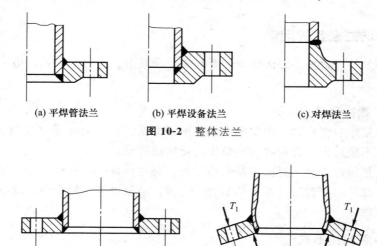

(a) 平焊管法兰　　　(b) 平焊设备法兰　　　(c) 对焊法兰

图 10-2　整体法兰

(a) 受力前　　　　　　　(b) 受力后

图 10-3　法兰在外力作用下的变形

② 对焊法兰。如图 10-2(c) 所示，对焊法兰又称高颈法兰或长颈法兰，颈的存在提高了法兰的刚性，同时由于颈的根部厚度比筒体厚，所以降低了根部的弯曲应力。此外，法兰与筒体（或管壁）的连接是对接焊缝，比平焊法兰的角焊缝强度好，故对焊法兰适用于压力、温度较高或设备直径较大的场合。

（2）松套法兰　其特点是法兰不能有效地与容器或管道连接成一整体，如图 10-4 所示，因此，不具有整体式连接的同等强度。由于法兰盘可以采用与设备或管道不同的材料制造，因而这种法兰适用于铜制、铝制、陶瓷、石墨及非金属材料的设备或管道上。另外，这种法兰受力后不会对筒体或管道产生附加的弯曲应力，这也是它的一个优点，但一般只适用于压力较低的场合。

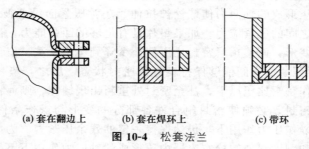

(a) 套在翻边上　　　(b) 套在焊环上　　　(c) 带环

图 10-4　松套法兰

法兰的形状，除常见的圆形以外，还有方形与椭圆形，如图 10-5 所示。方形法兰有利于把管子排列紧凑。椭圆形法兰通常用于阀门和小直径的高压管上。

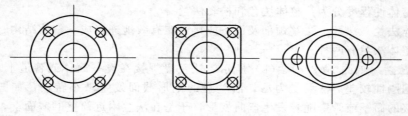

图 10-5　各种形状的法兰

10. 1. 3　影响法兰密封的因素

影响法兰密封的因素是多方面的，主要有螺栓预紧力、密封面形式、垫片性能及法兰刚度和操作条件等。

10. 1. 3. 1　螺栓预紧力

螺栓预紧力是影响密封的一个重要因素。预紧力必须使垫片压紧并实现初始密封条件。同时，预紧力也不能过大，否则将会使垫片被压坏或挤出。

由于预紧力是通过法兰密封面传递给垫片的，要达到良好的密封，必须使预紧力均匀地作用于垫片。因此，当密封所需要的预紧力一定时，采取增加螺栓个数、减小螺栓直径的办法对密封是有利的。

10. 1. 3. 2　密封面形式

法兰连接的密封性能与密封面形式有直接关系，所以要合理选择密封面的形状。法兰密封面形式的选择，主要考虑压力、温度、介质。压力容器和管道中常用的法兰密封面形式如图 10-6 所示。

（1）**突面（RF）**　这种密封面的表面是一个光滑的平面［图 10-6（a）］，有时在平面上车制 2～3 条环形沟槽。这种密封面结构简单，加工方便，且便于进行防腐衬里，但是，这种密封面垫片接触面积较大，预紧时垫片容易往两边挤，不易压紧。

（2）**凹凸面（MFM）**　这种密封面由一个凸面和一个凹面相配合组成［图 10-6（b）］，在凹面上放置垫片，能够防止垫片被挤出，故可适用于压力较高的场合。

（3）**榫槽面（TG）**　这种密封面是由榫和槽所组成的［图 10-6（c）］，垫片置于槽中，不会被挤动。垫片可以较窄，因而压紧垫片所需的螺栓力也就相应较小。即使用于压力较高之

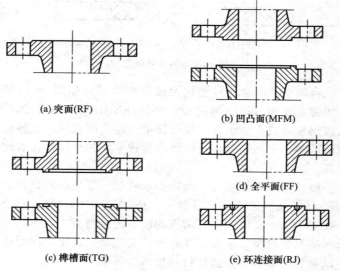

(a) 突面(RF)

(b) 凹凸面(MFM)

(d) 全平面(FF)

(c) 榫槽面(TG)

(e) 环连接面(RJ)

图 10-6 法兰密封面形式

处，螺栓尺寸也不致过大。因而，它比以上两种密封面均易获得良好的密封效果。这种密封面的缺点是结构与制造比较复杂，更换挤在槽中的垫片比较困难。此外，榫面部分容易损坏，在拆装或运输过程中应加以注意。榫槽密封面适于易燃、易爆、有毒的介质以及较高压力的场合。当压力不大时，即使直径较大，也能很好地密封。

（4）**全平面（FF）与环连接面（RJ）** 全平面密封［图 10-6(d)］适合于压力较小的场合（$PN \leqslant 1.6\text{MPa}$）。环连接面密封［图 10-6(e)］主要用在带颈对焊法兰与整体法兰上，适用压力范围为 $6.3\text{MPa} \leqslant PN \leqslant 25.0\text{MPa}$。

（5）**其他类型密封面** 对于高压容器和高压管道的密封，密封面可采用锥形密封面（图 10-7）或梯形槽密封面（图 10-8），它们分别与球面金属垫片（透镜垫片）和椭圆形或八角形截面的金属垫片配合。这些密封面可适用于压力较高的场合，但需要的尺寸精度和表面粗糙度要求高，不易加工。

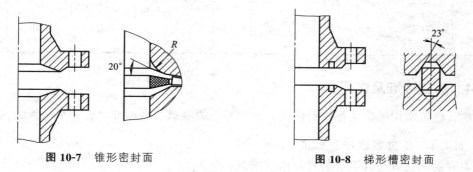

图 10-7 锥形密封面   **图 10-8** 梯形槽密封面

10.1.3.3 垫片性能

垫片是构成密封的重要元件，适当的垫片变形和回弹能力是形成密封的必要条件。

最常用的垫片可分为非金属、金属、非金属与金属混合制的垫片。

非金属垫片材料有橡胶石棉板、聚四氟乙烯等，如图 10-9(a) 所示，这些材料的优点是柔软。其耐温度和压力的性能较金属垫片差，通常只适用于常、中温和中、低压设备和管道的法兰密封。

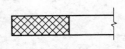 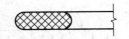 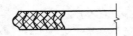 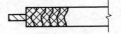

| (a) 非金属软垫片 | (b) 金属包垫片 | (c) 不带定位圈的缠绕垫片 | (d) 带定位圈的缠绕垫片 |

图 10-9 垫片断面形状

金属与非金属混合制垫片有金属包垫片及缠绕垫片等，如图 10-9（b）、（c）和（d）所示。金属包垫片是用薄金属板（镀锌薄钢板、06Cr19Ni10 等）将非金属包起来制成的；金属缠绕垫片是薄低碳钢带（或合金钢带）与石棉带一起绕制而成。这种缠绕式垫片有不带定位圈的和带定位圈的两种。金属包垫片及缠绕垫片较单纯的金属垫片有较好的性能，适应的温度与压力范围较高。

金属垫片材料一般并不要求强度高，而是要求软韧。常用的是软铝、紫铜、铁（软钢）、蒙耐尔合金（含 Ni67%～68%，Cu27%～29%，Fe2%～3%，Mn1.2%～1.8% 等）和不锈钢等。金属垫片主要用于中、高温和中、高压的法兰连接密封。

垫片材料的选择应根据温度、压力以及介质的腐蚀情况决定，同时还要考虑密封面的形式、螺栓力的大小以及装卸要求等，垫片材料选用参见表 10-1。

表 10-1　法兰、垫片、螺柱、螺母材料匹配表

法兰类型	垫片		匹配	法兰		匹配	螺柱与螺母		
	种类	适用温度范围/℃		材料	适用温度范围/℃		螺柱材料	螺母材料	适用温度范围/℃
甲型法兰	非金属软垫片	橡胶 −20～200	可选配右列法兰材料	板材 GB/T 3274 Q235B、C	Q235B:20～300 Q235C:0～300	可选配右列螺母材料	20	15	−20～350
		石棉橡胶 −40～300		板材 GB 713 Q245R Q345R	−20～450		35	20	0～350
		聚四氟乙烯 −50～100							
		柔性石墨 −240～650						25	0～350
乙型法兰与长颈法兰	非金属软垫片	橡胶 −20～200	可选配右列法兰材料	板材 GB/T 3274 Q235B、C	Q235B:20～300 Q235C:0～300	选定右列螺柱材料后选定螺母材料	35	20 25	0～350
		石棉橡胶 −40～300		板材 GB 713 Q245R Q345R	−20～450		GB/T 3077 40MnB 40Cr 40MnVB	45 40Mn	0～400
		聚四氟乙烯 −50～100							
		柔性石墨 −240～650		锻件 NB/T 47008 20 16Mn	−20～450				

10.1.4　法兰标准及选用

石油、化工常用的法兰标准有两类，一类是压力容器法兰标准，另一类是管法兰标准。

10.1.4.1　压力容器法兰标准

压力容器法兰分平焊法兰与对焊法兰两类。

（1）平焊法兰　分为甲型与乙型两种。甲型平焊法兰（图 10-10）与乙型平焊法兰（图 10-11）相比，区别在于乙型法兰有一个壁厚不小于 16mm 的圆筒形短节，因而使乙型平焊法兰的刚性比甲型平焊法兰好。同时甲型的焊缝开 V 形坡口，乙型的焊缝开 U 形坡口，从这点来看乙型也比甲型具有较高的强度和刚度。

甲型平焊法兰有公称压力为 0.25MPa、0.6MPa、1.0MPa 及 1.6MPa 四个压力等级，在较小直径范围内使用（DN300～2000），适用温度范围为 −20～300℃。乙型平焊法兰用于公称压力为 0.25～1.6MPa 压力等级中较大直径范围，并与甲型平焊法兰相衔接，而且还可用于公称压力为 2.5MPa 和 4.0MPa 两个压力等级中较小直径范围，适用的全部直径范围为 $DN300～3000$，适用的温度范围为 $-20～350℃$。表 10-2 中给出了甲型、乙型平焊法兰及对焊法兰适用的公称压力和公称直径的规格和范围。

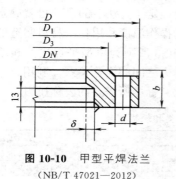

图 10-10 甲型平焊法兰
（NB/T 47021—2012）

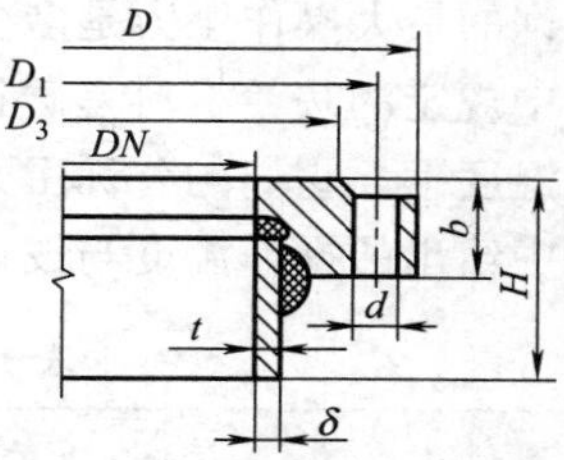

图 10-11 乙型平焊法兰
（NB/T 47022—2012）
$\delta \leqslant 16$，$t = 16$；$\delta > 16$，$t = \delta$

（2）**对焊法兰** 长颈对焊法兰由于具有厚度更大的颈（图 10-12），因而使法兰盘进一步增大了刚性，故规定用于更高的压力范围（公称压力为 0.6～6.4MPa）和直径范围（公称直径为 300～2600mm）。适用温度范围为 $-20～450℃$。由表 10-2 中可看出，乙型平焊法兰中 $DN2000$ 以下的规格均已包括在长颈对焊法兰的规定范围之内。这两种法兰的连接尺寸和法兰厚度完全一样，所以 $DN2000$ 以下的乙型平焊法兰，可以用轧制的长颈对焊法兰代替，以降低法兰的生产成本。

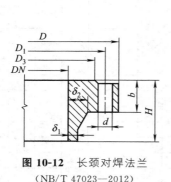

图 10-12 长颈对焊法兰
（NB/T 47023—2012）

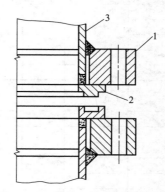

图 10-13 带衬环的甲型平焊法兰
1—法兰；2—衬环；3—筒体

平焊与对焊法兰都有带衬环的与不带衬环的两种。当设备是由不锈钢制作时，采用碳钢法兰加不锈钢衬环，可以节省不锈钢。图 10-13 所示为带衬环的甲型平焊法兰。

使用法兰标准确定法兰尺寸时，必须知道法兰的公称直径与公称压力。压力容器法兰的公称直径与压力容器的公称直径取同一系列数值。例如 $DN1000$ 的压力容器，应当配用 $DN1000$ 的压力容器法兰。

法兰公称压力的确定与法兰的最大操作压力、操作温度以及法兰材料有关。因为在制定法兰尺寸系列、计算法兰厚度时，是以 Q345R 在 200℃ 时的力学性能为基准制定的。所以规定以此基准所确定的法兰尺寸，在 200℃ 时，它的最大允许操作压力就认为是具有该尺寸法兰的公称压力。例如，公称压力为 0.6MPa 的法兰，就是指具有这样一种具体尺寸的法兰，该法兰是用 Q345R 制造的，在 200℃ 时，它的最大允许操作压力是 0.6MPa。如果把这个公称压力为 0.6MPa 的法兰用在高于 200℃的条件下，那么它的最大操作压力将低于它的公称压力 0.6MPa。反之，如果将它用于低于 200℃的条件下，仍按 200℃确定其最高工作压力。如果把法兰的材料改为 Q235B，那么由于 Q235B 钢的力学性能比 Q345R 差，这个公称压力为 0.6MPa 的法兰，即使是在 200℃时操作，它的最大允许操作压力也将低于它的公称压力。反之亦然。总之，只要法兰的公称直径、公称压力确定了，法兰的尺寸也就确定了。至于这个法兰允许的最大操作压力是多少，那就要看法兰的操作温度和用什么材料制造的。压力容器法兰标准中规定的法兰材料是碳钢及低合金钢。表 10-3 所列为甲型平焊法兰和乙型平焊法兰，在不同温度下，它们的公称压力与最大允许工作压力之间的换算关系。利用这个表，可以将设计条件中给出的操作温度与设计压力换算成查取法兰标准所需要的公称压力。

表 10-2　压力容器法兰分类和规格

类型	平焊法兰										对焊法兰					
	甲型				乙型						长颈					
标准号	NB/T 47021—2012				NB/T 47022—2012						NB/T 47023—2012					
简图																
公称压力 PN /MPa ＼ 公称直径 DN/mm	0.25	0.6	1.0	1.6	0.25	0.6	1.0	1.6	2.5	4.0	0.6	1.0	1.6	2.5	4.0	6.4
300																
350	按 PN1.0															
400																
450																
500	按 PN1.0															
550																
600																
650																
700																
800																
900																
1000																
1100																
1200																
1300																
1400																
1500																
1600																
1700																
1800																
1900																
2000																
2200					按 PN0.6											
2400																
2600																
2800																
3000																

表 10-3 甲型、乙型平焊法兰的最大允许工作压力（NB/T 47020—2012）　　　　单位：MPa

公称压力 PN	法兰材料		工作温度/℃				备注
			>-20~200	250	300	350	
0.25	板材	Q235B	0.16	0.15	0.14	0.13	工作温度下限20℃ 工作温度下限0℃
		Q235C	0.18	0.17	0.15	0.14	
		Q245R	0.19	0.17	0.15	0.14	
		Q345R	0.25	0.24	0.21	0.20	
	锻件	20	0.19	0.17	0.15	0.14	
		16Mn	0.26	0.24	0.22	0.21	
		20MnMo	0.27	0.27	0.26	0.25	
0.60	板材	Q235B	0.40	0.36	0.33	0.30	工作温度下限20℃ 工作温度下限0℃
		Q235C	0.44	0.40	0.37	0.33	
		Q245R	0.45	0.40	0.36	0.34	
		Q345R	0.60	0.57	0.51	0.49	
	锻件	20	0.45	0.40	0.36	0.34	
		16Mn	0.61	0.59	0.53	0.50	
		20MnMo	0.65	0.64	0.63	0.60	
1.00	板材	Q235B	0.66	0.61	0.55	0.50	工作温度下限20℃ 工作温度下限0℃
		Q235C	0.73	0.67	0.61	0.55	
		Q245R	0.74	0.67	0.60	0.56	
		Q345R	1.00	0.95	0.86	0.82	
	锻件	20	0.74	0.67	0.60	0.56	
		16Mn	1.02	0.98	0.88	0.83	
		20MnMo	1.09	1.07	1.05	1.00	
1.60	板材	Q235B	1.06	0.97	0.89	0.80	工作温度下限20℃ 工作温度下限0℃
		Q235C	1.17	1.08	0.98	0.89	
		Q245R	1.10	1.08	0.96	0.90	
		Q345R	1.60	1.53	1.37	1.31	
	锻件	20	1.19	1.08	0.96	0.90	
		16Mn	1.64	1.56	1.41	1.33	
		20MnMo	1.74	1.72	1.68	1.60	
2.50	板材	Q235C	1.83	1.68	1.53	1.38	工作温度下限0℃ DN<1400 DN≥1400
		Q245R	1.86	1.69	1.50	1.40	
		Q345R	2.50	2.39	2.14	2.05	
	锻件	20	1.86	1.69	1.50	1.40	
		16Mn	2.56	2.44	2.20	2.08	
		20MnMo	2.92	2.86	2.82	2.73	
		20MnMo	2.67	2.63	2.59	2.50	
4.00	板材	Q245R	2.97	2.70	2.39	2.24	DN<1500 DN≥1500
		Q345R	4.00	3.82	3.42	3.27	
	锻件	20	2.97	2.70	2.39	2.24	
		16Mn	4.09	3.91	3.52	3.33	
		20MnMo	4.64	4.56	4.51	4.36	
		20MnMo	4.27	4.20	4.14	4.00	

例如，为一台操作温度为300℃、设计压力为0.60MPa的容器选配法兰。由表10-3可知：如果法兰材料用Q345R，最大允许工作压力只有0.51MPa，故必须按公称压力1.0MPa查取法兰尺寸。

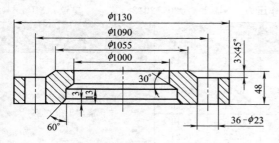

图 10-14　[例 10-1] 附图

【例 10-1】 为一台精馏塔配一对连接塔身与封头的法兰。塔的内径是 1000mm，操作温度为 280℃，设计压力为 0.2MPa，材料为 Q235B，处理介质无毒、无腐蚀及其他危害。

解　根据操作温度、设计压力、介质和塔径，确定采用甲型平焊法兰。由表 10-3 可知，所要选用的甲型平焊法兰，若采用 Q235B 板材，应按公称压力为 0.60MPa 来查取它的尺寸。

由于操作压力不高，直径不大，垫片材料选用石棉橡胶板，垫片宽度为 20mm。甲型平焊法兰的尺寸可从附录 7 中查得，并绘注于图 10-14 中。连接螺栓 M20，共 36 个。材料由表 10-1 查得为 35 号钢。螺母材料为 20 号钢。

10.1.4.2　管法兰标准

由于容器筒体的公称直径和管子的公称直径所代表的具体尺寸不同，所以，同样公称直径的容器法兰和管法兰，它们的尺寸亦不相同，两者不能互相代用。管法兰标准，有国家标准，还有机械行业标准，这两个标准均不作介绍。

这里介绍我国化工行业标准 HG/T 20592～HG/T 20635《钢制管法兰、垫片、紧固件》。这个标准包括：

① HG/T 20592～20614—2009（欧洲体系），法兰公称压力等级采用 *PN* 表示，又称 *PN* 系列，*PN* 包括九个等级，*PN*（2.5、6、10、16、25、40、63、100、160）。其中 *PN*2.5，其压力为 0.25MPa 或 2.5bar（1bar＝10^5Pa，下同），其余类推。

② HG/T 20615～20635—2009（美洲体系），法兰公称压力等级采用 Class 表示，又称 Class 系列。Class 包括 6 个等级，Class（150、300、600、900、1500、2500）。

欧洲体系与美洲体系的法兰公称压力等级对照，见表 10-4。

表 10-4　欧洲体系与美洲体系法兰公称压力等级对照

Class	Class150	Class300	Class600	Class900	Class1500	Class2500
PN	*PN*20	*PN*50	*PN*110	*PN*150	*PN*260	*PN*420

我国化工行业多采用欧洲体系的管法兰标准，下面着重介绍。

(1) 法兰类型及代号　法兰类型有板式平焊法兰（PL）、带颈平焊法兰（SO）、带颈对焊法兰（WN）、整体法兰（IF）等，如图 10-15 所示。

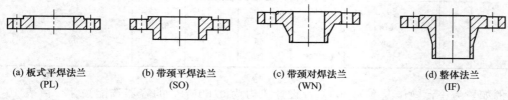

| (a) 板式平焊法兰 (PL) | (b) 带颈平焊法兰 (SO) | (c) 带颈对焊法兰 (WN) | (d) 整体法兰 (IF) |

图 10-15　法兰类型

(2) 密封面形式　密封面形式有突面（RF）、凹凸面（MFM）、榫槽面（TG）、全平面

（FF）等。其中凹凸面和榫槽面是成对的。如图 10-6 所示。

（3）**各种类型法兰与密封面形式适用范围** 各种类型法兰与密封面形式对于不同的公称直径 DN 和公称压力 PN 的适用范围见表 10-5。

表 10-5　管法兰密封面形式及适用范围

法兰类型	密封面形式	公称压力 PN/bar								
		2.5	6	10	16	25	40	63	100	160
板式平焊法兰（PL）	突面（RF）	DN10~2000	DN10~600			—				
	全平面（FF）	DN10~2000	DN10~600			—				
带颈平焊法兰（SO）	突面（RF）	—	DN10~300	DN10~600		—				
	凹面（FM）凸面（M）	—		DN10~600		—				
	榫面（T）槽面（G）	—		DN10~600		—				
	全平面（FF）	—	DN10~300	DN10~600		—				
带颈对焊法兰（WN）	突面（RF）			DN10~2000		DN10~600		DN10~400	DN10~350	DN10~300
	凹面（FM）凸面（M）					DN10~600		DN10~400	DN10~350	DN10~300
	榫面（T）槽面（G）					DN10~600		DN10~400	DN10~350	DN10~300
	全平面（FF）			DN10~2000						

（4）**法兰材料** 管法兰材料一般应采用锻件或者铸件。板式平焊法兰可选用钢板制造。

钢制管法兰的材料选取的依据是设计压力和设计温度，以及耐腐蚀等问题。在 20～500℃的工作温度范围内，最大允许工作压力随着温度的升高而下降。一般工况下，公称压力为 16bar（1.6MPa）的法兰，若工作温度≤250℃，最大工作压力≤1.2MPa 时，法兰材料可选用 Q235A、Q235B、20 号钢、Q245R 及 09MnNiDR。

（5）**公称直径与外径** 管法兰中，管子的公称直径与钢管外径的关系见表 10-6。管子外径包括 A、B 两个系列。A 为英制管，B 为国内沿用的公制管。采用 B 系列钢管的法兰，应在公称直径 DN 的数值后标记 B 以示区别；A 系列则不必。

（6）**管法兰标记示例**

示例 1：公称直径 DN1200、公称压力 PN6、配用公制管的突面板式平焊钢制管法兰，材料为 Q235A，其标记为：

HG/T 20592 法兰 PL1200（B）-6 RF Q235A

示例 2：公称直径 DN300、公称压力 PN25、配用英制管的突面带颈平焊钢制管法兰，材料为 20 钢，其标记为：

HG/T 20592 法兰 SO300-25 RF 20

表 10-6　钢管的公称直径与管子外径的关系（HG/T 20592—2009）　　单位：mm

公称直径 DN		10	15	20	25	32	40	50	65	80	100
管子外径	A	17.2	21.3	26.9	33.7	42.4	48.3	60.3	76.1	88.9	114.3
	B	14	18	25	32	38	45	57	76	89	108
公称直径 DN		125	150	200	250	300	350	400	450	500	
管子外径	A	139.7	168.3	219.1	273	323.9	355.6	406.4	457	508	
	B	133	159	219	273	325	377	426	480	530	

10.2　容器支座

容器支座，是用来支承容器的重量、固定容器的位置并使容器在操作中保持稳定。支座的结构形式很多，主要由容器的自身形式决定，分卧式容器支座、立式容器支座和球形容器支座。

10.2.1　卧式容器支座

卧式容器支座最常用的是鞍式支座（JB/T 4712.1—2007），如图 10-16 所示。

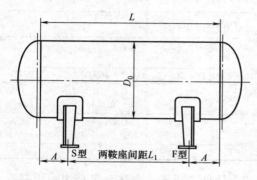

图 10-16　卧式容器的鞍式支座

鞍式支座简称鞍座，是应用最广泛的一种卧式容器支座，常见的卧式容器、大型卧式储槽及热交换器等多采用这种支座。鞍座通常由加强垫板、横向直立筋板（腹板）、轴向直立筋板和底板焊接而成，见图 10-17。在与设备连接处，有带加强垫板和不带加强垫板两种结构。

鞍式支座的鞍座包角 θ 为 120° 或 150°，以保证容器在支座上安放稳定。鞍座的高度 h 有 200mm、300mm、400mm 和 500mm 四种规格，但可以根据需要改变，改变后应作强度校核。

鞍座分为 A 型（轻型）和 B 型（重型）两类，其中重型又分为 BI～BV 五种型号。BI 型鞍座结构如图 10-17 所示。A 型和 B 型的区别在于筋板和底板、垫板的尺寸不同或数量不同。鞍

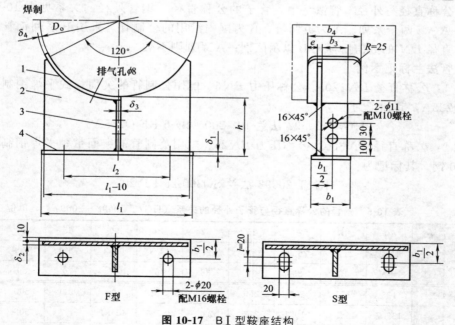

图 10-17　BⅠ型鞍座结构

1—加强垫板；2—横向直立筋板（腹板）；3—轴向直立筋板；4—底板

座的底板尺寸应保证基础的水泥面不被压坏。每台设备一般用两个鞍座支承，其中一个为固定鞍座（代号F），另一个为滑动鞍座（代号S）。固定鞍座底板上开圆形螺栓孔，滑动鞍座开长圆形螺栓孔。在一台容器上，两个总是配对使用。在安装滑动鞍座时，地脚螺栓采用两个螺母。第一个螺母拧紧后倒退一圈，然后用第二个螺母锁紧，这样可以保证设备在温度变化时，鞍座能在基础面上自由伸缩。长圆孔的长度须根据设备的温差伸缩量进行校核。

一台卧式容器的鞍式支座，一般情况下不宜多于两个。因为鞍座水平高度的微小差异都会造成各支座间的受力不均，从而引起筒壁内的附加应力。采用配对鞍座时，鞍座与筒体端部的距离 A 可按下述原则确定：当筒体的 L/D 较大，且鞍座所在平面内又无加强圈时，应尽量利用封头对支座处筒体的加强作用，取 $A \leqslant 0.25D$；当筒体的 L/D 较小，δ/D 较大，或鞍座所在平面内有加强圈时，取 $A \leqslant 0.2L$。

为了简化设计计算，鞍式支座已有标准 JB/T 4712.1—2007《鞍式支座》，设计时可根据容器的公称直径和允许载荷选用标准中的鞍座尺寸和质量。表10-7所列为 $DN500 \sim 2000$ 鞍座尺寸与质量。

表 10-7 $DN500 \sim 2000$ 鞍座尺寸与质量

公称直径 DN/mm	允许载荷 $[Q]$/kN	高度 h/mm	底板 l_1/mm	底板 b_1/mm	底板 δ_1/mm	腹板 δ_2/mm	筋板 l_3/mm	筋板 b_2/mm	筋板 b_3/mm	筋板 δ_3/mm	垫板 弧长/mm	垫板 b_4/mm	垫板 δ_4/mm	垫板 e/mm	螺栓间距 l_2/mm	鞍座质量/kg	增高100mm所增加的质量/kg
500	155	200	460	150	10	8	250	120		8	590	240	6	56	330	15/21	4
550	160	200	510	150	10	8	275	120		8	650	240	6	56	360	17/23	5
600	165	200	550	150	10	8	300	120		8	710	240	6	56	400	18/25	5
650	165	200	590	150	10	8	325	120		8	770	240	6	56	430	19/27	5
700	170	200	640	150	10	8	350	120		8	830	240	6	56	460	21/30	5
800	220	200	720	150	10	10	400			10	940	260	6	65	530	27/38	7
900	225	200	810	150	10	10	450			10	1060	260	6	65	590	30/43	8
1000	140/305	200	760	170	10/12	6/8	170	140	200	6/8	1180	320/350	6/8	55/70	600	47/63	7/9
1100	145/310	200	820	170	10/12	6/8	185	140	200	6/8	1290	320/350	6/8	55/70	660	51/69	7/9
1200	145/560	200	880	170	10/12	6/10	200	140	200	6/10	1410	350	8	70	720	56/87	7/12
1300	155/570	200	940	170	10/12	8/10	215	140	200	6/10	1520	350	8	70	780	74/94	9/12
1400	160/575	200	1000	170	10/12	8/10	230	140	200	6/10	1640	350	8	70	840	80/101	9/13
1500	270/785	250	1060	200	12/16	8/12	240	170	240	8/12	1760	390/440	8/10	70/90	900	109/155	12/17
1600	275/795	250	1120	200	12/16	8/12	255	170	240	8/12	1870	390/440	8/10	70/90	960	116/164	12/18
1700	275/805	250	1200	200	12/16	8/12	275	170	240	8/12	1990	390/440	8/10	70/90	1040	122/174	12/19
1800	295/855	250	1280	220	10/14	8/12	295	190	260	8/12	2100	430/460	10	80/90	1120	162/204	16/22
1900	295/865	250	1360	220	10/14	8/12	315	190	260	8/12	2220	430/460	10	80/90	1200	171/214	16/23
2000	300/875	250	1420	220	10/14	8/12	330	190	260	8/12	2330	430/460	10	80/90	1260	180/225	17/24

注：1. $DN \geqslant 1000$mm 有轻型（A型）、重型（B型）两种，其中 Q，δ_1，δ_2，δ_3，δ_4 及质量的数值不同，表中用分数表示，分子为轻型，分母为重型。

2. $DN \leqslant 900$mm 鞍座有带垫板与不带垫板的两种，质量一栏中分子指不带垫板的，分母是带垫板的。

3. $DN > 2000 \sim 4000$mm 的 A 型、BⅠ型和 BⅡ型的鞍座尺寸本书均未摘编。

因为鞍座尺寸是由容器公称直径确定的，所以选用鞍座只需考虑是选轻型还是重型（$DN \geqslant 1000$mm 时），带垫板还是不带垫板（$DN \leqslant 900$mm 时），以及鞍座安放的位置等问题。选用原则如下：

① 鞍座实际承受的最大载荷 Q_{max} 必须小于鞍座的允许载荷 $[Q]$。

② 在计算 Q_{max} 时不要忘记水压试验时容器具有最大的 Q 值。当轻型鞍座的 $[Q] < Q_{max}$，应当选用重型鞍座。

③ 在确定鞍座的允许载荷 $[Q]$ 时，必须考虑实际设计的鞍座高度 h。如果超过了表 10-7 中的规定值，应减小其允许载荷。

鞍座标记示例：容器的公称直径为 800mm，包角为 120°，重型，不带垫板，标准高度的固定式支座，其标记为

　　　　JB/T 4712.1—2007，鞍座 BV 800-F

10.2.2　立式容器支座

立式容器支座主要有耳式支座、支承式支座、腿式支座和裙式支座四种。中、小型直立容器常采用前三种支座，高大的塔设备则广泛采用裙式支座。

10.2.2.1　耳式支座 （JB/T 4712.3—2007）

耳式支座又称悬挂式支座，它由垫板、筋板和底板组成，广泛用在反应釜及立式换热器

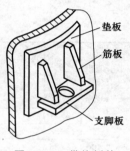

图 10-18　带垫板的耳式支座

等直立设备上。它的优点是简单、轻便，但对器壁会产生较大的局部应力。因此，当设备较大或器壁较薄时，应在支座与器壁间加一垫板。对于不锈钢制设备，当用碳钢作支座时，为防止器壁与支座在焊接过程中不锈钢中合金元素的流失，也需在支座与器壁间加一个不锈钢垫板。图 10-18 所示为带垫板的耳式支座。

耳式支座已经标准化。根据筋板宽度的不同，该标准分为 A 型（短臂）、B 型（长臂）和 C 型（加长臂）三类，每类又分为带垫板与不带垫板两种结构。它们的各部分尺寸见图 10-19。

A 型耳式支座的筋板底边较窄，地脚螺栓距容器壳壁较近，仅适用于一般的立式钢制焊接容器。B 型耳式支座有较宽的安装尺寸，故又叫长臂支座。当设备外面有保温层或者将设备直接放在楼板上时，宜采用 B 型耳式支座。标准耳式支座的材料为 Q235A·F，若有改变，需在设备装备图中加以注明。

(1) 耳式支座的选用　先设定支座型号与数目。计算出一个支座实际承受的载荷 Q。对于高度与直径之比不大于 5、总高不大于 10m 的圆筒形立式容器来说，当采用 n 个耳式支座来支承这台容器时，每个支座实际承受的载荷应按下式计算：

$$Q \approx \frac{m_0 g}{kn} \times 10^{-3} \text{(kN)} \tag{10-1}$$

式中，m_0 为设备总质量（包括壳体及其附件、内部介质和保温层的质量），kg；g 为重力加速度，取 $g = 9.81 \text{m/s}^2$；k 为不均匀系数，安装三个支座时，$k = 1$；安装三个以上支座时，$k \approx 0.83$；n 为支座数量。

根据 $[Q] \geqslant Q$ 的原则，可以在表 10-8 或表 10-9 中确定支座号，从而取得支座的具体尺寸（图 10-19）。小型设备的耳式支座，可以支承在管子或型钢制的立柱上。大型设备的支座往往搁在钢梁或混凝土制的基础上。

(2) 耳式支座标记示例　A 型，不带垫板，3 号耳式支座，支座材料为 Q235A，其标记为

JB/T 4712.3—2007，耳式支座 AN3-Ⅰ。

标记中的 Ⅰ 为支座筋板和底板材料代号，Ⅰ、Ⅱ、Ⅲ、Ⅳ 分别为 Q235A、Q345R、06Cr19Ni10 及 15CrMoR。

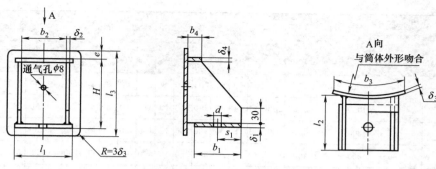

(a) A型耳式支座6~8号支座(1~5号支座无盖板δ_4)

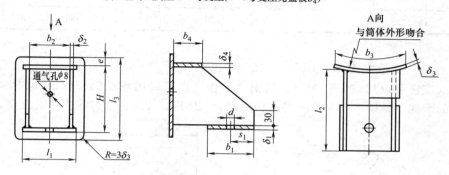

(b) B型耳式支座6~8号支座(1~5号支座无盖板δ_4)

图 10-19 耳式支座（尺寸查表 10-8、表 10-9）

表 10-8 A 型和 AN 型耳式支座尺寸

支座号	支座允许载荷[Q]/kN		适用容器公称直径 DN/mm	高度 H /mm	底板/mm				筋板/mm			垫板/mm				盖板/mm		螺栓孔		支座质量/kg	
	Q235A、06Cr19Ni10	Q345R、15CrMoR			l_1	b_1	δ_1	s_1	l_2	b_2	δ_2	l_3	b_3	δ_3	e	b_4	δ_4	d/mm	螺纹	A型	AN型
1	10	14	300~600	125	100	60	6	30	80	70	4	160	125	6	20	30	—	24	M20	1.7	0.7
2	20	26	500~1000	160	125	80	8	40	100	90	5	200	160	6	24	30	—	24	M20	3	1.5
3	30	44	700~1400	200	160	105	10	50	125	110	6	250	200	8	30	30	—	30	M24	6	2.8
4	60	90	1000~2000	250	200	140	14	70	160	140	8	315	250	8	40	30	—	30	M24	11.1	
5	100	120	1300~2600	320	250	180	16	90	200	180	10	400	320	10	48	30	—	30	M24	21.6	
6	150	190	1500~3000	400	320	230	20	115	250	230	12	500	400	12	60	50	12	36	M30	42.7	
7	200	230	1700~3400	480	375	280	22	130	300	280	14	600	480	14	70	50	14	36	M30	69.8	
8	250	320	2000~4000	600	480	360	24	145	380	350	16	720	600	16	72	50	16	36	M30	123.9	

注：AN 型为不带垫板。

表 10-9 B 型和 BN 型耳式支座尺寸

支座号	支座允许载荷[Q]/kN		适用容器公称直径 DN/mm	高度 H /mm	底板/mm				筋板/mm			垫板/mm				盖板/mm		螺栓孔		支座质量/kg	
	Q235A、06Cr19Ni10	Q345R、15CrMoR			l_1	b_1	δ_1	s_1	l_2	b_2	δ_2	l_3	b_3	δ_3	e	b_4	δ_4	d/mm	螺纹	B型	BN型
1	10	14	300~600	125	100	60	6	30	160	70	5	160	125	6	20	50	—	24	M20	2.5	0.7
2	20	26	500~1000	160	125	80	8	40	180	90	6	200	160	6	24	50	—	24	M20	4.3	1.5

支座号	支座允许载荷[Q]/kN		适用容器公称直径 DN/mm	高度 H/mm	底板/mm				筋板/mm			垫板/mm				盖板/mm		螺栓孔		支座质量/kg	
	Q235A、06Cr19Ni10	Q345R、15CrMoR			l_1	b_1	δ_1	s_1	l_2	b_2	δ_2	l_3	b_3	δ_3	e	b_4	δ_4	d/mm	螺纹	B型	BN型
3	30	44	700～1400	200	160	105	10	50	205	110	8	250	200	8	30	50	—	30	M24	8.3	2.8
4	60	90	1000～2000	250	200	140	14	70	290	140	10	315	250	8	40	70	—	30	M24	15.7	
5	100	120	1300～2600	320	250	180	16	90	330	180	12	400	320	10	48	70	—	30	M24	28.7	
6	150	190	1500～3000	400	320	230	20	115	380	230	14	500	400	12	60	100	14	36	M30	53.9	
7	200	230	1700～3400	480	375	280	22	130	430	270	16	600	480	14	70	100	16	36	M30	85.2	
8	250	320	2000～4000	600	480	360	26	145	510	350	18	720	600	16	72	100	18	36	M30	146	

注：BN型为不带垫板。

10.2.2.2　支承式支座（JB/T 4712.4—2007）

支承式支座可以用钢管、角钢、槽钢来制作，也可以用数块钢板焊成，如图 10-20 所示。它们的形式、结构、尺寸及所用材料应符合 JB/T 4712.4—2007《支承式支座》。

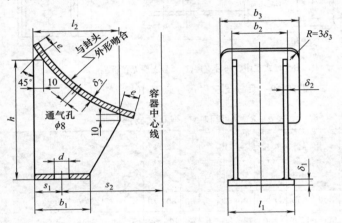

(a) A型1～4号(5～6号略有差别)

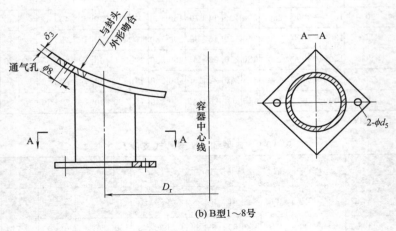

(b) B型1～8号

图 10-20　支承式支座

支承式支座分为 A 型和 B 型，适用的范围见表 10-10 所示。A 型支座筋板和底板的材料为 Q235A·F；B 型支座钢管材料为 10 钢，底板材料为 Q235A·F。支承式支座的选用见标准中的规定，其尺寸可按表 10-11 和表 10-12 查出。

表 10-10　支承式支座的适用范围

类型	支座号	适用公称直径 DN/mm	结构特征
A	1～6	800～3000	钢板焊制,带垫板
B	1～8	800～4000	钢管焊制,带垫板

表 10-11　A 型支承式支座尺寸

支座号	支座允许载荷[Q]/kN	公称直径 DN/mm	高度 h/mm	底板/mm				筋板/mm			垫板/mm			螺栓(孔)			支座质量/kg
				l_1	b_1	δ_1	s_1	l_2	b_2	δ_2	b_3	δ_3	e	d/mm	螺纹	$\phi/2$/mm	
1	20	800 900 1000	350	130	90	8	45	150	110	8	190	8	40	24	M20	280 315 350	8.2
2	40	1100 1200	420	170	120	10	60	180	140	10	240	10	50	24	M20	370 420	15.8
2	40	1300 1400	420	170	120	10	60	180	140	10	240	10	50	24	M20	475 525	15.8
3	60	1500 1600 1700 1800	460	210	160	14	80	240	180	12	300	12	60	30	M24	550 600 625 675	28.9
4	100	1900 2000 2100 2200	500	230	180	16	90	270	200	14	320	14	60	30	M24	700 750 775 825	40.3
5	150	2400 2600	540	260	210	20	95	330	230	14	370	16	70	36	M30	900 975	67.2
6	200	2800 3000	580	290	240	24	110	360	250	16	390	18	70	36	M30	1050 1125	90.1

支承式支座的优点是简单轻便，但它和耳式支座一样，对壳壁会产生较大的局部应力，因此当容器壳体的刚度较小、壳体和支座的材料差异或温度差异较大时，或壳体需焊后热处理时，在支座和壳体之间应设置加强板。加强板的材料应和壳体材料相同或相似。

按下述步骤选用支承式支座：①根据容器的公称直径 DN，从表 10-11 或表 10-12 中选取相应支座，并初步设定支座数目；②按式（10-1）计算每个支座应承受的实际载荷 Q，算出 Q 值应满足 $Q \leqslant [Q]$。

支座标记示例：钢板焊制的 3 号支承式支座，支座与垫板材料均为 Q235A·F，其标记为

JB/T 4712.4—2007，支座 A3，材料：Q235A·F/Q235A·F

表 10-12　B 型支承式支座尺寸

支座号	支座允许载荷 [Q]/kN	公称直径 DN /mm	高度 /mm	底板/mm		钢管/mm		垫板/mm		地脚螺栓			φ /mm	支座质量 /kg	每增加100mm高度的质量 /kg	支座高度上限值 h_{max}/mm
				b	δ_1	d_2	δ_2	d_3	δ_3	d_4/mm	d_5/mm	规格				
1	20	800	310	150	10	89	4	120	6	160	20	M16	500	4.8	0.8	500
		900											580			
2	150	1000	330	160	12	108	4	150	8	180	20	M16	630	6.8	1	550
		1100											710			
		1200											790			
3	250	1300	350	210	16	159	4.5	220	8	235	24	M20	810	13.8	1.7	750
		1400											900			
		1500											980			
		1600											1050			
4	350	1700	400	250	20	219	6	290	10	295	24	M20	1060	26.6	2.9	800
		1800											1150			
		1900											1230			
		2000											1310			
		2100											1390			
		2200											1470			
5	400	2400	420	300	22	273	8	360	12	350	24	M20	1560	47	5.2	850
		2600											1720			
6	450	2800	460	350	24	350	8	420	14	405	24	M20	1820	67.3	6.3	950
		3000											1980			
		3200											2140			
7	500	3400	490	410	24	377	9	490	16	470	24	M20	2250	95.5	8.2	1000
		3600											2420			
8	550	3800	510	460	26	426	9	550	18	530	30	M24	2520	124.2	9.3	1050
		4000											2680			

10.3　容器的开孔与附件

10.3.1　容器的开孔与补强

　　为了满足工艺、安装、检修的要求，往往需要在容器的筒体和封头上开各种形状、大小的孔或连接接管。容器壳体上开孔后，不但削弱了容器壁的强度，而且在筒体与接管的连接处，由于原壳体结构产生了变化，出现不连续，在开孔区域将形成一个局部的高应力集中区。开孔边缘处的最大应力称为峰值应力。峰值应力通常较高，达到甚至超过了材料的屈服极限。较大的局部应力，加之容器材质和制造缺陷等因素的综合作用，往往会成为容器的破坏源。因此，为了降低峰值应力，需要对结构开孔部位进行补强，以保证容器安全运行。开孔应力集中的程度和开孔的形状有关，圆孔的应力集中程度最低，因此一般开圆孔。

10.3.1.1　开孔补强的设计与补强结构

开孔补强设计是在开孔附近区域增加补强金属，使之达到提高器壁强度、满足强度设计要求的目的。采取等面积补偿法，即由于开孔，壳体承受应力所必需的金属截面被削去多少，就必须在开孔周围的补强范围内补回同样面积的金属截面。容器开孔补强的形式概括起来分为整体补强、补强圈补强和补强管补强三种。

(1) 整体补强　是指采用增加整个壳体的厚度，或用全焊透的结构形式将厚壁接管或整体补强锻件与壳体相焊来降低开孔附近的应力。

由于开孔应力集中的局部性，在远离开孔区的应力值与正常应力值一样，故除非制造或结构上的需要，一般并不把整个容器壁加厚。在开孔处用全焊透的结构形式焊上一段特意加厚的短管，使接管的加厚部分恰处在有效补强区内，则可以降低应力集中系数。整锻件补强结构是将接管与壳体连同加强部分做成整体锻件，然后与壳体焊在一起。其优点是补强金属集中于开孔应力最大部分，应力集中现象得到大大缓解。

(2) 补强圈补强　是指在壳体开孔周围贴焊一圈钢板，即补强圈。补强圈一般与器壁采用搭接结构，材料与器壁相同，尺寸可参照标准确定，也可按等面积补强原则进行计算。当补强圈厚度超过 8mm 时，一般采用全焊透结构，使其与器壁同时受力，否则不起补强作用。为了焊接方便，补强圈可以置于器壁外表面（图 10-21）或内表面，或内外表面对称放置，但为了焊接方便，一般采用把补强圈放在外面的单面补强。为了检验焊缝的紧密性，补强圈上有一个 M10 的小螺纹孔。从这里通入压缩空气进行焊缝紧密性试验。补强圈现已标准化（JB/T 4736—2002）。

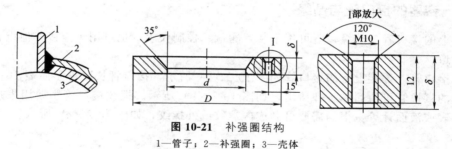

图 10-21　补强圈结构
1—管子；2—补强圈；3—壳体

补强圈结构简单，易于制造，应用广泛。但补强圈与壳体之间存在着一层静止的气隙，传热效果差，致使两者温差与热膨胀差较大，容易引起温差应力。补强圈与壳体相焊时，使此处的刚性变大，对角焊缝的冷却收缩起较大的约束作用，容易在焊缝处造成裂纹。特别是高强度钢淬硬性大，对焊接裂纹比较敏感，更易开裂。另外，由于补强圈和壳体或接管金属没有形成一个整体，因而抗疲劳性能差。因此，对补强圈搭焊结构的使用范围需加以限制。GB 150.3—2011指出，采用补强圈结构补强时，应遵循下列规定：低合金钢的标准抗拉强度下限值 $R_m \leqslant 540\text{MPa}$；补强圈厚度小于或等于 $1.5\delta_n$；壳体名义厚度 $\delta_n \leqslant 38\text{mm}$。

(3) 补强管补强　即在开孔处焊一段加厚管子。由于加厚管处于最大应力区域内，故能有效地降低孔边应力集中系数。如果条件许用，采用插入式接管更为有利。接管补强结构简单、焊缝小，焊接质量容易检验。目前已经被广泛使用。

10.3.1.2　允许开孔的范围

筒体及封头开孔的最大直径，不允许超过以下数值。

① 圆筒内径 D_i≤1500mm 时，开孔最大直径 d≤1/2D_i，且 d≤520mm；圆筒内径 D_i>1500mm 时，开孔最大直径 d≤1/3D_i，且 d≤1000mm。

② 凸形封头或球壳的开孔最大直径 d<1/2D_i。

③ 锥壳（或锥形封头）的开孔最大直径 d≤1/3D_i（D_i 为开孔中心处的锥壳内直径）。

10.3.1.3　不需补强的最大开孔直径

容器上的开孔并不是都需要补强。这是因为在计算壁厚时考虑了焊接接头系数而使壁厚有所增加，又因为钢板具有一定规格，壳体的壁厚往往超过实际强度的需要，厚度增加，使最大应力值降低，相当于容器已被整体加强。而且容器上的开孔总有接管相连接，其接管多于实际需要的壁厚也起补强作用。同时由于容器材料具有一定的塑性储备，允许承受不是过大的局部应力，所以当孔径不超过一定数值时，可不进行补强。

当壳体开孔满足下述全部条件时，可不另行补强：设计压力小于或等于 2.5MPa；两相邻开孔中心的间距（对曲面间距以弧长计算）应不小于两孔直径之和；对于 3 个或 3 个以上相邻开孔，任意两孔中心的间距应不小于该两孔直径之和的 2.5 倍；接管公称外径小于或等于 89mm；接管最小壁厚满足表 10-13 的要求。

表 10-13　接管最小壁厚　　　　　　　　　　　　单位：mm

接管公称外径	25	32	38	45	48	57	65	76	89
最小壁厚		3.5			4.0		5.0		6.0

注：1. 钢材的标准抗拉强度下限值 R_m>540MPa 时，接管与壳体的连接宜采用全焊透的结构形式。

2. 接管的腐蚀裕量为 1mm。

10.3.2　容器的接口管与凸缘

设备上的接口管与凸缘，既可用于装置测量、控制仪表，也可用于连接其他设备和介质的输送管道。

（1）接口管　焊接设备的接口管如图 10-22(a) 所示，接口管长度可参照表 10-14 确定。铸造设备的接口管可与筒体一并铸出，如图 10-22(b) 所示。螺纹接口管主要用来连接温度计、压力表或液面计等，根据需要可制成内螺纹或外螺纹，如图 10-22(c) 所示。

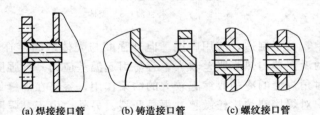

(a) 焊接接口管　　　　(b) 铸造接口管　　　　(c) 螺纹接口管

图 10-22　容器的接口管

表 10-14　接口管长度

公称直径 DN/mm	不保温接口管长/mm	保温接口管长/mm	适用公称压力 PN/MPa
≤15	80	130	≤4.0
20~50	100	150	≤1.6
70~350	150	200	≤1.6
70~500			≤1.0

（2）**凸缘** 当接口管长度必须很短时，可用凸缘（又称突出接口）来代替接口管，图 10-23 所示为具有平面密封的凸缘。凸缘本身具有加强开孔的作用，不需再另外补强。缺点是当螺柱折断在螺栓孔中时，取出较困难。由于凸缘与管道法兰配用，因此它的连接尺寸应根据所选用的管法兰来确定。

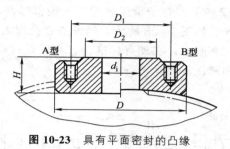

图 10-23 具有平面密封的凸缘

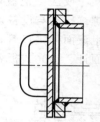

图 10-24 常压手孔

10.3.3 手孔与人孔

压力容器开设手孔和人孔是为了检查设备的内部空间以及安装和拆卸设备的内部构件。手孔直径一般为 $150\sim250\text{mm}$，标准手孔公称直径有 $DN150$ 和 $DN250$ 两种。手孔的结构一般是在容器上接一短管，并在其上盖一盲板。图 10-24 所示为常压手孔。

当设备的直径超过 900mm 时，不仅开有手孔，必要时还应开设人孔。人孔的形状有圆形和椭圆形两种。椭圆形人孔的短轴应与受压容器的筒身轴线平行。圆形人孔的直径一般为 $400\sim600\text{mm}$，容器压力不高或有特殊需要时，直径可以大一些。椭圆形人孔（或称长圆形人孔）的最小尺寸为 $400\text{mm}\times300\text{mm}$。

人孔主要由筒节、法兰、盖板和手柄组成。一般人孔有两个手柄，手孔有一个手柄。容器在使用过程中，人孔需要经常打开时，可选用快开式结构人孔。图 10-25 所示是一种回转盖快开人孔的结构图。

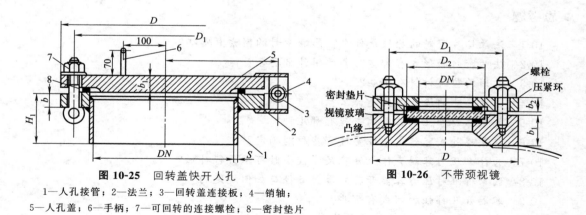

图 10-25 回转盖快开人孔

1—人孔接管；2—法兰；3—回转盖连接板；4—销轴；
5—人孔盖；6—手柄；7—可回转的连接螺栓；8—密封垫片

图 10-26 不带颈视镜

人孔（HG/T 21515—2014～HG/T 21527—2014）和手孔（HG/T 21528—2014～HG/T 21535—2014）设计时可根据设备的公称压力、工作温度以及所用材料等按标准直接选用。

10.3.4 视镜与液面计

（1）**视镜** 除了用来观察设备内部情况外，也可用于物料液面指示镜。用凸缘构成的视镜称为不带颈视镜（图 10-26），其结构简单，不易结料，有比较宽阔的视察范围。当视镜需要斜装或设备直径较小时，则需采用带颈视镜，如图 10-27 所示。视镜已经标准化，目前在化工生产中常用的还有压力容器视镜、带灯视镜、带灯有冲洗孔的视镜、组合视镜等。

（2）**液面计**　其种类很多。公称压力不超过 0.7MPa 的设备，可以直接在设备上开长条孔，利用矩形凸缘或法兰把玻璃固定在设备上。对于承压容器，一般都是将液面计通过法兰、活接头或螺纹接头与设备连接在一起，如图 10-28 所示。当设备直径很大时，可以同时采用两组或几组液面计接口管，如图 10-29 所示。在现有标准中，有反射式玻璃板液面计、反射式防霜液面计、透光式板式液面计和磁性液面计。

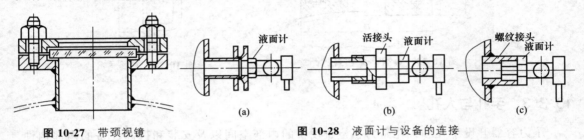

图 10-27　带颈视镜　　　　　　　　　　图 10-28　液面计与设备的连接

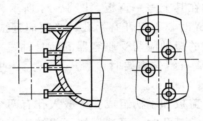

图 10-29　两组液面计接口管

● **思考题**

10-1　法兰垫片密封的原理是什么？影响密封的因素有哪些？

10-2　法兰密封面形式有哪些？各适用什么场合？

10-3　常用的垫片材料有哪些？

10-4　法兰尺寸的设计依据是什么？

10-5　卧式容器和立式容器的支座有哪几种？

10-6　双鞍座卧式容器支座位置按哪些原则确定？

10-7　为什么压力容器壳体上开孔尺寸较小时可不另行补强？

10-8　国家标准对压力容器开孔的最大直径是如何规定的？

10-9　容器开孔补强的形式有哪些？

10-10　法兰、支座的设计标准是什么？

第 11 章

容器设计举例

试设计一液氨储罐。工艺尺寸已确定：储罐内径 $D_i = 2000\text{mm}$，储罐（不包括封头）长度 $L = 4800\text{mm}$。使用地点：天津。

11.1 罐体壁厚设计

根据第二篇第 7 章选材所作的分析，本储罐选用 Q345R 制作罐体和封头。

设计壁厚 δ_d 根据式（9-16）计算：

$$\delta_d = \frac{p_c D_i}{2[\sigma]^t \phi - p_c} + C_2$$

本储罐在夏季最高温度可达 40℃，这时氨的饱和蒸气压为 1.555MPa（绝对压力），故取计算压力 $p_c = 1.1 \times 1.455 = 1.6\text{MPa}$（表压），$D_i = 2000\text{mm}$，$[\sigma]^t = 189\text{MPa}$（附录 4），$\phi = 1.0$（双面对接焊缝，100% 探伤，表 9-7），$C_2 = 1.0\text{mm}$，于是

$$\delta_d = \frac{1.6 \times 2000}{2 \times 189 \times 1.0 - 1.6} + 1.0 = 9.5\text{mm}$$

取 $C_1 = 0.3\text{mm}$，圆整后取 $\delta_n = 10\text{mm}$ 的 Q345R 钢板制作罐体。

11.2 封头壁厚设计

采用标准椭圆形封头。双面对接焊缝 100% 探伤，$\phi = 1.0$。设计壁厚 δ_d 按式（9-41）计算的标准椭圆形封头的计算壁厚 δ，再加上腐蚀裕量 C_2。

$$\delta_d = \frac{p_c D_i}{2[\sigma]^t \phi - 0.5 p_c} + C_2 = \frac{1.6 \times 2000}{2 \times 189 \times 1.0 - 0.5 \times 1.6} + 1.0 = 9.48\text{mm}$$

考虑钢板厚度负偏差及冲压减薄量，圆整后取 $\delta_n = 10\text{mm}$ 的 Q345R 钢板制作封头。

校核罐体与封头水压试验强度的计算根据式（9-25）：

$$\sigma_T = \frac{p_T(D_i + \delta_e)}{2\delta_e} \leq 0.9 R_{eL} \phi$$

式中，$p_T = 1.25 p_c = 1.25 \times 1.6 = 2.0\text{MPa}$，$\delta_e = \delta_n - C = 10 - 1.3 = 8.7\text{mm}$，$R_{eL} = 345\text{MPa}$（附录 4），则

$$\sigma_T = \frac{2.0 \times (2000 + 8.7)}{2 \times 8.7} = 230.9\text{MPa} \leq 0.9 R_{eL} \phi = 0.9 \times 345 \times 1.0 = 310.5\text{MPa}$$

水压试验满足强度要求。

11.3 鞍座设计

首先粗略计算鞍座负荷。

储罐总质量

$$m = m_1 + m_2 + m_3 + m_4$$

式中，m_1 为罐体质量；m_2 为封头质量；m_3 为液氨质量；m_4 为附件质量。

(1) 罐体质量 m_1　$DN = 2000\text{mm}$，$\delta_n = 10\text{mm}$ 的筒节，每米质量为 $q_1 = 496\text{kg/m}$（见附录 10），故

$$m_1 = q_1 L = 496 \times 4.8 = 2380.8\text{kg}$$

(2) 封头质量 m_2　$DN = 2000\text{mm}$，$\delta_n = 10\text{mm}$，直边高度 $h = 25\text{mm}$ 的椭圆形封头，其质量为 $q_2 = 346\text{kg}$（见附录 10），故

$$m_2 = 2q_2 = 2 \times 346 = 692\text{kg}$$

(3) 充液质量 m_3

$$m_3 = V\rho$$

式中，V 为储罐容积，$V = V_{\text{封}} + V_{\text{筒}} = 2 \times 1.126$（见附录 10）$+ 4.8 \times 3.142$（见附录 10）$= 17.33\text{m}^3$；$\rho$ 为水的密度为 1000kg/m^3（水压试验校核）。

$$m_3 = 17.33 \times 1000 = 17330\text{kg}$$

(4) 附件质量 m_4　人孔约重 200kg，其他接管的总和按 300kg 计，故

$$m_4 = 500\text{kg}$$

设备总质量

$$m = m_1 + m_2 + m_3 + m_4 = 2380.8 + 692 + 17330 + 500 = 20902.8\text{kg} \approx 20.9\text{t}$$

设备总质量 20.9t（相当于重量为 209kN），用 2 个鞍座，则每个鞍座承担的载荷为 $209/2 = 104.5\text{kN}$。查表 10-7，知 $DN2000$ 的允许载荷 $[Q]$ 为 300kN（轻型）。因为 $104.5\text{kN} < [Q]$，所以选用轻型带垫板、包角为 120° 的鞍座，即 JB/T 4712.1—2007 鞍座 A2000-F 和鞍座 A2000-S。

11.4 人孔设计

根据储罐是在常温及最高工作压力为 1.6MPa 的条件下工作，人孔标准应按公称压力为 1.6MPa 的等级选取。从人孔类型系列标准可知，公称压力为 1.6MPa 的人孔类型很多。本设计考虑人孔盖直径较大、重量较重，故选用水平吊盖带颈平焊法兰人孔。该人孔结构中有吊钩和销轴，检修时只需松开螺栓将盖板绕销轴旋转一个角度，由吊钩吊住，不必将盖板取下。

该人孔标记为：HG/T 21523 人孔 RFⅢ（A·XB350）450-1.6，其中 RF 指突面密封，Ⅲ 指接管与法兰的材料为 Q345R，A·XB350 是指用石棉橡胶板垫片，450-1.6 是指公称直

径为 450mm、公称压力为 1.6MPa。

11.5 人孔补强确定

本设计所选用的人孔筒节内径 $d_i=450$mm，壁厚 $\delta_n=10$mm。故补强圈尺寸确定如下：补强圈内径 $D_1=484$mm，外径 $D_2=760$mm，根据补强的金属面积应大于等于开孔减少的截面积，补强圈的厚度按下式估算，即

$$\delta_{补} = \frac{(d_i+2C)\,\delta}{D_2-D_1} = \frac{(450+2\times1.3)\times(10-1.3)}{760-484} = 14.3\text{mm}$$

故补强圈取 16mm 厚的标准补强圈（JB/T 4736—2002）。

11.6 接口管设计

本储罐设有以下接口管。

（1）液氨进料管 采用 $\phi57$mm$\times3.5$mm 无缝钢管。管的一端切成 45°，伸入储罐内少许。配用具有突面密封的平焊管法兰，法兰标记：HG 20592 法兰 SO50-16 RF Q345R。因为壳体名义壁厚 $\delta_n=10$mm，接管公称直径小于 80mm，故不用补强。

（2）液氨出料管 采用可拆的压出管 $\phi25$mm$\times3$mm，将它用法兰套在接口管 $\phi38$mm$\times3.5$mm 内，即大管套小管。

罐体的接口管法兰采用 HG 20592 法兰 SO32-16 RF Q345R。与该法兰相配并焊接在压出管的法兰上，其连接尺寸和厚度与 HG 20592 法兰 SO32-16 RF Q345R 相同，但其内径为 25mm（见总装图的局部放大图）。液氨压出管的端部法兰（与氨输送管相连）采用 HG 20592 法兰 SO20-16 RF Q345R。这些小管都不必补强。压出管伸入储罐 2.5m。

（3）排污管 储罐右端最底部安设排污管一个，管子规格是 $\phi57$mm$\times3.5$mm，管端焊有一与截止阀 J41W-16 相配的管法兰 HG 20592 法兰 SO50-16 RF Q345R。排污管与罐体连接处焊有一厚度为 10mm 的补强圈。

（4）液面计接口管 本储罐采用玻璃管液面计 BIW $PN1.6$，$L=1000$mm，HG 5-227-80两支。

与液面计相配的接口管尺寸为 $\phi18$mm$\times3$mm，管法兰为 HG 20592 法兰 SO15-16 RF Q345R。

（5）放空管接口管 采用 $\phi32$mm$\times3.5$mm 无缝钢管，法兰 HG 20592 法兰 SO25-16 RF Q345R。

（6）安全阀接口管 安全阀接口管尺寸由安全阀泄放量决定。本储罐选用 $\phi32$mm$\times2.5$mm 的无缝钢管，法兰为 HG 20592 法兰 SO25-16 RF Q345R。

11.7 设备总装配图

储罐的总装配图如图 11-1 所示，各零部件的名称、规格、尺寸、材料等见明细表。
本储罐技术要求如下：

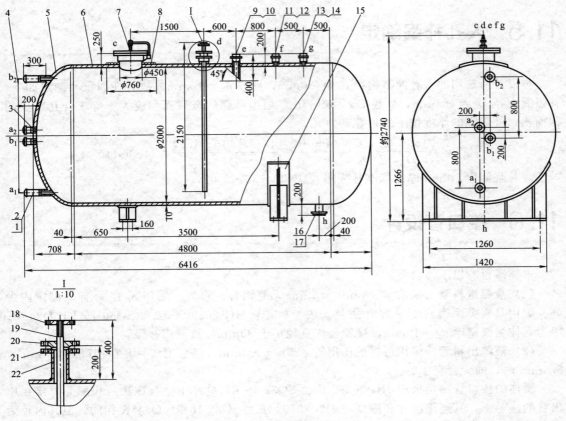

图 11-1　储罐总装配图

技术特性

名称	设计压力	工作温度	物料名称	容积
指标	1.6MPa	≤40℃	液氨	17.33m³

接口管表

符号	连接法兰标准	密封面形式	用途
a_1、a_2	HG/T 20592　SO15-16	RF	液面计接口管
b_1、b_2	HG/T 20592　SO15-16	RF	液面计接口管
c	HG/T 20592　SO450-16	RF	人孔
d	HG/T 20592　SO32-16	RF	出料管
e	HG/T 20592　SO50-16	RF	进料管
f	HG/T 20592　SO25-16	RF	安全阀接口管
g	HG/T 20592　SO25-16	RF	放空口
h	HG/T 20592　SO50-16	RF	排污口

总图材料明细表

序号	图号或标准号	名称	材料	数量	单重 质量/kg	总重 质量/kg	备注
22	GB 8163—2018	出料接口管 $\phi38\times3.5,L=200$	10	1		0.5	
21	HG/T 20592—2009	法兰 SO 32-16 RF	Q345R	1		1.6	
20	HG/T 20592—2009	法兰内径 $\phi35$,其他尺寸按 SO 32-16	Q345R	1		1.86	
19	GB 8163—2018	压料接口管 $\phi25\times3,L=2750$	10	1		4.5	
18	HG/T 20592—2009	法兰 SO 20-16 RF	Q345R	1		0.94	
17	GB 8163—2018	排污接口管 $\phi57\times3.5,L=210$	10	1		1.0	
16	HG/T 20592—2009	法兰 SO 50-16 RF	Q345R	1		2.77	
15	JB/T 4712-2007	鞍座 A2000-F 鞍座 A2000-S	Q235A·F	2	420	840	
14	HG/T 20592—2009	法兰 SO 25-16 RF	Q345R	1		1.12	
13	GB 8163—2018	放空管接口管 $\phi32\times3.5,L=210$	10	1		0.58	
12	HG/T 20592—2009	法兰 SO 25-16 RF	Q345R	1		1.12	
11	GB 8163—2018	安全阀接口管 $\phi32\times3.5,L=210$	10	1		0.58	
10	HG/T 20592—2009	法兰 SO 50-16 RF	Q345R	1		2.77	
9	GB 8163—2018	进料接口管 $\phi57\times3.5,L=400$	10	1		1.85	
8	JB/T 4736—2002	补强圈 $\phi760/\phi484,\delta=16$	Q345R	1		33.9	
7	HG/T 21523—2014	人孔 RFⅢ(A·XB330)450-1.6	组合件	1		178	
6		罐体 $DN2000\times10,L=4800$	Q345R	1		2380.8	
5	JB 5198—2010	封头 $DN2000\times10,h=25$	Q345R	2	346	692	
4	HG 21592—1995	玻璃管液面计 BIW $PN1.6$	组合件	2	12.6	25.2	
3	GB 8163—2018	液面计接口管 $\phi18\times3,L=210$	10	2	0.23	0.46	
2	HG/T 20592—2009	法兰 SO15-16 RF	Q345R	4	0.68	2.72	
1	GB 8163—2018	液面计接口管 $\phi18\times3,L=400$	10	2	0.44	0.88	

工程名称	
设计项目	
设计阶段	施工图

（企业名称）

审核	
校对	
设计	
制图	
描图	

液氨储罐装配图

（$\phi2000\times6416,V=17.33m^3$）

| 年　月 | 比例 | 1:30 | 第1张 | 共1张 |

① 本设备按 GB 150.1—2011～GB 150.4—2011《压力容器》和 HG/T 20584—2011《钢制化工容器制造技术要求》进行制造、检验和验收；

② 焊接采用电弧焊，焊条牌号 Q345R 间为 J507，Q345R 与碳钢间为 J427；

③ 焊接接头形式及尺寸除图中注明外，按 HG/T 20583—2011 的规定，不带补强圈的接口管与筒体的焊接接头形式为 G2，角焊缝的焊角尺寸按较薄板的厚度，法兰的焊接按相应法兰标准中的规定；

④ 设备筒体的 A、B 类焊接接头应进行无损检测，检测长度为 100%，射线检测不低于

JB/T 4730—2005 RTⅡ为合格，且射线照相质量不低于 AB 级；

  ⑤ 设备制造完毕后，以 2.0MPa 表压进行水压试验；

  ⑥ 管口方位按图。

11.8　承压容器计算机辅助设计

  20 世纪 90 年开始，我国承压容器领域全面进入计算机辅助设计阶段。在承压容器领域内，计算机辅助设计技术的应用已经日趋成熟。承压容器领域常用的设计软件主要有两大类：承压容器设计计算软件和有限元应力分析软件。本节简要介绍我国承压容器行业正式推荐使用的常规设计计算软件《过程设备强度计算软件包 SW6-2011》（以下简称为 SW6-2011）以及用于结构应力分析的 ANSYS 有限元分析软件的功能。

11. 8. 1　SW6-2011 软件

  随着 GB 150、GB/T 151、NB/T 47041、NB/T 47042 等标准的更新并实施，SW6-1998 也随之升级换版，先后推出了 SW6-2011v1.0、v2.0、v3.0、v4.0。同时，SW6-2011 中还增加了许多工程中常用的结构。

  SW6-2011 主要是根据以下标准所提供的计算方法进行编制：

➢ GB 150—2011《压力容器》；

➢ GB/T 151—2014《热交换器》；

➢ NB/T 47041—2014《塔式容器》；

➢ NB/T 47042—2014《卧式容器》；

➢ GB 12337—2014《钢制球形储罐》；

➢ HG/T 20582—2011《钢制化工容器强度计算规定》。

  SW6-2011 共有 11 个设备级计算程序、一个零部件计算程序和一个用户材料数据库管理程序。下面以上述液氨储罐的设计为例，介绍 SW6-2011 的使用方法。如图 11-2 所示，SW6-2011 软件操作分为三步。首先进入"数据输入"模块，在图 11-3～图 11-5，分别输入主体设计参数、简体参数、左右封头参数（因对称只以左封头为例）、鞍座和开孔补强参数。接下来运行"计算"模块，待计算结束后，点击"形成计算书"生成《过程设备设计计算书》（见附录 11）。

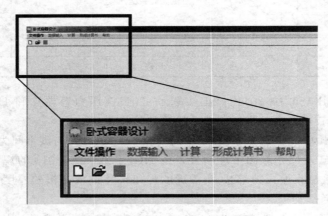

图 11-2　SW6-2011 软件操作界面

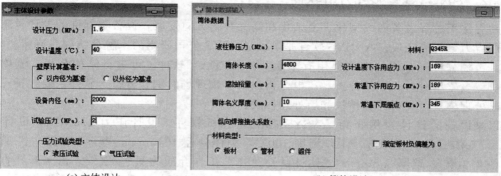

(a) 主体设计　　　　　　　　　　　　　　　(b) 简体设计

图 11-3 主体设计和简体设计参数输入界面

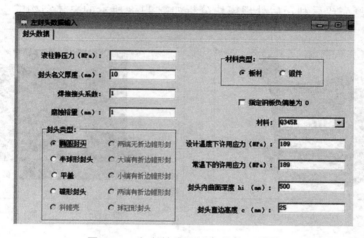

图 11-4 左右封头设计参数输入界面

(a) 鞍座　　　　　　　　　　　　　　　　(b) 开孔补强

图 11-5 鞍座和开孔补强设计参数输入界面

11. 8. 2　ANSYS 有限元分析软件

随着化工过程设备向大型化、复杂化和高参数化方向发展，设备零部件的设计越来越多地利用应力分析来完成。ANSYS 软件是美国 ANSYS 公司研制的，融合结构、流体、电场、磁场、声场分析于一体的大型通用有限元分析（FEA）软件。可进行结构分析、流体动力学分析、电磁场分析、声场分析、压电分析以及多物理场的耦合分析。软件主要包括三个部分：前处理模块，分析计算模块和后处理模块。

以某设备的设计为例介绍 ANSYS 有限元分析软件。设计压力 1.5MPa，设计温度 110℃，工作压力 1.43MPa，工作温度 100℃，筒体外径 1040mm，壁厚 22mm，三通接管的外径 273mm，壁厚 8.8mm，主体材料 Q245R，工作介质为氮气/氩气。由于开孔直径较大，超出等面积法适用范围，且不在 GB/T 150.2 中的分析法适用范围内，需要采用有限元方法进行计算。如图 11-6 和图 11-7 所示，在前处理模块中建立结构总体几何模型，并划分有限单元网格。因为总体结构为对称，所以只需建立 1/2 模型。施加应力和约束后运行分析计算模块。待计算完成后利用后处理模块分析如图 11-8 所示的总体结构的应力大小和分布。

图 11-6　结构总体几何模型

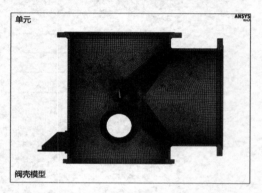

图 11-7　总体单元网格

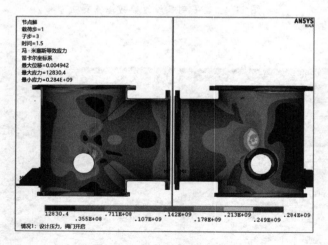

图 11-8　总体结构应力分布

![第三篇]

习　题

1. 有一球罐，其内径为 20m（可视为中面直径），厚度为 20mm。内储存液化石油气。设液化石油气的饱和蒸气压为 0.6MPa，试确定该球壳中的薄膜应力。

2. 某化工厂反应釜，内径为 1600mm。工作温度为 5～105℃，工作压力为 1.6MPa，釜体材料用 06Cr19Ni10。采用双面对接焊缝，局部无损探伤，凸形封头上装有安全阀，试计算釜体壁厚。

3. 材料为 20 的无缝钢管，规格为 $\phi57 \times 3.5$，求在室温和 400℃时，各能耐多大的压力，按不考虑壁厚附加量和 $C = 1.5mm$ 两种情况计算。

4. 今欲设计一台反应器，直径为 3000mm，采用双面对接焊缝，100%探伤。工作压力为 1.8MPa，工作温度 450℃，试用 Q245R 和 Q345R 两种材料分别设计反应器的厚度，并作分析比较。

5. 乙烯储罐，内径 1600mm，壁厚 16mm，设计压力为 2.5MPa，工作温度－35℃，材料为 Q345R。采用双面对接焊，局部无损探伤，壁厚附加量 $C = 1.5mm$，试校核强度。

6. 设计容器筒体和封头壁厚。已知内径 1200mm，设计压力 1.8MPa，设计温度 40℃，材质为 Q245R，介质无大腐蚀性。双面对接焊缝，100%探伤。讨论所选封头的形式。

7. 一个材质为 Q345R 的内压反应釜，内径 3000mm，工作压力 1.6MPa（装有安全阀），工作温度 200℃，釜体采用双面对接焊，局部无损探伤，内部介质对碳钢有轻微腐蚀，考虑大气腐蚀。（1）设计釜体壁厚，并校核水压试验强度；（2）采用标准椭圆封头，拼焊成型，双面对接焊，100%无损探伤，求封头的名义壁厚。

8. 有一长期不用的反应釜，经实测内径为 1200mm，最小壁厚为 10mm，材质为 Q235B，纵向焊缝为双面对接焊，是否曾作探伤不清楚，今欲利用该釜承受 1MPa 的内压力，工作温度为 200℃，介质无腐蚀性，装设安全阀，试判断该釜能否在此条件下使用。

9. 有一台聚乙烯聚合釜，外径 1580mm，高 7060mm，壁厚 11mm，材质为 0Cr18Ni9，试确定釜体的最大允许外压力（设计温度为 200℃）。

10. 今欲设计一台常压薄膜蒸发干燥器，内径为 500mm，其外装夹套的内径为 600mm，夹套内通 0.53MPa 的蒸汽，蒸汽温度为 160℃，干燥器筒身由三节组成，每节长 1000mm，中间用法兰连接。材质选用 Q235B，夹套焊接条件自定。介质腐蚀性不大，试确定干燥器及其夹套的壁厚。

11. 设计一台缩聚釜，釜体内径 1000mm，筒体高度为 700mm，用 06Cr19Ni10 钢板制造。釜体夹套内径为 1200mm，用 Q235B 钢板制造。该釜开始是常压操作，然后抽低真空，继之抽高真空，最后通 0.3MPa 的氮气。釜内物料温度＜275℃，夹套内载热体最大压力为 0.2MPa。整个釜体与夹套均采用带垫板的单面手工对接焊缝，局部探伤，介质无腐蚀性，试确定釜体和夹套壁厚。

12. $DN2000$ 的 S30408 制成的外压圆筒，圆柱筒体长 8000mm，名义壁厚 6mm，两侧封头凸面高度 600mm，介质为稀 $NaOH$ 溶液，常温下使用。（1）试计算筒体能承受的许可外压。（2）若对该筒体抽高真空，需要加几个加强圈？

13. 试设计一中间试验设备——轻油裂解气废热锅炉汽包筒体及标准椭圆形封头的壁厚，并画出封头草图，注明尺寸。已知设计条件为：设计压力 1.2MPa，设计温度 350℃，汽包内径 450mm，材质为 Q345R，筒体带垫板，单面对接焊缝，100%探伤。

14. 一个 Q245R 制反应器筒体上端内径 $D_i = 3500mm$，下端内径 $D_{is} = 2000mm$，中间用无折边锥壳过渡，半顶角 $\alpha = 30°$；反应器设计压力 $p = 0.55MPa$，设计温度 $T = 200℃$，焊缝系数 $\phi = 0.85$，腐蚀裕量 $C_2 = 2mm$，试对该壳段做初步设计。

15. 试为一精馏塔配塔节与封头的连接法兰及出料口接管法兰。已知条件为：塔体内径 800mm，接管公称直径 100mm，操作温度 300℃，操作压力 0.25MPa，材质 Q235B。绘出法兰结构图并注明尺寸。

16. 为一不锈钢（06Cr19Ni10）制的压力容器配制一对法兰，最大工作压力为 1.6MPa，工作温度为 150℃，容器内径为 1200mm。确定法兰形式、结构尺寸，绘出零件图。

17. 在直径为 1200mm 的液氨储罐上开一个 $\phi450$ 圆形人孔，试配制该人孔法兰（包括法兰、垫片、螺栓）。

第三篇　参考文献

[1]　GB 150—2011 压力容器.
[2]　TSG R0004—2009 固定式压力容器安全技术监察规程.
[3]　顾芳珍，陈国桓. 化工设备设计基础. 天津：天津大学出版社，1994.
[4]　董大勤等. 化工设备机械基础. 4 版. 北京：化学工业出版社，2011.
[5]　NB/T 47020—2012～NB/T 47027—2012 压力容器法兰、垫片、紧固件.
[6]　HG/T 20592—2009～HG/T 20635—2009 钢制管法兰、垫片、紧固件.
[7]　JB/T 4712.1—2007 鞍式支座.
[8]　JB/T 4712.2—2007 腿式支座.
[9]　JB/T 4712.3—2007 耳式支座.
[10]　JB/T 4712.4—2007 支承式支座.
[11]　JB 4736—2002 补强圈.
[12]　HG/T 21514—2014～HG/T 21535—2014 钢制人孔和手孔.
[13]　GB/T 8163—2018 输送流体用无缝钢管.
[14]　JB/T 4730—2005 承压设备无损检测.
[15]　HG/T 20583—2011 钢制化工容器制造技术要求.
[16]　HG/T 20584—2011 钢制化工容器结构设计规定.
[17]　HG 21523—2014 水平吊盖带颈平焊法兰人孔.

第 四 篇

典型化工设备

在石油、化工、医药、轻工等生产过程中，根据工艺要求，形式多样的塔设备、换热器和反应器被大量使用。因此，设计人员需要了解上述典型化工设备的基本结构以及强度计算方法。

在石油炼制工厂中，塔设备的投资约占总投资的 $10\% \sim 20\%$。塔设备常用来进行精馏、吸收、解吸、气体的增湿及冷却等单元操作过程，在塔设备内可进行气-液或液-液两相间的充分接触，实施相间传质。塔设备的长径比较大，塔内件的结构形式对塔设备的性能影响显著。塔设备设计时需要考虑风载荷和地震载荷。

换热器在工业生产中也占有重要地位。在化工厂中，换热器的投资约占总投资的 $10\% \sim 20\%$；在石油炼制工厂中，约占总投资的 $35\% \sim 40\%$。换热器的主要作用是把热量由温度较高的流体传递给温度较低的流体，使流体温度满足单元操作要求。换热器需要提高传热效率、减少传热面积、降低压降、提高装置热强度。

反应釜是通过化学反应将原料生产成产品所需的重要设备之一。需要根据单元操作的工艺条件，合理选择反应釜的结构形式、搅拌装置和传动装置。

第 12 章

塔 设 备

12.1 概述

在石油、化工、轻工等各个工业部门中，气、液两相直接接触进行传质及传热的过程是很多的，如精馏、吸收等都属于此类。这些过程大多是在塔设备内进行，塔设备是一种常用的石油、化工设备。据统计，在石油炼制的工厂中，塔设备钢材的重量占全厂设备总重的$25\%\sim30\%$，塔设备的投资约占全厂总投资的$10\%\sim20\%$。

塔设备除需满足特定的化工工艺要求外，还需考虑下列基本要求：

① 气、液处理量大，即生产能力大；

② 气、液充分接触，气、液在整个塔截面上分布均匀，即效率高；

③ 流体流动阻力小，即压强降小；

④ 塔的操作范围宽，在负荷变动较大时，效率变化不大，即操作弹性大；

⑤ 结构简单可靠，金属耗用量小，制造成本低；

⑥ 不易堵塞，易于操作、调节及检修。

一个塔设备要同时满足上述各方面要求是有困难的。因此，应从生产需要及经济合理出发，正确处理上述各项要求。

按照塔设备内部构件的结构形式，大致可分为两类：板式塔及填料塔。

① 在板式塔中，塔内设有许多塔盘，上、下两塔盘间有一定的距离。板式塔按塔盘结构不同，主要有：泡罩塔、筛板塔、浮阀塔、舌形喷射塔以及近期发展起来的一些新型和复合型塔（如浮动喷射塔、浮舌塔、压延金属网板塔、林德筛板塔、浮阀-筛孔塔、多降液管筛板塔）。

② 填料塔内分层安放一定高度的填料层。填料层的作用相当于板式塔中的塔盘。填料的种类很多，通常分为散装和规整填料两类。常见的散装填料有瓷环（拉西环）、矩鞍形填料、鲍尔环等；规整填料有金属网波纹填料等。

本章主要分析和阐述板式塔和填料塔的结构设计及有关的一些机械设计计算。

12.2 板式塔结构

12.2.1 总体结构

总体结构如图 12-1 所示。板式塔的主体部分由塔体和裙座构成。塔体和裙座多采用钢板焊制。裙座的上端与塔体底封头焊接在一起，下端通过地脚螺栓固定在基础上。有的塔体需用铸铁制造，往往以每层塔盘为一段，然后用法兰连接。

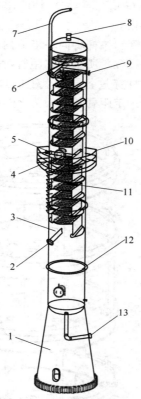

图 12-1　板式塔总体结构简图

1—裙座；2—蒸汽入口管；3—壳体；4—人孔；
5—进料管；6—除沫器；7—吊柱；8—蒸汽出口管；9—回流管；
10—平台；11—塔盘；12—保温圈；13—出料管

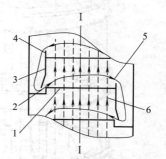

图 12-2　塔内气液流向

1—塔板；2—受液盘；3—降液管；
4—溢流堰；5—液流；6—蒸气

　　板式塔的内部有许多层塔盘。塔内气液流向如图 12-2 所示。各层塔盘的结构是相同的，由塔板、受液盘、降液管、溢流堰以及支承件、紧固件所构成。一般塔盘间距相同。开有人孔的塔盘间距较大，通常为 700mm。最底一层塔盘到塔底的距离也比塔盘间距高，因为塔底空间起着储槽的作用，保证料液有足够的储存，使塔底液体不致流空。最高一层塔盘和塔顶距离也高于塔盘间距。在许多情况下，在这一段上还装有除沫器。

　　塔体上有许多接管口。如：用于安装、检修塔盘的人孔，物料进出的接管，安装化工仪表用的短管。

　　为了塔的保温，在塔体上每隔一定高度焊有保温材料的支承圈，即保温圈，以便安装保温层。有时在塔身上安装扶梯、平台，在塔顶上安装可转动的吊柱。

　　塔盘又称塔板。塔盘在结构方面要求有一定的刚度以维持水平；塔盘与塔壁之间有一定的密封性以避免气、液短路。

　　塔盘结构有整块式和分块式两种。当塔径在 800mm 以下时，建议采用整块式塔盘；当塔径在 800mm 以上时，人可以在塔内进行装拆，采用分块式塔盘。因塔径大，分块式塔盘容易满足刚度、制造、装拆方便等要求。

12.2.2　整块式塔盘

根据组装方式不同，分为定距管式 [图 12-3(a)]和重叠式 [图 12-3(b)]两类。整块式塔盘板的厚度，碳钢为 3~4mm，不锈钢为 2~3mm。

(1) 定距管式塔盘　塔盘与塔盘之间用定距管和拉杆将同一塔节内的若干块塔盘固定在塔节内的支座上，塔节之间用法兰连接。如图 12-3(a) 所示。定距管对塔盘起支承作用并保证相邻两塔盘的板间距。定距管内有一拉杆，拉杆穿过各层塔盘上的拉杆孔，拧紧拉杆上、下两端螺母，就可以把各层塔板紧固成一个整体。定距管数一般为 3~4 根。

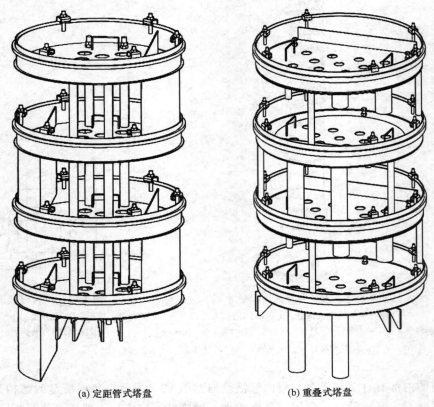

(a) 定距管式塔盘　　　　　(b) 重叠式塔盘

图 12-3　整块式塔盘

(2) 重叠式塔盘　如图 12-3(b) 所示，在塔节的下部焊接一组支座，塔盘支承在支座上。塔盘上焊接三根支柱钢管，它的上端又与支承板焊固成一体。上一层塔盘不是直接搁置在支承板上，它们之间通过三个调节螺钉支承。可用螺钉调节塔盘水平。就这样，一层一层往上重叠。

12.2.2.1　塔盘密封结构

在整块式塔盘结构中，由于塔盘与塔壁存在间隙，故每层塔盘须用填料密封，它由石棉绳填料、压圈、压板、螺栓及螺母组成。螺栓焊在塔盘圈上，拧紧螺母，压板压向压圈，而压圈压缩填料使之变形以达到密封的目的。密封填料每个压圈上焊两个吊耳，以便装拆。密封填料一般采用 ϕ10~12mm 的石棉绳，放置 2~3 层。

12.2.2.2　降液管结构

降液管的结构有弓形和圆形两类。由于圆形降液管的面积较小，故除了液体负荷较小时采用外，一般常用弓形降液管（图12-4）。在整块式塔盘中，弓形降液管是用焊接方法固定在塔盘上的。它由一块平板和弧形板构成。降液管出口处的液封，由下层塔盘的受液盘来保证。但在最下层塔盘的降液管的末端应另设液封槽，如图12-4所示。液封槽的尺寸，由工艺条件决定。

12.2.2.3 塔节长度

塔节长度受塔径和塔盘支承结构的影响。当塔径在 300～500mm 时，只能将手臂伸入塔节内进行塔盘安装。这时塔节长度以 800～1000mm 为宜。当塔径为600～700mm 时，可将上身伸入塔内进行安装，塔节长度可为 1200～1500mm。当塔径大于 800mm 时，人可进入塔内安装，但塔节长度以不超过 2000～2500mm 为宜。因为定距管支承结构受到拉杆长度和塔节内塔盘数的限制，一般每个塔节内的塔盘数不希望超过 5～6 块，否则会使安装困难。

12.2.3 分块式塔盘

当塔径较大时，人可以进入塔内安装、检修塔盘。此时塔身为一焊制整体圆筒。不分塔节，而塔盘板则分成数块，可以通过人孔送进塔内，装在塔盘固定件上。这种塔盘结构，就是分块式塔盘。

根据塔径大小，分块式塔盘又分单流塔盘、双流塔盘及多流塔盘。当塔径为 800～2400mm 时，可采用单流塔盘；塔径为 2200～4200mm 时，可采用双流塔盘，上一层的降液管在塔中央，下一层的降液管在塔两侧，流道变短。在塔径与液相流量进一步增加的情况下，即使采用双流塔盘，液面落差仍然太大，则可采用多流塔盘。本节内容，仅介绍常用的单流分块式塔盘结构。

图 12-5 所示为单流分块式塔盘。塔盘上的塔板分成 7 块，靠近塔壁的两块塔板叫弓形板，其余都叫矩形板。

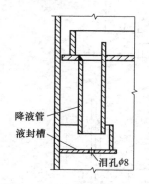

图 12-4 弓形降液管的液封槽

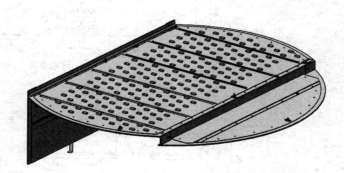

图 12-5 单流分块式塔盘结构

当安装、检修塔盘时，可拆开通道板，上下进行操作。塔板的分块数与塔径的大小有关。不管塔板的分块数多少，中间都必须设置一块检修用的通道板。

上述固定件，包括支持板、降液板、支持圈和受液盘，都被焊在塔壁上，是支承塔板的固定件。当塔径＝1600mm 时，受液盘下面，尚需筋板加固。弓形板固定在支持圈、支持板和受液盘上。矩形板固定在支持板、受液盘和弓形板上，通道板固定在支持板、受液盘、弓形板和矩形板上。紧固后，分块塔板就成为一个整体。

12.2.3.1 塔板结构

塔板结构的设计应满足刚性好、制造装拆方便等要求。塔板结构形式分为平板式、槽式和自身梁式三类。自身梁式能满足上述要求并得到广泛应用。本节仅介绍这种塔板结构。

(1) 矩形板 图 12-6(a) 示出自身梁式矩形板。由于梁是矩形板的一边经冲压加工形成的，且梁与板为一整体，板上一部分载荷由自身梁承受，所以，这种塔板称为自身梁式塔板。板与梁的过渡部分作为凹平面，以便另一塔板放在凹平面上，两塔板能齐平。矩形板的短边上，做成几个放龙门铁用的槽口。塔板上开有一定数量的阀孔或筛孔。矩形板的长边尺寸与塔径 D_1 和堰宽 b 有关，按图中所示公式计算。短边统一取 420mm，以便塔板能从人孔进出。

(2) 通道板 ［图 12-6(b)］示出通道板无自身梁，它的两个长边安置在其他塔板（如弓形板与矩形板）上，而做成一块平板。通道板的长边尺寸同矩形板，短边统一取 400mm。通道板的重量最好不超过 30kg。

(3) 弓形板 ［图 12-6(c)］示出弦边做成自身梁，其长度同矩形板。弓形板圆弧直径按图中所示公式计算，式中，m 为弓形板外缘至塔壁间距，通常 $m=20\sim30$mm。弓形板矢高 e 与塔径、塔板分块数及 m 有关。

矩形板、通道板和弓形板的厚度，对碳钢取 3mm，对不锈钢取 2mm。

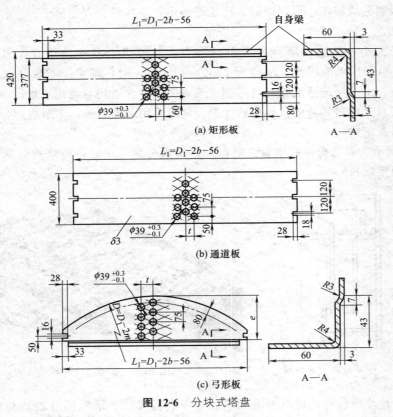

图 12-6 分块式塔盘

12.2.3.2 降液板及受液盘结构

(1) 降液板 有固定式和可拆式两种，前者多用于物料洁净而又不易聚合的场合。在物料腐蚀性较严重或容易聚合的情况下，为了便于检修，降液板多做成可拆卸的。如图 12-7 所示，可拆式降液板由上降液板、可拆降液板及两块连接板构成，相互间用螺栓连接。检修时，松掉螺母，就可以把可拆式降液板取下来。

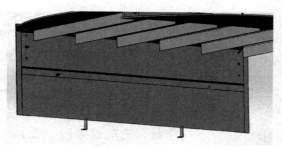

图 12-7 可拆式降液板

（2）**受液盘** 有平板形和凹形两种结构。凹形受液盘较为常用。受液盘的深度有 50mm，125mm，150mm 三种，常见的为 50mm。受液盘的厚度与塔径大小有关，可取 1～6mm。当塔径≤1400mm 时，只需开一个 φ10 的泪孔。

12. 2. 3. 3 塔板的连接与紧固

上述降液板和受液盘，还有支持圈和支持板，都焊在塔壁上，这四种构件都可以作为支承塔板的固定件。连接分块塔板用的紧固件常用的有两种：龙门楔子紧固件与螺纹卡板紧固件。下面结合塔板连接实例，介绍它们的结构。

① 塔板与支持板的连接如图 12-8 所示，塔板与支持板用楔子紧固件连接。安装时，先把龙门铁焊在支持板上，然后使塔板上开的槽对准龙门铁，放置塔板，再用手锤把楔子打入龙门铁的开口中，这样，楔子就把塔板压紧在支持板上。为了防止松动，可把楔子大头与龙门铁点焊住。拆卸时，用手锤敲楔子小端即可打出。焊点不影响塔板外形和再次安装。

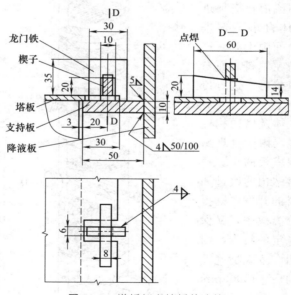

图 12-8 塔板与支持板的连接

② 塔板与受液盘的连接结构及方法与①相同。

③ 弓形板与支持圈用楔子紧固件连接，其结构与前不同的是，由于弓形板靠近塔壁部分不开槽，所以用卡板代替了龙门铁。安装时先放好塔板，再在安装位置上焊上卡板，然后把楔子打入卡板开口中，这样，楔子就把塔板压紧在支持圈上。

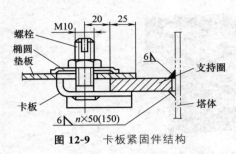

图 12-9　卡板紧固件结构

④ 通道板与矩形板用楔子紧固件连接。两块塔板放好后，根据安装位置，把龙门铁焊在矩形板凹边上，再打入楔子，就把通道板压紧在矩形板上。龙门铁和楔子的结构尺寸同前。

⑤ 卡板紧固件结构如图 12-9 所示。螺柱与卡板焊成一个整体，当拧紧螺母时，通过椭圆垫圈及卡板，把塔板紧固在支持圈上。拆卸时，松开螺母，用扳手夹住方螺柱，旋转 90°，并沿塔板上的扁长孔把螺柱向左平推一下，塔板就可以拆卸了。当物料没有腐蚀性时，除螺柱用 2Cr13 外，其他零件可用普通碳钢。对于不锈钢塔板，除螺母用 1Cr17 外，其他均用 06Cr19Ni10 材料。

12.3　填料塔结构

填料塔在传质形式上与板式塔不同。填料塔是一种连续式气液传质设备，图 12-10 示出某一装置的实例。从图上可以看出，塔的上部有规整填料，中部有散装填料，下部还有规整填料。填料塔操作时，液体自塔上部进入，通过液体分布装置均匀淋洒于填料层上，继而沿填料表面缓慢下流。回流液自塔顶进入，一并往下流。气体自塔下部进入，穿过栅板沿着填料间隙上升。这样，气液两相沿着塔高在填料表面与填料自由空间连续逆流接触，进行传质和传热过程。

过去，由于填料本体及塔内构件不够完善，填料塔大多局限于处理腐蚀性介质或不适宜安装塔板的小直径塔。近年来，由于填料结构的改进和新型高效、高负荷填料的开发，既提高了塔的通过能力和分离效率，又保持了压力降小及性能稳定的特点，因此，填料塔已被推广到许多大型气液传质的操作中，如炼油厂 ϕ10000mm 的蒸馏塔。

除塔体与裙座外，填料塔的内件有液体分布装置、填料、液体再分布装置、填料支承装置及填料压板、除沫装置，此外，还有气、液进出口及人孔（或手孔）等。

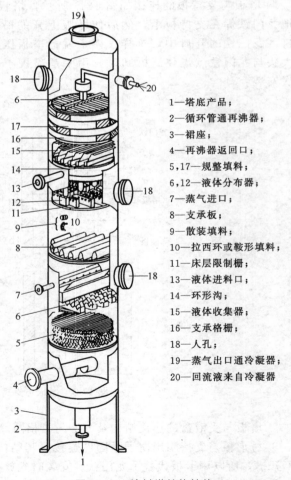

1—塔底产品；
2—循环管通再沸器；
3—裙座；
4—再沸器返回口；
5,17—规整填料；
6,12—液体分布器；
7—蒸气进口；
8—支承板；
9—散装填料；
10—拉西环或鞍形填料；
11—床层限制栅；
13—液体进料口；
14—环形沟；
15—液体收集器；
16—支承格栅；
18—人孔；
19—蒸气出口通冷凝器；
20—回流液来自冷凝器

图 12-10　填料塔总体结构

12.3.1 填料

12.3.1.1 散装填料

按材质区分，散装填料有金属、塑料和陶瓷等。常见几种散装填料如图 12-11 所示，主要类型有拉西环、十字格环、双螺旋环、矩鞍填料等，随后又出现了改进鲍尔环、特勒花环填料、球形填料等。散装填料具有比表面积大、空隙率高、传质效率高、操作弹性大、装卸方便等优点，在工业上被广泛应用。散装填料每米填料理论板数由 1.5～4 块不等，比表面积达到 75～460m²/m³ 或更大。由于散装填料装填的随机性，极容易造成填料塔内的壁流和沟流，填料的端效应非常严重，从而造成填料的放大效应较大。此部分详细内容请参考《化工原理》相关章节。

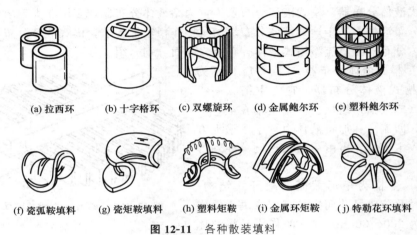

(a) 拉西环　(b) 十字格环　(c) 双螺旋环　(d) 金属鲍尔环　(e) 塑料鲍尔环

(f) 瓷弧鞍填料　(g) 瓷矩鞍填料　(h) 塑料矩鞍　(i) 金属环矩鞍　(j) 特勒花环填料

图 12-11　各种散装填料

12.3.1.2 规整填料

规整填料是指将气液的通道"规范化"，分为格栅填料、波纹填料、脉冲填料等不同类型，按材质可分为金属、塑料、陶瓷等。其中，最早的规整填料是 20 世纪 60 年代瑞士苏尔寿公司研制的金属丝网波纹填料。此后，我国先后研制出碳钢渗铝板波纹填料、压延板波纹填料、板花规整填料等，并在工业上得到了成功的应用。

丝网波纹填料的主要材质有不锈钢、铜、铝、铁、镍等。规整填料的特点是效率高、压降小、操作稳定、持液量小、安装方便、寿命长。不同型号的填料，其每米理论板数可达 2～10 块不等，比表面积可达 125～800m²/m³。

波纹填料由垂直排列的波纹丝网条片组成盘状规整填料，每盘填料高度约 40～300mm，波纹方向与塔轴倾斜角为 30°或 45°，相邻两片波纹方向相反，填料盘直径比塔径小几毫米，视塔径而定。对于塔径较小，用法兰连接的塔内，波纹填料做成一个个圆盘整盘装填，直径略小于塔的内径。在直径较大的塔内，每盘波纹填料分成数块（图 12-12），通过人孔放入塔内，在塔内拼成一个个完整的圆盘。每盘填料外侧箍圈可以有翻边，以防壁流。上下相邻两盘填料的波纹片旋转 90°装填，精密地装满塔截面。大直径规整填料安装时，每块填料中填料片采用穿钉组装，有时也简单地采用金属丝或打包带捆绑。为防止丝网填料在运输中变形，采用金属包角保护填料（图 12-13）。

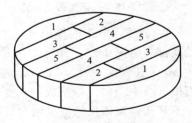

图 12-12　规整填料分块

12.3.2 塔内件

12.3.2.1 液体分布装置

液体分布器置于填料上部，它将回流液和液相加料均匀地分布到填料表面上，形成液体初始分布。液体分布装置设计不合理时，将导致液体分布不均，减少填料润湿面积，增加沟流和壁流现象，直接影响填料塔的处理能力和分离效率。因此，设计液体分布装置应使液体能均匀分散于塔的截面，并使结构简单，通道不易堵塞，且制造与检修方便等。液体分布器按结构形式可分为槽式、喷头式、管式、盘式等。

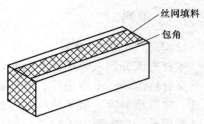

图 12-13 填料的金属包角

（1）槽式液体分布器 槽式液体分布器为重力型液体分布器，多用在大型填料塔中。由于它靠液位分布液体，易于达到液体分布均匀及操作稳定等要求。槽式液体分布器可分为孔流型槽式液体分布器和溢流型槽式液体分布器，下面分别介绍。

① 孔流型槽式液体分布器 图 12-14 所示为二级孔流型槽式液体分布器，它由主槽（一级槽）及分槽（二级槽）组成。一个主槽在上，一排分槽在下。回流液和加料液体由置于主槽上方的进料管进入主槽中，再由主槽按比例分配到各分槽中。

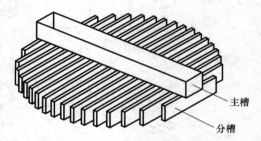

图 12-14 二级孔流型槽式液体分布器

a. 主槽 主槽为矩形截面的敞开式结构，其长度由塔径及分槽尺寸而定，高度取决于操作弹性，一般为 200～300mm，它的作用是将液体稳定均匀地分配到各分槽。主槽底部设有布液装置。图 12-15(a)、(b) 所示为将孔开在槽的侧壁，图 12-15(c) 所示为底孔式。图 12-15(a)、(b) 所示的排液结构虽然复杂，但它允许固体杂质沉积在主槽底部而不会堵塞布液孔。图 12-15(c) 所示结构适于无固体颗粒的物料。

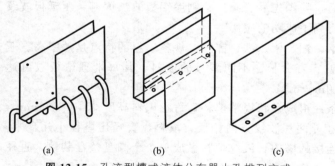

(a)　　　　(b)　　　　(c)

图 12-15 孔流型槽式液体分布器小孔排列方式

图 12-16 底孔式布液结构

b. 分槽 分槽的作用是将主槽分配的液体均匀地分布到填料表面上。分槽的长度由塔径及排列情况而定，其宽度因塔液体流量及所要求的停留时间而略有不同，一般为 30～60mm，其高度一般为 250mm 左右。为了防止进液处液面湍动及液面落差，槽内需设置稳流板（图 12-16）。稳流板的长度一般等于槽长的一半，板上可开大于直径 10mm 的孔，也可不开孔，液体从稳流板两端流入槽中。分槽的布液结构也可分为底孔式、侧孔式，其结构特点与主槽相似，这里不再赘述。

② 溢流型槽式液体分布器　溢流型槽式液体分布器与孔流型槽式液体分布器在结构上有相似之处。它是将孔流型槽式的底孔变成侧溢流孔，溢流孔一般为倒三角形或矩形，如图12-17所示。它适用高液量或易被堵塞的场合。从图12-17中可以看出，液体先流入主槽，依靠液位从主槽的矩形（或三角形）溢流孔分配至分槽中，有时也可从底孔流入分槽，然后也是依靠液位从矩形（或三角形）溢流到填料表

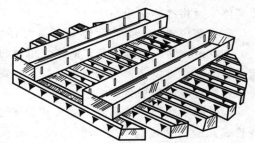

图 12-17　溢流型槽式液体分布器

面。根据塔径大小，主槽可以设置一个或多个。图12-17所示为2个主槽，一般情况下，直径2m以下的塔可设置一个主槽，直径2m以上或直径虽小但液量很大的塔，可设置2个或多个主槽。三角形溢流孔随着液位的升高液体流出的面积加大，因而操作弹性较大。为了改善液体分布质量，三角形溢流孔最好不设计成开口堰，目的是在大液量时在其上面能保持一定的液位，使液体分布更均匀。这种分布器常用于散装填料塔中，由于它的分布质量不如孔流型槽式分布器，因而高效规整填料或精密分离中用得不多。它的安装和孔流型槽式分布器一样，固定在支承圈上。为使布液呈几何均匀分布，分槽比孔流型的分槽宽，一般为100～120mm；其高度比孔流型的小，一般为100～150mm。

（2）**管式液体分布器**　管式液体分布器根据结构的不同可分为压力排管式、重力排管式、喷淋管式和中心管式，如图12-18所示。不同结构的适用范围也不尽相同。管式液体分布器多属于压力型分布器，优点在于不仅适用于规整填料，而且还适用于乱堆填料。常用在液体负荷不太高，但要求喷淋点数多且液体比较清洁、无固体颗粒，同时要求安装、拆卸方便的场合。

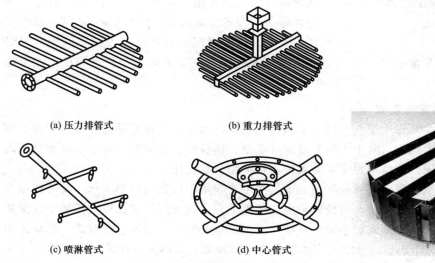

(a) 压力排管式　　　　　　(b) 重力排管式

(c) 喷淋管式　　　　　　(d) 中心管式

图 12-18　管式液体分布器结构

图 12-19　溢流型盘式液体分布器

（3）**溢流型盘式液体分布器**　溢流型盘式液体分布器的液体靠自重通过堰口流出，并沿着溢流管壁呈膜状流下，淋洒至填料层上。溢流型盘式液体分布器的特点是抗堵性能好，结构简单，便于制造。由于液体经过V形缺口时有一水平推力，因此当流量较大时液体落点有偏差，不能呈膜状流下，其操作弹性受影响。如图12-19所示，液体通过进液管流到受液

盘上，然后通过溢流管，淋洒到填料层上。溢流管通常按等边三角形排列，焊在受液盘上。为了避免堵塞，溢流管直径不小于 15mm。溢流管长度通常为管径的 2.5～3 倍，管子中心距约为管径的 2～3 倍。一般在溢流管上缘开有凹槽或齿形槽，有时也可将管口斜切，这样可减少由于降液管上缘不够水平造成的液体溢流的不均匀度。受液盘上开有 ϕ3mm 的泪孔，以便停工时将液体排净。

在安装位置上，盘式液体分布器要有足够的气体释放空间，要求安置在距填料上表面 150～300mm 处。溢流型盘式液体分布器的安装水平度要求比多孔型的要严格，特别是液体流量较小时，难以获得均匀喷淋。综上，溢流型盘式液体分布器适用于物料较脏、分布要求及操作弹性不高的场合。

(4) 喷头式液体分布器 喷头式液体分布器根据喷头的结构不同可以细分为莲蓬头式、弯管式和缺口式，这类分布器的喷淋面积较小，均匀性比较差，一般只适用于塔径小于 300mm 并且对分布均匀性要求不高的场合。其中，莲蓬头式结构与淋浴喷头相似。

12.3.2.2 填料压紧器

为了保持填料塔的正常稳定操作，在填料床层的上端必须安装填料压紧器，否则在高气囊或负荷突然波动时，填料层将发生松动，甚至填料遭到破坏、流失。填料压紧器在提供压紧作用的同时，还要求其阻力小、空隙大，不影响液体分布。

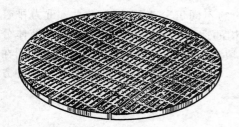

图 12-20 典型的填料压紧栅板

填料压紧器又称填料压板。最常用的填料压紧器制成栅板形状，自由放置于填料层上端，靠自身重量将填料压紧。典型的填料压紧栅板如图 12-20 所示。它是用金属材料制成。对于小直径的塔，可制成整体式；对于大直径的塔，需制成分块式，从塔的人孔装入后在塔内组装。为了防止填料通过栅板，栅条间距定为填料直径的 0.6～0.8 倍，或者采用在其底部垫金属网的办法以加大栅条间距。需要注意，填料压紧栅板重量必须满足 1100Pa 压强的要求，否则需采取增加栅条调试，或附加荷重的方法。

12.3.2.3 填料支承装置

填料支承装置的主要作用是支承床层中填料的重量，因此它应有足够的强度和刚度。填料支承装置一般可分为四类，其中主要有气液分流型、栅板型、栅梁型。由于填料类型不同而使用的支承装置不同，故将填料支承装置按填料类型分别叙述。

(1) 散装填料支承装置 气液分流型支承装置主要应用于散装填料的支承，其工作原理主要是气体由支承板上部喷射出，而液体则由底部流下，这就避免了在孔板或栅板中气液从同一孔中逆流通过。按结构形式的不同，气液分流型支承装置可分为冲压波纹式、驼峰式和孔管式三种，如图 12-21 所示。波纹式支承装置由金属板加工的网板冲压成波形，然后焊在钢圈上。这种形式的支承装置具有强度高、刚度大、透气性好等优点，适用于直径 1.2m 以下的小塔。驼峰式支承装置为单体组合式结构，它是目前最好的散装填料支承装置，适用于 1.5m 以上的大塔，应用较广泛。驼峰具有长条形侧孔，用钢板冲压成型。它的液体通过量高，最大压降仅为 70Pa 左右。对于直径超 3m 的大塔，中间要加工字钢梁支承以加强刚度。孔管式支承装置类似升气管式液体分布装置，不同的是把升气管上口堵住，在管壁上开长孔。这种支承对气体有均匀分布的作用，对于筒体用法兰连接的小塔，可采用这种形式的支承装置。

| (a) 冲压波纹式支承 | (b) 驼峰式支承 | (c) 孔管式支承 |

图 12-21 气液分流型支承装置

（2）规整填料支承装置

① **栅板型支承装置** 波纹规整填料支承栅板具有结构简单、透气性好、压降小等优点，是最常用的规整填料支承装置。对于筒体用法兰连接的小塔，可制成整体式结构［见图 12-22(a)］；对于开有人孔的塔，支承栅板可制成分块式结构［见图 12-22(b)］，每块宽度以从人孔能顺利装入为度。若塔径超过 2m，则应加设一个中间支承梁；若塔径更大，则应加设多个支承梁。支承梁一般用工字钢制成，支承栅板置于其上，周边亦放置在塔壁支承圈上。对于特大直径的塔，可采用桁架结构，有利于气液分布。

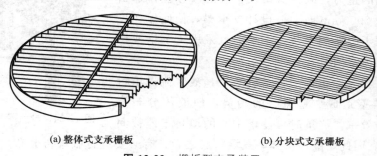

| (a) 整体式支承栅板 | (b) 分块式支承栅板 |

图 12-22 栅板型支承装置

② **栅梁型支承装置** 在大直径塔中，支承栅板需要梁支承，而支承梁一般用工字钢制成，这就给气液流动造成了局部阻力，影响气体均匀分布，而且大尺寸的工字钢也占据了塔的空间。与支承栅板不同，栅梁型支承装置由于断面系数大，当使用材料重量相同时，它的强度及刚度都比工字钢大，因此可有效节省支承梁用钢，从而降低材料成本。同时，栅条间隔设计与常规栅板间距相同，故阻力小，气液分布均匀。

12.3.2.4 液体收集器与液体收集再分布装置

液体收集器装在两段填料层分段处，且位于上段填料支承与液体再分布器之间，用以收集上段填料淋下的液体，流入液体再分布器，同时还可作为进料液体与淋下的液体的混合装置，也可实现液体的抽出。

（1）液体收集器

① **遮板式液体收集器** 置于填料层下面，能将液体全部收集，它的阻力可忽略不计，而且不影响气体分布的均匀性。根据塔型和塔径，选择不同的结构形式。一般当塔径小于 2m 时，收集器可做成整体式［图 12-23(a)］；当塔径大于 2m 时，集液板应断开，中间设明渠，以免导液槽内的液面落差过大使导液槽挡液板过高而使气体阻力加大［图 12-23(b)］。收集的液体由明渠流入再分布器，从而达到完全的混合。

② **升气管式液体收集器** 由底板、升气管和集液板组成。由于升气管可均匀排布，因

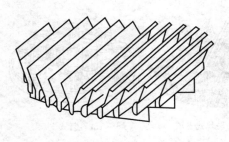

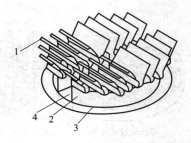

(a) 整体式   (b) 分体式

图 12-23   遮板式液体收集器

1—集液板；2—集液环；3—底环；4—明渠

此其气体分布性能较好，但这种收集器的阻力比遮板式要大。如图 12-24 所示，升气管上端要设集液板，以防止液体从升气管落下。当塔径小于 2000mm 时，底板可做成自身梁结构。但考虑到升气管、集液板的质量和液层高度均大于塔板所承受的重力，故自身梁及塔圈的尺寸应作适当调整。塔径大于 2000mm 时，应设计支承梁，使底板在长度方向断开，便于制造和安装。支承梁可采用工字钢或槽钢，其中前者较为常用。

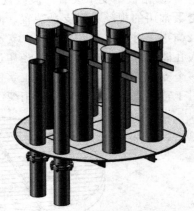

图 12-24   升气管式液体收集器

（2）**液体收集再分布器**   在填料塔中，液体流经填料层时，有流向器壁造成"壁流"的趋势，使液体分布不均，降低了传质效率，严重时可使塔中心的填料不能被润湿而成"干锥"。因此，液体流经一段填料层之后，有必要进行收集再分布，以便整个高度内的填料都得到均匀喷淋。

液体再分布器可分为组合式液体再分布器、盘式液体收集再分布器以及壁流收集再分布器。下面重点介绍组合式液体分布器。

将集液器与常规液体分布器组合起来即构成组合式液体再分布器。图 12-25 给出了两种典型的组合式液体再分布器。图 12-25（a）所示为遮板与液体分布器的组合，可用于规整填料及散装填料塔中。图 12-25（b）所示为气液分流式支承板与液体分布器的组合，支承板与液体分布器可单独固定在塔圈上，也可将支承板固定在液体分布器的周边上。支承板流下的液体落入盘式液体分布器升气管间，即完全收集液体并进行再分布。它的优点是占塔空间小，缺点是混合性能不如遮板与液体分布器的组合，易漏液，且仅适用于散装填料。

12.3.2.5   进料、出料装置

（1）**液体进料装置**   当塔径大于或等于 800mm、人可以进塔检修并且物料干净和不易聚合的情况下，一般采用如图 12-26 所示的结构简单的进料管（或回流管）。进料管的降液口尺寸 a、b、c 与管径 d_{g1} 有关。进料管长度 L 及其距塔板的高度 p 由工艺决定。当塔径小于或等于 800mm、人不能进塔检修时，可采用可拆的带外套管的进料管结构，如图 12-27 所示。

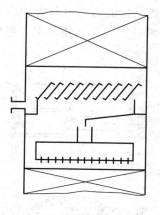

(a) 遮板与液体分布器的组合

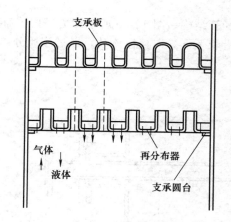

(b) 气液分流式支承板与液体分布器的组合

图 12-25 常见组合式液体再分布器

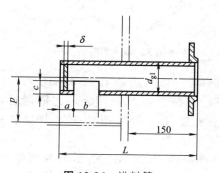

图 12-26 进料管

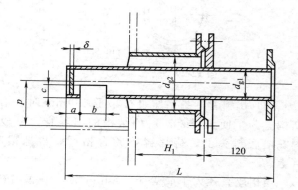

图 12-27 带外套管的进料管

对于容易起泡的物料，进料管插入降液管中可能造成液泛。为此，可采用如图 12-28 所示的进料管结构。这种结构的进料管应位于降液板外侧附近，其定位尺寸 L 和 m 由工艺决定。管子的同一横截面上可开 1～2 个小孔，小孔轴线与铅垂线有一定的夹角（图 12-28）。小孔的直径及数量，一般可按开孔面积等于 1.3～1.5 倍进料管截面积求取。

（2）气体进料装置 图 12-29 所示为进气管的结构，通常用于气体分布要求不高的塔中。为了避免液体淹没气体通道，进气管安装在最高操作液面之上。

当塔径较大，要求进塔气体分布均匀时，可考虑采用图 12-29 所示的进气

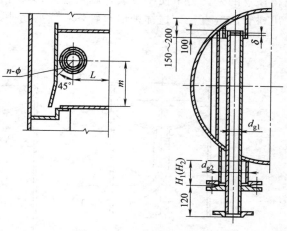

图 12-28 防液泛进料管
H_1（H_2）—接管外伸长度

管。管上同一截面上开有三个出气小孔。小孔数量和直径由工艺条件决定。

当进塔物料为气液混合物时，为了使物料经过气液分离后，再参加化工过程，一般可采

用切向进气管结构。图 12-30 所示即为塔内装有气液分离挡板的切向进气管。当气液混合物进塔后，沿着上下导向挡板流动。经过旋风分离过程，液体向下，气体向上，然后参加化工过程。

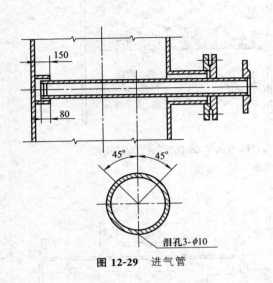

图 12-29　进气管

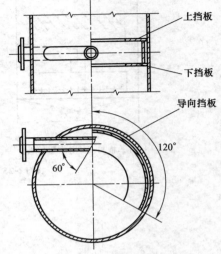

图 12-30　切向进气管

（3）**出料管**　当裙座直径小于 800mm 时，塔底出料管一般采用如图 12-31（a）所示的结构。为了便于安装，这种结构的出料管，分成弯管段和法兰短节两部分，先把弯管段焊在塔底封头上，待焊缝检验合格后，再把裙座焊在封头上，最后把法兰短节焊在弯管上。

当裙座直径大于或等于 800mm 时，塔底出料管可采用图 12-31（b）所示的典型结构。在这种出料管上，焊有三块支承扁钢，以便把出料管嵌在引出管通道里，安装检修都方便，值得注意的是，为了便于安装，出料管外形尺寸应小于裙座内径，而且引出管通道直径应大于出料管法兰直径，这样把出料管焊在塔底封头上，焊缝检验合格后，就可以把裙座焊在封头上。

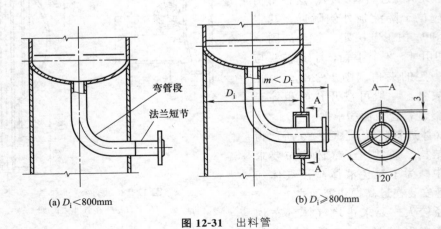

(a) $D_i < 800mm$　　　　(b) $D_i \geqslant 800mm$

图 12-31　出料管

填料塔底的液体出口管要考虑防止破碎填料的堵塞并便于清理，常采用图 12-32 所示的结构。

12.3.2.6 除沫装置

除沫装置用于分离塔顶出口气体中夹带的液滴，以保证传质效率，减少有价值物料的损失及改善下游设备的操作。常用的除沫装置有丝网除沫器、折板除沫器和旋流除沫器。

丝网除沫器具有比表面积大、质量轻、空隙率大以及使用方便等优点。尤其是它具有除沫效率高、压力降小的特点，从而成为一种广泛使用的除沫装置。它适用于洁净的气体，不宜用于液滴中含有或易析出固体物质的场合，以免液体蒸发后留下固体使丝网堵塞。气体中含有黏结物时，也容易堵塞丝网。

折流除沫器结构简单，一般可除去 $50\mu m$ 或更大的液滴，保证足够高的分离效率。其压力降一般为 $50\sim100Pa$。缺点是耗用金属多、造价高。

旋流除沫器使气体产生旋转运动，利用离心力分离雾沫，除沫效率可达 $98\%\sim99\%$。

(1) 丝网除沫器结构 除沫器常用的安装形式有两种：当除沫器直径较小（通常 $\phi500\sim600mm$ 以下），并且与出气口直径接近时，宜采用图 12-33(a) 所示的安装形式，安装在塔顶出气口处；当除沫器直径与塔径相近时，则采用图 12-33(b) 所示的形式，安装在塔顶人孔之下。除沫器与塔盘的间距，一般大于塔盘间距。

小型除沫器结构如图 12-34 所示，属于下拆式，即支承丝网的下栅板与除沫器筒体用螺栓、螺母连接。丝网上面的压板，由扁钢圈与圈钢焊成格栅，并把扁钢圈焊在筒体上。下栅板由圆钢与角钢焊成格栅或与法兰盘焊成格栅，它们都是可拆的。

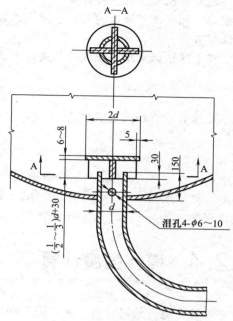

图 12-32 液体出口管

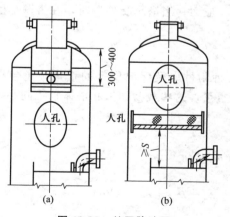

图 12-33 丝网除沫器
S—塔板间距

图 12-34 小型除沫器结构

除沫器直径较大时，可将栅板分块制作，其外形尺寸应考虑能从人孔中通过。丝网材料多种多样，有镀锌铁丝网、不锈钢丝网，也有尼龙丝网和聚四氟乙烯丝网等。丝网的适宜厚度，按工艺条件通过试验确定，一般取 $100\sim150mm$。

（2）丝网除沫器直径计算 除沫器的直径取决于气量及选定的气速。影响适宜气速的因素很多，如气体与液体的密度、液体的表面张力、液体的黏度、丝网的比表面积、气体中的雾沫量等。

在上述诸因素中，以气体与液体密度影响最大。通常以下式计算气速：

$$u = K\sqrt{\frac{\rho_L - \rho_G}{\rho_G}} \tag{12-1}$$

除沫器的直径按下式决定

$$D = \sqrt{\frac{4q_V}{\pi u}} \quad (\text{m}) \tag{12-2}$$

式中，u 为气速，m/s，当雾沫量有波动时，此气速应为式(12-1) 计算气速的 75%。而最小取计算气速的 30%，常用气速为 1～3m/s；K 为常数，取 0.107；ρ_L、ρ_G 分别为液体、气体密度，kg/m³；D 为除沫器直径，m；q_V 为气体处理量，m³/s。

12.4　塔体强度计算

安装在室外的塔设备，除承受工作压力外，还承受重量载荷、风载荷、地震载荷以及偏心载荷的作用，如图 12-35 所示。因此，在进行塔设备设计时必须根据受载情况进行强度计算与校核。

12.4.1　按设计压力计算筒体及封头壁厚

按第三篇第 9 章中内压、外压容器的设计方法，计算塔体和封头的有效厚度。

12.4.2　塔设备所承受的各项载荷计算

12.4.2.1　操作压力

当塔承受内压时，在塔壁上引起周向及轴向拉应力；当塔承受外压时，在塔壁上引起周向及轴向压应力。操作压力对裙座不起作用。

12.4.2.2　重量载荷

塔设备的重量包括塔体、裙座体、内件、各种附件以及保温层等的重量，还包括在操作、停修或水压试验等不同工况时的物料或充水重量。这些载荷如果和塔体轴线同心，则在塔体截面与裙座截面产生均布的压缩应力。

设备操作时的质量

$$m_0 = m_1 + m_2 + m_3 + m_4 + m_5 + m_a + m_e \quad (\text{kg}) \tag{12-3}$$

设备的最大质量（水压试验时）

$$m_{max} = m_1 + m_2 + m_3 + m_4 + m_a + m_w + m_e \quad (\text{kg}) \tag{12-4}$$

设备的最小质量（吊装时）

$$m_{min} = m_1 + 0.2m_2 + m_3 + m_4 + m_a + m_e \quad (\text{kg}) \tag{12-5}$$

式中，m_1 为设备壳体（含裙座）质量，kg；m_2 为设备内构件质量，kg；m_3 为设备保温材料质量，kg；m_4 为设备平台、扶梯质量，kg；m_5 为操作时设备内物料质量，kg；m_a 为人孔、接管、法兰等附件质量，kg；m_w 为设备内充水质量，kg；m_e 为偏心质量，kg。

$0.2m_2$ 系考虑内构件焊在壳体上的部分质量，如塔盘支持圈、降液管等。当空塔吊装

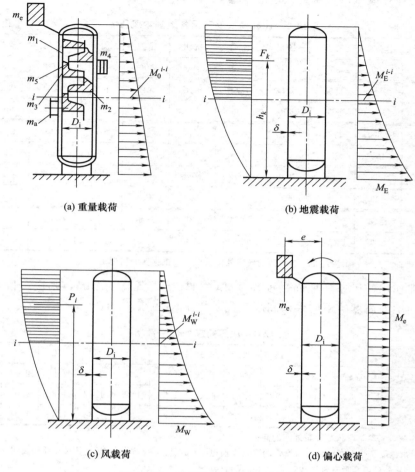

(a) 重量载荷

(b) 地震载荷

(c) 风载荷

(d) 偏心载荷

图 12-35 塔设备承受的各种载荷

时，如未装保温层、平台、扶梯等，则 $m_{\min}$ 应扣除 m_3 及 m_4。

在计算 m_2、m_4 及 m_5 时，若无实际资料，可参考表 12-1 进行估算。

表 12-1 塔设备部分内件、附件质量参考值

名　　　称	笼式扶梯	开式扶梯	钢制平台	圆形泡罩塔盘	条形泡罩塔盘	筛板塔盘	浮阀塔盘	舌形塔盘	塔盘充液
单位质量	40kg/m	15～24kg/m	150kg/m²	150kg/m²	150kg/m²	65kg/m²	75kg/m²	75kg/m²	70kg/m²

12.4.2.3　风载荷

安装在户外的自支承式塔设备，可视为支承在地基上的悬臂梁。塔设备在风力作用下，一方面产生顺风向的弯矩，即风弯矩，它在迎风面塔壁和裙座体壁上产生拉应力，背风面一侧产生压应力；另一方面是气流在塔的背后引起周期性旋涡，产生垂直于风向的诱发振动弯矩，诱发振动弯矩只在塔的 H/D 值较大、风速较大时比较明显，一般可忽略不计。需要考虑时，可将诱发振动弯矩与风弯矩按矢量叠加。

（1）水平风力的计算　风吹在塔上，在迎风面产生风压。风压的大小与风速、空气密度、所在的地区和季节有关。根据各地区离地面高度为 10m 处 30 年一遇 10min 内的平均风速最大值作为计算风压，可得到该地区的基本风压 q_0，见表 12-2。

表 12-2　10m 高度处我国各地基本风压 q_0　　　　　　　　单位：N/m²

地区	上海	南京	徐州	扬州	南通	杭州	宁波	衢州	温州	福州	广州
q_0	550	350	350	350	400	400	500	400	550	600	450
地区	茂名	湛江	北京	天津	石家庄	保定	沈阳	长春	抚顺	大连	吉林
q_0	600	750	350	400	300	400	500	550	450	600	450
地区	四平	哈尔滨	济南	青岛	郑州	洛阳	蚌埠	南昌	武汉	包头	呼和浩特
q_0	550	450	350	550	400	350	350	400	300	500	500
地区	太原	大同	兰州	银川	长沙	株洲	南宁	成都	重庆	贵阳	西安
q_0	300	400	300	650	350	350	400	250	300	300	350
地区	延安	昆明	西宁	拉萨	乌鲁木齐	台北	台东				
q_0	250	250	350	350	600	1200	1500				

注：河道、峡谷、山坡、山沟汇交口、山沟的转弯处以及堰口应根据实测值选定。

风的黏滞作用使风速随地面高度而变化。如果塔设备高于 10m，则应分段计算各段的风载荷，视离地面高度的不同乘以高度变化系数 f_i，见表 12-3。

表 12-3　风压高度变化系数 f_i

距地面高度 h_{it}/m		5	10	15	20	30	40	50	60	70	80	90	100
系数 f_i	A	1.17	1.38	1.52	1.63	1.80	1.92	2.03	2.12	2.20	2.27	2.34	2.40
	B	0.80	1.00	1.14	1.25	1.42	1.56	1.67	1.77	1.86	1.95	2.02	2.09
	C	0.54	0.71	0.84	0.94	1.11	1.24	1.36	1.46	1.55	1.64	1.72	1.79

注：1. h_{it} 为塔设备第 i 段顶截面距地面的高度。

2. A 类地面粗糙度系指近海海面、海岸、湖岸及沙漠地区；B 类系指田野、乡村、丛林、丘陵及房屋比较稀疏的中、小城镇和大城市郊区；C 类系指有密集建筑群的大城市市区。

风压的大小还与塔设备的高度、直径、形状以及自振周期有关。两相邻计算截面间的水平风力为

$$P_i = K_1 K_{2i} q_0 f_i L_i D_{ei} \times 10^{-6} \tag{12-6}$$

式中，P_i 为水平风力，N；q_0 为基本风压，N/m²，见表 12-2，但均不应小于 250N/m²；L_i 为第 i 段计算长度（图 12-36），mm；f_i 为风压高度变化系数，按表 12-3 选取；K_1 为体型系数，圆柱直立设备取 0.7；D_{ei} 为塔设备各计算段的有效直径，mm，当笼式扶梯与塔顶管线布置成 180°时，可取

$$D_{ei} = D_{oi} + 2\delta_{si} + K_3 + K_4 + d_0 + 2\delta_{ps}$$

当笼式扶梯与塔顶管线布置成 90°时，取下列两式中的较大值

$$D_{ei} = D_{oi} + 2\delta_{si} + K_3 + K_4$$

$$D_{ei} = D_{oi} + 2\delta_{si} + K_4 + d_o + 2\delta_{ps}$$

D_{oi} 为塔设备各计算段的外径，mm；δ_{si} 为塔设备第 i 段保温层厚度，mm；δ_{ps} 为管线保温层厚度，mm；d_o 为计算段管线外径，mm；K_3 为笼式扶梯当量宽度，当无确切数据时，可取 $K_3 = 400$mm；K_4 为操作平台当量宽度，mm，可取 $K_4 = \dfrac{2\sum A}{l_0}$；$\sum A$ 为计算段内平

台构件的投影面积（不计空缺投影面积），mm^2；l_0 为操作平台所在计算段长度，mm；K_{2i} 为塔设备各计算段的风振系数，当塔高 $H \leqslant 20m$ 时，取 $K_{2i} = 1.7$，当 $H > 20m$ 时，计算式为

$$K_{2i} = 1 + \frac{\zeta \nu_i \phi_{zi}}{f_i}$$

ζ 为脉动增大系数，按表 12-4 查取；ν_i 为第 i 段脉动影响系数，按表 12-5 查取；ϕ_{zi} 为第 i 段振型系数，根据 H_i/H 与 u 查表 12-6。

表 12-4　脉动增大系数 ζ

$q_1 T_1^2/(N \cdot s^2/m^2)$	10	20	40	60	80	100	200	400	600
ζ	1.47	1.57	1.69	1.77	1.83	1.88	2.04	2.24	2.36
$q_1 T_1^2/(N \cdot s^2/m^2)$	800	1000	2000	4000	6000	8000	10000	20000	30000
ζ	2.46	2.53	2.80	3.09	3.28	3.42	3.54	3.91	4.14

注：计算 $q_1 T_1^2$ 时，对 A 类 $q_1 = q_0$，对 B 类 $q_1 = 1.38 q_0$，对 C 类 $q_1 = 0.71 q_0$。

表 12-5　脉动影响系数 ν_i

粗糙度类别	H_i/m					
	10	20	40	60	80	100
A	0.78	0.83	0.87	0.89	0.89	0.89
B	0.72	0.79	0.85	0.88	0.89	0.90
C	0.66	0.74	0.82	0.86	0.88	0.89

表 12-6　振型系数 ϕ_{zi}

u	H_i/H									
	0.1	0.2	0.3	0.4	0.5	0.6	0.7	0.8	0.9	1.0
1	0.02	0.07	0.15	0.24	0.35	0.48	0.60	0.73	0.87	1.0
0.8	0.01	0.06	0.12	0.21	0.32	0.44	0.57	0.71	0.86	1.0

注：表中 u 为顶、底有效直径之比，其他 u 值对应的 ϕ_{zi} 值可参见标准。

（2）**风弯矩**　在计算风载荷时，常常将塔设备沿塔高分成若干段，如图 12-36 所示。一般习惯自地面起每隔 10m 分成一段，把每段内的风压值视为定值。按式（12-6）分段求出风载荷 P_i 后，即可近似地视为合力 P_i 作用在该段的 1/2 处而求风弯矩。任意截面的风弯矩为

$$M_W^{i-i} = P_i \frac{L_i}{2} + P_{i+1}\left(L_i + \frac{L_{i+1}}{2}\right) + P_{i+2}\left(L_i + L_{i+1} + \frac{L_{i+2}}{2}\right) + \cdots \tag{12-7}$$

对于等直径、等壁厚的塔体和裙座体，风弯矩的最大值在各自的最低处，所以塔体和裙座体的最低截面为最危险截面。但对于变截面的塔体及开有人孔的裙座体，由于各截面的受载断面和风弯矩都各不相同，很难判别哪个是最危险截面。为此，必须选取各个可疑的截面作为计算截面并各自进行应力校核，各截面应能满足校核条件。图 12-36 中 0-0、1-1、2-2 各截面都是薄弱部位，可选为计算截面。

12.4.2.4　地震载荷

如果塔设备安装在地震烈度为 7 度及以上地区，设计时必须考虑地震载荷对塔设备的影响。塔设备在地震波的作用下有三个方向的运动：水平方向振动、垂直方向振动和扭转，其中以水平方向振动危害较大。为此，计算地震力时，应主要考虑水平地震力对塔设备的影

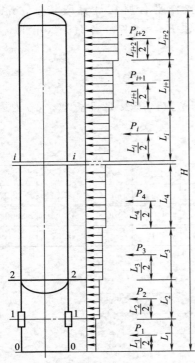

图 12-36　风弯矩计算简图

响，并把塔设备视为固定在基础底面上的悬臂梁。

（1）水平地震力　对于实际应用的塔，全塔质量并不集中于顶点，而是按全塔或分段均布。计算地震载荷与计算风载荷一样，也是将全塔沿高度分成若干段，每一段质量视为集中于该段 1/2 处，即将塔设备化为多质点的弹性体系，如图 12-37 所示。由于多质点体系有多种振型，按照振动理论，对于任意高度 h_k 处的集中质量 m_k 引起基本振型的水平地震力为

$$F_{k1}=C_z\alpha_1\eta_{k1}m_kg \qquad (12\text{-}8)$$

式中，F_{k1} 为集中质量 m_k 引起的基本振型水平地震力，N；C_z 为综合影响系数，对圆筒形直立设备取 $C_z=0.5$；m_k 为距离地面 h_k 处的集中质量（图 12-37），kg；η_{k1} 为基本振型参与系数，按 $\eta_{k1}=\dfrac{h_k^{1.5}\sum\limits_{i=1}^{n}m_ih_i^{1.5}}{\sum\limits_{i=1}^{n}m_ih_i^3}$ 计算；α_1 为对应于塔设备基本自振周期 T_1 的地震影响系数 α 值，α 值可查图 12-38，图中的曲线部分按 $\alpha=\left(\dfrac{T_g}{T}\right)^{0.9}\alpha_{\max}$ 计算，但不得小于 $0.2\alpha_{\max}$；$\alpha_{\max}$ 为地震影响系数的最大值，见表 12-7；T_g 为各类场地土的特征周期，见表 12-8。

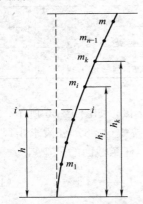

图 12-37　多质点的弹性体系

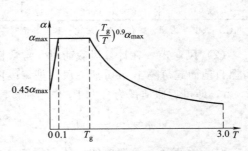

图 12-38　地震影响系数

表 12-7　地震影响系数的最大值 $\alpha_{\max}$

设计烈度	7	8	9
$\alpha_{\max}$	0.23	0.45	0.90

表 12-8　场地土的特征周期　　　单位：s

场地土	近震	远震	场地土	近震	远震
I	0.20	0.25	III	0.40	0.55
II	0.30	0.40	IV	0.65	0.85

对于等直径、等壁厚的塔设备的基本自振周期为

$$T_1=90.33H\sqrt{\dfrac{m_0H}{E\delta_eD_i^3}}\times10^{-3} \qquad (\text{s})$$

不等直径或不等壁厚的塔设备的基本自振周期为

$$T_1 = 114.8 \sqrt{\sum_{i=1}^{n} m_i \left(\frac{h_i}{H}\right)^3 \left(\sum_{i=1}^{n} \frac{H_i^3}{E_i I_i} - \sum_{i=2}^{n} \frac{H_i^3}{E_{i-1} I_{i-1}}\right)} \times 10^{-3} (\text{s})$$

式中，H 为塔的总高，mm；m_0 为塔在操作时的总质量，kg；E 为塔壁材料的弹性模量，MPa；δ_e 为筒体有效壁厚，mm；D_i 为设备内径，mm；E_i、E_{i-1} 为第 i 段、第 $i-1$ 段的材料在设计温度下的弹性模量，MPa；I_i、I_{i-1} 为第 i 段、第 $i-1$ 段的截面惯性矩，mm^4。

圆筒段
$$I_i = \frac{\pi}{8}(D_i + \delta_{ei})^3 \delta_{ei}$$

圆锥段
$$I_i = \frac{\pi D_{ei}^2 D_{fi}^2 \delta_{ei}}{4(D_{ei} + D_{fi})}$$

式中，D_{ei} 为锥壳大端内直径，mm；D_{fi} 为锥壳小端内直径，mm；δ_{ei} 为各计算截面设定的圆筒或锥壳有效壁厚，mm。

(2) 垂直地震力 设防烈度为 8 度或 9 度区的塔设备应考虑上下两个方向垂直地震力作用，如图 12-39 所示。

塔设备底截面处的垂直地震力按式(12-9) 计算。

$$F_v^{0-0} = \alpha_{v\max} m_{eq} g \qquad (12\text{-}9)$$

式中，$\alpha_{v\max}$ 为垂直地震影响系数最大值，取 $\alpha_{v\max} = 0.65\alpha_{\max}$；$m_{eq}$ 为塔设备的当量质量，取 $m_{eq} = 0.75 m_0$，kg。

任意质量 i 处垂直地震力按式(12-10) 计算。

$$F_v^{i-i} = \frac{m_i h_i}{\sum\limits_{k=1}^{n} m_k h_k} F_v^{0-0} \qquad (i = 1, 2, \cdots, n) \qquad (12\text{-}10)$$

(3) 地震弯矩 塔设备任意计算截面 i-i 的基本振型地震弯矩按式(12-11) 计算。

$$M_{Ei}^{i-i} = \sum_{k=1}^{n} F_{k1}(h_k - h) \qquad (12\text{-}11)$$

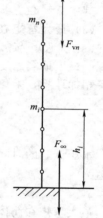

图 12-39 垂直地震力

式中，M_{Ei}^{i-i} 为任意计算截面 i-i 的基本振型地震弯矩，N·mm。

对于等直径、等壁厚塔设备的任意截面 i-i 的底截面 0-0 的基本振型地震弯矩分别按式(12-12) 和式(12-13) 计算。

$$M_{Ei}^{i-i} = \frac{8 C_z \alpha_1 m_0 g}{175 H^{2.5}} (10 H^{3.5} - 14 H^{2.5} h + 4 h^{3.5}) \qquad (12\text{-}12)$$

$$M_{Ei}^{0-0} = \frac{16}{35} C_z \alpha_1 m_0 g H \qquad (12\text{-}13)$$

当塔设备 $H/D > 15$，或高度 $\geqslant 20$m 时，还需考虑高振型的影响，在进行稳定或其他验算时，地震弯矩可按式(12-14) 计算。

$$M_E^{i-i} = 1.25 M_{Ei}^{i-i} \qquad (12\text{-}14)$$

12.4.2.5 偏心载荷

当塔设备外部装有附属设备时（如塔顶冷凝器偏心安装、塔底外侧悬挂再沸器），这些偏心载荷除了引起轴向压应力外，还要产生轴向弯矩 M_e，此弯矩不沿塔的高度而变化，其值可按式(12-15) 计算。

$$M_e = m_e g e \qquad (12\text{-}15)$$

式中，M_e 为偏心弯矩，$N \cdot mm$；m_e 为偏心质量，kg；e 为偏心矩，即偏心质量的中心距塔设备轴线的距离，mm。

12.4.3 圆筒的应力

(1) 塔设备由内压或外压引起的轴向应力

$$\sigma_1 = \pm \frac{p_c D_i}{4\delta_{ei}} \tag{12-16}$$

式中，σ_1 为由内压或外压引起的轴向应力，MPa；p_c 为计算压力，MPa；D_i 为筒体内径，mm；δ_{ei} 为 $i\text{-}i$ 截面处筒体有效壁厚，mm。

(2) 操作或非操作时质量及垂直地震力引起的轴向应力（压应力）

$$\sigma_2 = \frac{m_o^{i\text{-}i} g \pm F_v^{i\text{-}i}}{\pi D_i \delta_{ei}} \tag{12-17}$$

式中，σ_2 为质量及垂直地震力引起的轴向应力，MPa；$m_o^{i\text{-}i}$ 为任意计算截面 $i\text{-}i$ 以上塔体承受的操作或非操作时的质量，kg。

其中 $F_v^{i\text{-}i}$ 仅在最大弯矩为地震弯矩参与组合时计入此项。

(3) 最大弯矩在筒体内引起的轴向应力 各种载荷在塔设备上引起的弯矩有风弯矩 M_W、地震弯矩 M_E、偏心弯矩 M_e。由于所给的气象资料是该地区的最大平均风速和可能出现的最大地震烈度，而实际上，风载荷和地震载荷同时达到最大值的概率是极小的。如按两者相加计算，未免过于保守。通常，在正常操作条件下最大弯矩按式(12-18) 取值。

$$M_{max}^{i\text{-}i} = \begin{cases} M_W^{i\text{-}i} + M_e \\ M_E^{i\text{-}i} + 0.25 M_W^{i\text{-}i} + M_e \end{cases} \quad （取其中较大值） \tag{12-18}$$

水压试验的时间往往是人为选定的，而且试验时间较短，所以，在试验情况下最大弯矩取值为

$$M_{max}^{i\text{-}i} = 0.3 M_W^{i\text{-}i} + M_e \tag{12-19}$$

最大弯矩在筒体中引起的轴向应力为

$$\sigma_3 = \frac{4 M_{max}^{i\text{-}i}}{\pi D_i^2 \delta_{ei}} \tag{12-20}$$

式中，σ_3 为最大弯矩在筒体中引起的轴向应力，MPa。

12.4.4 筒体壁厚校核

12.4.4.1 最大轴向组合应力的计算

各种载荷引起的轴向应力，以"+"表示拉应力，以"—"表示压应力，各种载荷引起的轴向应力的符号见表 12-9。

表 12-9 各种载荷引起的轴向应力符号

项　　目	内压塔设备				外压塔设备			
	正常操作时		停车检修时		正常操作时		停车检修时	
	迎风侧	背风侧	迎风侧	背风侧	迎风侧	背风侧	迎风侧	背风侧
σ_1	+		0		—		0	
σ_2	—	—	—	—	—	—	—	—
σ_3	+	—	+	—	+	—	+	—
σ_{max}	$=\sigma_1 - \sigma_2 + \sigma_3$		$= -(\sigma_2 + \sigma_3)$		$= -(\sigma_1 + \sigma_2 + \sigma_3)$		$= -\sigma_2 + \sigma_3$	

(1) 内压操作的塔设备

① 最大组合轴向拉应力，出现在正常操作时的迎风侧，即

$$\sigma_{max} = \sigma_1 - \sigma_2^{i-i} + \sigma_3^{i-i} \tag{12-21}$$

② 最大组合轴向压应力，出现在停车检修时的背风侧，即

$$\sigma_{max} = -(\sigma_2^{i-i} + \sigma_3^{i-i}) \tag{12-22}$$

(2) 外压操作的塔设备

① 最大组合轴向压应力，出现在正常操作时的背风侧，即

$$\sigma_{max} = -(\sigma_1 + \sigma_2^{i-i} + \sigma_3^{i-i}) \tag{12-23}$$

② 最大组合轴向拉应力，出现在停车检修时的迎风侧，即

$$\sigma_{max} = \sigma_3^{i-i} - \sigma_2^{i-i} \tag{12-24}$$

12.4.4.2　强度与稳定性校核

根据正常操作时或停车检修时的各种危险情况，求出的最大组合轴向应力，必须满足强度条件与稳定性条件，如表 12-10 所示。轴向拉应力只进行强度校核，因为不存在稳定性问题。轴向压应力既要满足强度要求，又必须满足稳定性要求，需进行双重校核。

表 12-10　轴向最大应力的校核条件

名称	强度校核	稳定性校核
轴向最大拉应力 σ_{max}	$\leqslant K[\sigma]^t \phi$	
轴向最大压应力 σ_{max}	$\leqslant K[\sigma]^t$	$\leqslant 0.06KE^t \dfrac{\delta_{ei}}{R_i}$

注：R_i 为简体内半径；K 为载荷组合系数，取 $K=1.2$。

经过校核，如壁厚 δ 不能满足上述条件，必须重新假设壁厚，重复计算，直至满足条件为止。

12.4.4.3　水压试验时应力校核

(1) 拉应力

① 环向拉应力的验算，在第 9 章有过阐述，见式(9-22)。

② 最大组合轴向拉应力为

$$\sigma_{max} = \frac{p_T D_i}{4\delta_{ei}} - \frac{gm_{max}^{i-i}}{\pi D_i \delta_{ei}} + \frac{0.3M_W^{i-i} + M_e}{0.785 D_i^2 \delta_{ei}} \leqslant 0.9K\sigma_s \phi \tag{12-25}$$

(2) 设备充水（未加压）后最大质量和最大弯矩在壳体中引起的组合轴向压应力

$$\sigma_{max} = \frac{gm_{max}^{i-i}}{\pi D_i \delta_{ei}} + \frac{0.3M_W^{i-i} + M_e}{0.785 D_i^2 \delta_{ei}} \leqslant \begin{cases} 0.9K\sigma_s \\ 0.06KE\dfrac{\delta_{ei}}{R_i} \end{cases} (取其中较小值) \tag{12-26}$$

式中，K 为载荷组合系数，取 $K=1.2$。

对于塔体而言，其最大的风弯矩引起的弯曲应力 σ_3^{i-i} 发生在裙座和塔体的连接截面 2-2 上。对于裙座来讲，σ_3^{i-i} 的最大应力发生在裙座底截面 0-0 或人孔截面 1-1 上。

12.5　裙座强度计算

12.5.1　裙座结构

裙座是最常见的塔设备支承结构，如图 12-40 所示。按所支承设备的高度与直径比，裙

座可分为两种，一种是圆筒形，一种是圆锥形。由于圆筒形裙座制造方便且节省材料，所以被广泛采用。对于承受较大风载荷和地震载荷的塔，需要配置较多的地脚螺栓和承受面积较大的基础环，则采用圆锥形裙座支承结构。

裙座由裙座体、基础环、螺栓座及基础螺栓等组成。裙座的上端与塔体的底封头焊接，下端与基础环、筋板焊接，距地面一定高度处开有人孔、出料孔等通道，基础环上筋板之间还组成螺栓座结构。裙座体常用 Q235A 或 Q345 材料。裙座体直径超过 800mm 时，一般开设人孔。裙座体上方开直径为 50mm 的排气孔，在底部开设排液孔，以便随时排除液体。

座体和塔体的连接焊缝应和塔体本身的环焊缝保持一定距离。如果封头是由数块钢板拼焊而成，则应在裙座上相应部位开有缺口，以免连接焊缝和封头焊缝相互交叉，如图 12-41 所示。基础环通常是一块环形板，基础环上的螺栓孔开成圆缺口而不是圆形孔，如图 12-42 所示螺栓座由筋板和压板构成。地脚螺栓穿过基础环与压板，便把裙座固定在地基上。

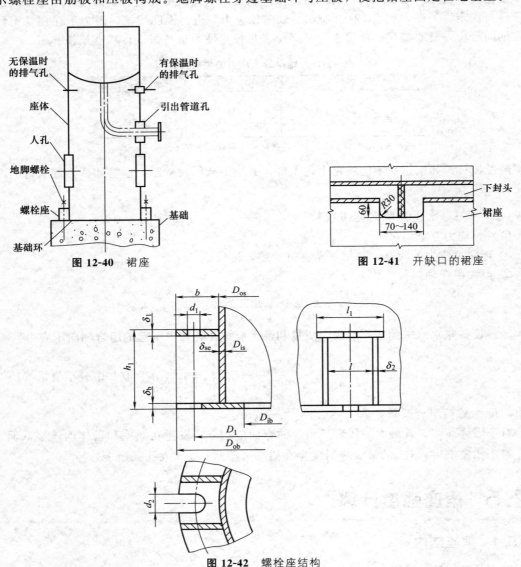

图 12-40 裙座

图 12-41 开缺口的裙座

图 12-42 螺栓座结构

12.5.2 圆筒形裙座体壁厚的验算

通常先参照筒体壁厚试取一裙座体壁厚 δ_s，然后验算危险截面的应力。危险截面部位一般取裙座底截面 0-0 和人孔截面 1-1 上（图 12-36）。

组合应力应满足的条件为

$$\sigma_{\max}=\frac{M_{\max}^{i\text{-}i}}{W_{sb}}+\frac{gm_0^{i\text{-}i}+F_v^{i\text{-}i}}{A_{sb}}\leqslant\begin{cases}K[\sigma]_s^t\\[2mm]0.06KE^t\dfrac{\delta_s}{R_{is}}\text{（取其中较小值）}\end{cases}\qquad(12\text{-}27)$$

$$\sigma_{\max}=\frac{0.3M_W^{i\text{-}i}+M_e}{W_{sb}}+\frac{gm_{\max}^{i\text{-}i}}{A_{sb}}\leqslant\begin{cases}0.9K\sigma_s\\[2mm]0.06KE^t\dfrac{\delta_s}{R_{is}}\text{（取其中较小值）}\end{cases}\qquad(12\text{-}28)$$

式中，$M_{\max}^{i\text{-}i}$ 为裙座计算截面的最大弯矩，N·mm；$M_W^{i\text{-}i}$ 为裙座计算截面的风弯矩，N·mm；$F_v^{i\text{-}i}$ 为裙座计算截面的垂直地震弯矩，N·mm；$m_0^{i\text{-}i}$ 为裙座计算截面的操作质量，kg；$m_{\max}^{i\text{-}i}$ 为裙座计算截面水压试验时的质量，kg；$[\sigma]_s^t$ 为设计温度下裙座材料的许用应力，MPa；A_{sb} 为裙座计算截面面积，mm^2，其中

裙座基底截面

$$A_{sb}=\pi D_{is}\delta_s$$

最大开孔处截面（图 12-43）

$$A_{sb}=\pi D_{im}\delta_{es}-\sum[(b_m+2\delta_m)\delta_{es}-A_m]$$
$$A_m=2l_m\delta_m$$

W_{sb} 为裙座计算截面的截面系数，mm^3，其中

裙座基底截面

$$W_{sb}=\frac{\pi}{4}D_{is}^2\delta_s$$

最大开孔处截面 $W_{sb}=\dfrac{\pi}{4}D_{im}^2\delta_{es}-\sum\left(b_m D_{im}\dfrac{\delta_{es}}{2}-W_m\right)$

$$W_m=2\delta_{es}l_m\sqrt{\left(\frac{D_{im}}{2}\right)^2-\left(\frac{b_m}{2}\right)^2}$$

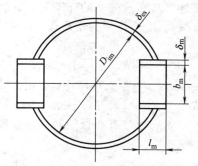

图 12-43 人孔或较大管线
引出孔处截面示意

D_{is} 为裙座基底截面的内径，mm；D_{im} 为裙座最大开孔处截面的内径，mm；b_m 为人孔或较大管线引出孔水平方向的最大宽度，mm；l_m 为人孔或较大管线引出孔的长度，mm；δ_{es} 为裙座壁厚，mm。

按上述验算满足条件后，再考虑壁厚附加量，并圆整成钢板标准厚度，即为裙座的最终厚度。

12.5.3 基础环板设计

(1) 基础环板内径、外径的确定　裙座通过基础环将塔体承受的外力传递到混凝土基础上，基础环的主要尺寸为内径、外径，其大小一般可参考式(12-29)选用。

$$\begin{aligned}D_{ob}&=D_{is}+(160\sim400)\\D_{ib}&=D_{is}-(160\sim400)\end{aligned}\qquad(12\text{-}29)$$

式中，D_{ob} 为基础环的外径，mm；D_{ib} 为基础环的内径，mm；D_{is} 为裙座基底截面的内径，mm。

（2）**基础环厚度的计算**　在操作或试压时，基础环由于设备自重及各种弯矩的作用，在背风侧外缘的压应力最大，其组合轴向压应力为

$$\sigma_{b,max} = \begin{cases} \dfrac{M_{max}^{0-0}}{W_b} + \dfrac{m_o g}{A_b} \\ \dfrac{0.3M_W^{0-0} + M_e}{W_b} + \dfrac{m_{max} g}{A_b} \end{cases} \quad （取其中较大值） \quad (12-30)$$

式中，A_b 为基础环面积，$A_b = \dfrac{\pi}{4}(D_{ob}^2 - D_{ib}^2)$，$mm^2$；$W_b$ 为基础环的抗弯截面系数，$W_b = \dfrac{\pi(D_{ob}^4 - D_{ib}^4)}{32D_{ob}}$，$mm^3$。

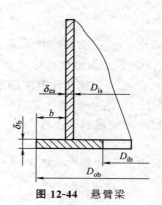

图 12-44　悬臂梁

① 基础环板上无筋板时（图 12-44），可将基础环板简化为一悬臂梁，在均布载荷 $\sigma_{b,max}$ 的作用下，基础环厚度为

$$\delta_b = 1.73b\sqrt{\dfrac{\sigma_{b,max}}{[\sigma]_b}} \quad (12-31)$$

式中，δ_b 为基础环厚度，mm；$[\sigma]_b$ 为基础环材料的许用应力，MPa，对低碳钢取 $[\sigma]_b = 140MPa$。

② 基础环板上有筋板时（图 12-45），筋板可增加裙座底部刚性，从而减薄基础环厚度。此时，可将基础环板简化为一受均布载荷 δ_{bmax} 作用的矩形板（bl）。基础环厚度为

$$\delta_b = \sqrt{\dfrac{6M_s}{[\sigma]_b}} \quad (12-32)$$

式中，δ_b 为基础环厚度，mm；M_s 为计算力矩，取矩形板 x、y 轴的弯矩 M_x、M_y 中绝对值较大者，M_x、M_y 按表 12-11 计算，$N \cdot mm/mm$。

无筋板与有筋板的基础环厚度均不得小于 16mm。

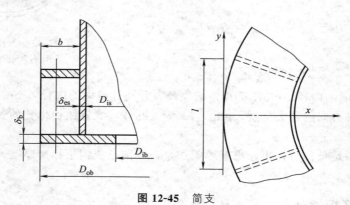

图 12-45　简支

12.5.4　地脚螺栓

地脚螺栓的作用是使设备能够牢固地固定在基础底座上，以免其受外力作用时发生倾倒。在风载荷、自重、地震载荷等作用下，塔设备基础底座迎风侧的综合受力可能出现零值甚至拉力作用，因而必须安装足够数量和一定直径的地脚螺栓。塔设备在基础面上由螺栓承受的最大拉应力为

表 12-11　矩形板力矩计算

b/l	$M_x\begin{pmatrix}x=b\\y=0\end{pmatrix}\sigma_{b,max}b^2$	$M_y\begin{pmatrix}x=0\\y=0\end{pmatrix}\sigma_{b,max}l^2$	b/l	$M_x\begin{pmatrix}x=b\\y=0\end{pmatrix}\sigma_{b,max}b^2$	$M_y\begin{pmatrix}x=0\\y=0\end{pmatrix}\sigma_{b,max}l^2$
0	−0.50	0	1.6	−0.0485	0.126
0.1	−0.50	0.000002	1.7	−0.0430	0.127
0.2	−0.49	0.0006	1.8	−0.0384	0.129
0.3	−0.448	0.0051	1.9	−0.0345	0.130
0.4	−0.385	0.0151	2.0	−0.0312	0.130
0.5	−0.319	0.0293	2.1	−0.0282	0.131
0.6	−0.260	0.0453	2.2	−0.0258	0.132
0.7	−0.212	0.0610	2.3	−0.0236	0.132
0.8	−0.173	0.0751	2.4	−0.0217	0.133
0.9	−0.142	0.0872	2.5	−0.0200	0.133
1.0	−0.118	0.0972	2.6	−0.0185	0.133
1.1	−0.0995	0.105	2.7	−0.0171	0.133
1.2	−0.0846	0.112	2.8	−0.0159	0.133
1.3	−0.0726	0.116	2.9	−0.0149	0.133
1.4	−0.0629	0.120	3.0	−0.0139	0.133
1.5	−0.0550	0.123			

$$\sigma_B=\begin{cases}\dfrac{M_W^{0-0}+M_e}{W_b}-\dfrac{m_{min}g}{A_b}\\[3mm]\dfrac{M_E^{0-0}+0.25M_W^{0-0}+M_e}{W_b}-\dfrac{m_0g-F_v^{0-0}}{A_b}\end{cases}\text{（取其中较大值）}\qquad(12\text{-}33)$$

式中，σ_B 为地脚螺栓承受的最大拉应力，MPa。

当 $\sigma_B\leqslant0$ 时，塔设备可自身稳定，但为固定塔设备位置，应设置一定数量的地脚螺栓。

当 $\sigma_B>0$ 时，塔设备必须设置地脚螺栓。地脚螺栓的螺纹小径可按式（12-34）计算。

$$d_1=\sqrt{\dfrac{4\sigma_B A_b}{\pi n[\sigma]_{bt}}}+C_2\qquad(12\text{-}34)$$

式中，d_1 为地脚螺栓螺纹小径，mm；C_2 为地脚螺栓腐蚀裕量，取 3mm；n 为地脚螺栓个数，一般取 4 的倍数，对小直径塔设备可取 $n=6$；$[\sigma]_{bt}$ 为地脚螺栓材料的许用应力，选取 Q235A 时，取 $[\sigma]_{bt}=147$MPa，选取 Q345 时，取 $[\sigma]_{bt}=170$MPa。

圆整后地脚螺栓的公称直径不得小于 M24。

12.5.5　裙座体与塔体底封头的焊接结构

裙座体与塔体的焊接形式有两种，一种是对接焊缝，一种是搭接焊缝。对接焊缝结构要求裙座与塔体直径相等，两者对齐焊在一起。由于对接焊缝承受压应力作用，所以它可承受较高的轴向载荷，适用于大型塔设备。搭接焊缝要求裙座内径稍大于塔体外径，焊缝承受切应力作用，受力条件差，一般多用于小型塔设备上。

（1）裙座体与塔体对接焊缝（图 12-46）J-J 截面的拉应力校核

$$\dfrac{4M_{max}^{J\text{-}J}}{\pi D_{it}^2\delta_{es}}-\dfrac{m_0^{J\text{-}J}g-F_v^{J\text{-}J}}{\pi D_{it}\delta_{es}}\leqslant0.6K[\sigma]_W^t\qquad(12\text{-}35)$$

式中，D_{it} 为裙座顶截面的内径，mm；$[\sigma]_W^t$ 为设计温度下焊接接头的许用应力，取两侧母材许用应力的小值，MPa。

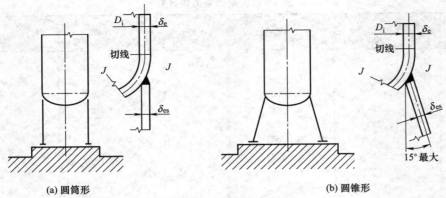

(a) 圆筒形　　　　　　　　　　　　(b) 圆锥形

图 12-46 对接焊缝

（2）裙座体与塔体搭接焊缝（图 12-47）*J-J* 截面的切应力校核

$$\frac{M_{\max}^{J\text{-}J}}{W_{\mathrm{W}}} + \frac{m_0^{J\text{-}J}g + F_{\mathrm{v}}^{J\text{-}J}}{A_{\mathrm{W}}} \leqslant 0.8K[\sigma]_{\mathrm{W}}^{\mathrm{t}} \tag{12-36}$$

$$\frac{0.3M_{\mathrm{W}}^{J\text{-}J} + M_{\mathrm{e}}}{W_{\mathrm{W}}} + \frac{m_{\max}^{J\text{-}J}g}{A_{\mathrm{W}}} \leqslant 0.8 \times 0.9K\sigma_{\mathrm{s}} \tag{12-37}$$

式中，W_{W} 为焊缝抗剪截面系数，mm^3，$W_{\mathrm{W}} = 0.55D_{\mathrm{ot}}^2\delta_{\mathrm{es}}$；$A_{\mathrm{W}}$ 为焊缝抗剪断面面积，mm^2，$A_{\mathrm{W}} = 0.7\pi D_{\mathrm{ot}}\delta_{\mathrm{es}}$；$D_{\mathrm{ot}}$ 为裙座壳顶部截面的外径，mm；$M_{\max}^{J\text{-}J}$ 为搭接焊缝处的最大弯矩，$\mathrm{N \cdot mm}$；$m_{\max}^{J\text{-}J}$ 为压力试验时塔设备的最大质量（不计裙座质量），kg；$m_0^{J\text{-}J}$ 为 *J-J* 截面以上塔设备的操作质量，kg；$[\sigma]_{\mathrm{W}}^{\mathrm{t}}$ 为设计温度下焊接接头的许用应力，取两侧母材许用应力的小值，MPa。

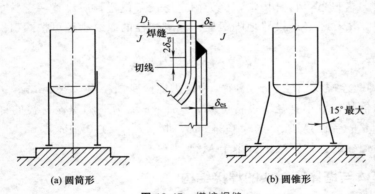

(a) 圆筒形　　　　　　　　　　　　(b) 圆锥形

图 12-47 搭接焊缝

● 思考题

12-1　板式塔和填料塔的总体结构包括哪些？

12-2　填料塔的塔内件有哪些？

12-3　自支承式塔设备设计时需要考虑哪些载荷？

12-4　弯矩引起的轴向应力如何计算？

12-5　简述内压塔操作时的危险工况及强度校核条件。

第13章

换 热 器

13.1 概述

换热器是一种在不同温度的两种或两种以上流体间实现热量传递的设备。换热器中热量由温度较高的流体传递给温度较低的流体，使流体温度满足工艺条件的需要。在石油、化工生成过程中，换热器应用很广泛，如加热或冷却用加热器或冷却器，蒸馏或冷凝用蒸馏釜、再沸器或冷凝器，蒸发设备中的加热室等。

随着炼油、化工及石油化工的迅速发展，各种换热器发展很快，出现了各种不同形式和结构的换热设备。按照热传递原理或传热方式，换热器主要分为以下几种形式：

（1）**间壁式换热器**　间壁式换热器是温度不同的两种流体在被间壁（固体壁面）分开的空间里流动，通过间壁的导热和流体在间壁表面对流实现冷热流体间的热量传递。间壁式换热器是应用最为广泛的换热器。常见的间壁式换热器有管壳式换热器和板式换热器。

（2）**蓄热式换热器**　蓄热式换热器是通过固体物质（如固体填料或多孔性格子砖等）构成的蓄热体，把热量从高温流体传递给低温流体。热流体首先加热蓄热体达到一定温度后，随后再通过蓄热体加热冷流体，从而达到热量传递的目的。蓄热式换热器结构紧凑、单位体积传热面积大、价格便宜，适用于气-气热交换场合。蓄热式换热器有旋转式空气换热器等。

（3）**直接接触式换热器**　直接接触式换热器又称混合式换热器，这类换热器是两种流体直接接触，通过混合进行热量交换。如冷水塔、气体冷凝器都属于直接接触式换热器。

（4）**中间载热体式换热器**　中间载热体式换热器是把两个间壁式换热器通过循环的载热体连接起来的换热器。载热体在热流体换热器中吸收热量，在冷流体换热器中释放热量，如热管式换热器。

管壳式换热器具有结构坚固、可承受较高压力、制造工艺较成熟、适应性强、材料范围广等优点，是炼油、化工及石油化工生产中的主要设备。工业生产中可选用标准系列产品，也可按其特定条件进行设计，以满足生产工艺的要求。本章主要介绍管壳式换热器的结构形式和强度计算，并概括介绍一些其他常用形式的换热器。

管壳式换热器的几种典型结构如图 13-1 所示。其中图 13-1（a）所示为固定管板式。其换热管束固定在管板上，管板分别焊在外壳的两端。因此，管子、管板和壳体的连接都是刚性的。当管壁与壳体壁温度相差较大（如 $\Delta t > 50\,℃$）时，即管束与壳体的热膨胀之差较大时，为了减小或消除两者因温差而产生的热应力，必须设有温差补偿装置或采取相应措施。在图 13-1 中，图 13-1（b）所示为在壳体上装置补偿器（膨胀节）的固定式；图 13-1（c）所示为浮头式；图 13-1（d）所示为填料函式；图 13-1（e）所示为 U 形管式。后三者的壳体与

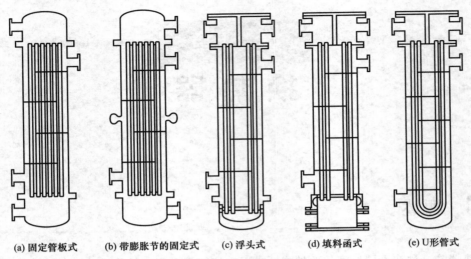

| (a) 固定管板式 | (b) 带膨胀节的固定式 | (c) 浮头式 | (d) 填料函式 | (e) U形管式 |

图 13-1 管壳式换热器典型结构

管束对热膨胀均无约束，因而管束与壳体之间不产生温差应力。

13.2 管壳式换热器的结构形式

13.2.1 固定管板式换热器

如图 13-2 所示，固定管板式换热器由管箱、壳体、管板、管子等零部件组成。在壳体中设置有管束，管束两端用焊接或胀接的方法将管子固定在管板上，两端管板直接和壳体焊接在一起，壳程的进出口管直接焊在壳体上，管板外圆周和封头法兰用螺栓紧固，管程的进出口管直接和封头焊在一起，管束内根据换热管的长度设置了若干块折流板。这种换热器管程可以用隔板分成任何程数。

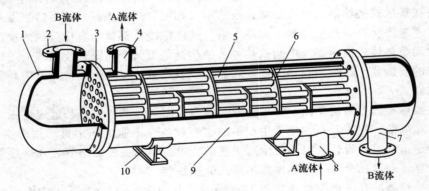

图 13-2 固定管板式换热器的结构

1—管箱；2—管程流体入口接管；3—管板；4—壳程流体出口接管；5—传热管；6—折流板；
7—管程流体出口接管；8—壳程流体入口接管；9—壳体；10—支座

固定管板式换热器结构简单、紧凑。每根管子都能单独更换和清洗管内。在同样的壳径内，布管最多，两管板由管子支撑，故在各种管壳式换热器中其管板较薄。除 U 形管式换热器外，它是管壳式换热器中造价最低的一种，因而得到广泛应用。

这种换热器管外清洗较困难，管壳间有温差应力存在，当壳壁与管壁的热膨胀差较大时，须在壳体上设置膨胀节［图 13-1(b)］，以减小温差应力（此时壳程压力就受膨胀节强度限制而不可能太高）。因此，固定管板式换热器适用于壳程介质清洁、不易结垢以及温差不大或温差虽大但壳程压力不高的场合。

13.2.2 浮头式换热器

浮头式换热器如图 13-1(c) 所示。一端管板与壳体固定连接；另一端管板可以在壳体内自由浮动。壳体和管束膨胀是自由的，故管束与壳体之间不产生温差应力。浮头端设计成可拆结构，使管束能容易地插入或抽出（也有设计成不可拆的），这样为检修、清洗提供了方便。但该结构较复杂，而且在操作时无法知道浮头端小盖泄漏情况，所以在安装时要特别注意其密封。

浮头部分的结构有各种形式，除了考虑管束能在壳体内自由移动外，还必须考虑浮头部分的检修、安装和清洗的方便。图 13-3 所示浮头为国内较常用的卡紧式钩圈结构。浮头盖法兰直接与钩圈用螺栓紧固，使浮头法兰和活动管板密封结合起来。由于钩圈较厚，所以能有效地工作。这种结构钩圈锻件较大，另外浮头端壳程介质的死角增大，使管束的有效传热面积减少。从日本引进的 30 万吨乙烯装置中的浮头式换热器，其钩圈结构与图 13-3 相类似，但稍有改进，使钩圈具有质量轻、结构紧凑的优点。

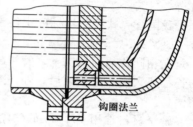

钩圈法兰

图 13-3 浮头结构

13.2.3 填料函式换热器

对于一些腐蚀严重、温差较大而经常要更换管束的冷却器，采用填料函式要比浮头式或固定式换热器优越得多。填料函式具有浮头式的优点，又克服了固定管板式换热器的缺点，且结沟较浮头式简单。制造方便，易于检修清洗。

目前所使用的填料函式换热器都较小，直径在 700mm 以下，大直径填料函式很少采用，尤其在操作压力及温度较高的情况下就更少。由于填料函密封性能较差，在壳程内有易挥发、易燃、易爆及有毒介质时，不宜采用填料函式换热器。

13.2.4 U 形管式换热器

U 形管式换热器如图 13-1(e) 所示，它是将管子弯成 U 形，管子两端固定在同一块管板上，由于壳体与管子分开，可以不考虑热膨胀。因它仅有一块管板，且无浮头，所以结构简单，造价比其他换热器便宜。管束可以从壳体内抽出，管外便于清洗，但管内清洗困难，所以管内的介质必须是清洁、不易结垢的物料。由于传热管呈 U 形，管子的更换除外面一层外，其余内部的管子大部分不可能更换。管束中心部分存在空隙，流体易走短路，从而影响传热效果。管板上排列的管子较少，结构不紧凑。U 形管的弯管部分曲率不同，管子长短不一，因而物料分布不如固定管板式换热器均匀。管子因损坏而被堵死后，将造成传热面积的损失。

U 形管式换热器一般使用于高温高压的场合。在压力较高的情况下，弯管段的管壁要加厚，以弥补弯管后管壁变薄。如壳程需要经常清洗管束，则换热管采用正方形排列。一般情况下都按三角形排列，管程为偶数程。壳程内可按工艺要求装置折流板、纵向隔板等，以提高传热效果。纵向隔板为一矩形平板，安装在平行于传热管方向，以增加壳程介质的流速。

13.3 管壳式换热器构件

13.3.1 换热管

换热器的管子构成换热器的传热面，管子的尺寸大小和形状对传热有很大的影响。采用小直径的管子时，换热器单位体积的换热面积大一些，设备较紧凑。单位传热面积的金属消耗量少，传热系数也稍高；但制造较麻烦，且小管子容易积垢，不易清洗。小直径的管子用于清洁流体和压力较高的场合，大直径的用于黏性大或污浊的流体，以便清洗和减小流体阻力。

我国管壳式换热器标准中经常用的换热管规格（外径×壁厚，单位为 mm）为：碳钢的有 $\phi19\times2$、$\phi25\times2.5$、$\phi38\times3$、$\phi57\times3.5$；不锈耐酸钢的有 $\phi25\times2$、$\phi38\times2.5$。

在相同传热面情况下，管子越长，壳体、封头的直径和壁厚就越小，越经济；但换热器的长径比大到一定程度后，经济效果不再显著。而管子过长，换热器的清洗、运输、安装均不便。

管子材料选用 10、20 低碳优质碳素钢，对焊接与胀接比较有利。推荐换热管的长度规格有 1.0m、1.5m、2.0m、2.5m、3.0m、4.5m、6.0m、7.5m、9.0m、12.0m 等。

换热器中管子一般都用光管。为了强化传热，换热管可采用螺旋管。典型的低翅片整体螺旋管如图 13-4 所示。翅片是由厚壁管在外壁径向滚轧而成的。轧制后螺旋管的内壁呈低波形，波峰与波谷相差约 0.1mm。

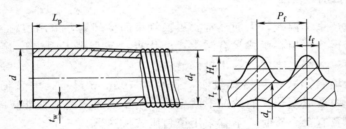

图 13-4 低翅片整体螺旋管

13.3.1.1 管板材料与厚度

管壳式换热器的管板一般为圆形平板，在板上开孔并装设管束。管板又与壳体相连，其受力情况是比较复杂的。影响管板强度和刚度的主要因素有以下几个方面。

（1）管束对管板的支承作用　管束和管板刚性地连在一起，一般认为当管板受力变形时，管束对管板起着弹性支承作用，故管板可以看作是支承在弹性基础上，这种支承作用对刚性结构固定管板最为显著。一般来说，管子对管板的支承作用随着管子直径的增加而增大，随着折流板间距的增大而减小。

（2）管孔对管板的削弱作用　管板是在其上密布规则排列着管孔的板。管孔对管板的削弱作用有以下两个方面：①对于管板整体的削弱作用，即由于管孔的存在使管板整体的刚度和强度都减小了；②在管孔边缘有局部的应力集中。在一般计算中往往只考虑整体削弱，忽略局部应力集中，也就是近似地把管板当作一块均匀连续削弱的当量圆平板来考虑。

（3）**管板外边缘的固定形式** 管板的边界条件对管板强度有直接影响，实际上，管板外边缘有各种不同的固定结构，如夹持、简支以及半夹持等。不同的固定形式对管板应力的影响程度不同。

（4）**壳壁与管壁的温度差** 由于壳壁与管壁的温度差而产生的温差应力（热差力），不仅使管子与壳体的应力有显著增加，而且使管板的应力也有很大增加，其热应力之值可能超过由压力而产生的应力 10～100 倍，在设备启动和停车过程中特别容易发生这种情况。

影响管板强度和刚度的因素除上述诸项外，还有载荷的大小及作用位置，以及把管板当作法兰使用时产生的法兰弯矩等。由于影响管板强度的因素比较多，所受载荷也比较复杂，给强度计算带来一定困难。目前，各国的压力容器设计规范对影响因素的考虑各不相同，因而，管板强度计算公式的差别亦较大。设计时可按 GB/T 151—2014《热交换器》提供的方法计算。

常用的管板延长部分兼作法兰的固定式换热器管板如图 13-5 所示，摘取部分常用管板厚度列于表 13-1，可供设计参考。

表 13-1 常用管板厚度

序号	设计压力 PN/MPa	壳体内直径×壁厚 $(D_i\delta)$/mm	换热管数目 n	管板厚度 b/mm			
				$\Delta t = \pm50℃$		$\Delta t = \pm10℃$	
				计算值	设计值	计算值	设计值
6	1.0	800×10	469	44.1	50.0	35.4	40.0
7	1.0	900×10	605	44.3	50.0	37.2	42.0
8	1.0	1000×10	749	44.9	50.0	38.7	44.0
9	1.0	1100×12	931	50.7	56.0	43.0	48.0
10	1.0	1200×12	1117	51.5	56.0	44.3	50.0
11	1.0	1300×12	1301	52.3	58.0	45.7	52.0
12	1.0	1400×12	1547	52.9	58.0	46.9	52.0
13	1.0	1500×12	1755	53.6	60.0	48.1	54.0
14	1.0	1600×14	2023	61.7	68.0	53.2	58.0
28	1.6	800×10	469	47.4	54.0	43.7	50.0
29	1.6	900×10	605	48.2	54.0	45.3	52.0
30	1.6	1000×10	749	48.9	56.0	46.8	54.0
31	1.6	1100×12	931	56.6	64.0	53.0	60.0
32	1.6	1200×12	1117	57.4	64.0	54.6	62.0
33	1.6	1300×14	1301	65.3	72.0	60.1	66.0
34	1.6	1400×14	1547	66.1	72.0	61.7	68.0
35	1.6	1500×14	1755	63.9	70.0	61.8	68.0
36	1.6	1600×14	2023	64.7	72.0	63.2	70.0
50	2.5	800×10	469	52.5	58.0	55.3	56.0
51	2.5	900×12	605	57.9	64.0	55.9	62.0
52	2.5	1000×12	749	59.8	66.0	57.6	64.0
53	2.5	1100×14	931	66.4	72.0	64.4	70.0
54	2.5	1200×14	1117	67.9	74.0	65.5	72.0
55	2.5	1300×14	1301	69.8	76.0	69.8	76.0
56	2.5	1400×16	1547	76.3	82.0	76.3	82.0
57	2.5	1500×16	1755	77.7	84.0	77.7	84.0
58	2.5	1600×18	2023	79.4	86.0	79.4	86.0
70	4.0	800×14	469	74.1	80.0	74.1	80.0
71	4.0	900×16	605	81.1	88.0	81.1	88.0
72	4.0	1000×18	749	88.4	96.0	88.4	96.0
73	4.0	1100×18	931	90.9	98.0	90.9	98.0
74	4.0	1200×20	1117	97.7	104.0	97.7	104.0

注：1. $PN<1.0$MPa 时，可选用 $PN=1.0$MPa 的管板厚度。
　　2. 表中所列管板厚度适用于多管程的情况。
　　3. 当壳程设计压力与管程设计压力不相等时，可按较高的设计压力选取表中的管板厚度，并按壳程、管程不同的设计压力确定各自受压部件的结构尺寸。

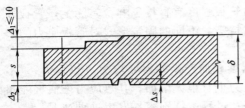

图 13-5 兼作法兰的固定式换热器管板

管板材料的选取一方面要考虑它与换热管的焊接、胀接性能，此时宜选用含碳量低的低碳钢；另一方面要考虑它的强度与刚度要求。由于管板受力情况复杂，为了保证其强度不失效且变形小，宜选用高强钢且弹性模量大的材料。目前管板的常用材料为 Q345R（锻钢）。

管板设计厚度 δ 为管板计算厚度与壳程侧槽深 Δs 及管程腐蚀裕度之和，并圆整为 2 的倍数。当已选定管板设计厚度时，壳体法兰厚度 s 应满足相应设计压力下的结构要求，即 $s = \delta - \Delta_1 - \Delta_2$。

换热管与管板胀接时，管板必须有足够的厚度以保证胀管的可靠性，为此提出管板的最小厚度（不包括厚度附加量），应满足表 13-2 的要求。

表 13-2　管板最小厚度 δ_{min}　　单位：mm

$d_o \leqslant 25mm$	$25mm < d_o < 50mm$	$d_o \geqslant 50mm$
$\delta_{min} \geqslant 0.75 d_o$	$\delta_{min} \geqslant 0.70 d_o$	$\delta_{min} \geqslant 0.65 d_o$

注：d_o 为管外径。

换热管与管板焊接时，换热管的最小厚度应据焊接工艺及管板焊接时的变形等情况确定。

13.3.1.2　管子在管板上的排列形式与管间距

换热管应在整个换热器的截面上均匀排列，要考虑排列紧凑、流体性质、结构设计以及制造等方面的问题。换热管排列的标准式有四种。

（1）**正三角形和转角正三角形排列**

它适用于壳程介质污垢少且不需要机械清洗的场合，如图 13-6（a）、图 13-6（b）所示。

（2）**正方形和转角正方形排列**　它有利于用机械方法清洗管间，一般用于能抽出管束清洗管束的场合，如图 13-6（c）、图 13-6（d）所示。

两相邻管子中心的距离称为管间距，等边三角形及正方形排列法的管间距 t 一般取大于或等于 $1.25 d_o$（d_o 为管子外径），以保证管间在胀管时有足够的强度。正方形排列的列管，需保证有 6mm 的清洗通道，以利管间的清理。

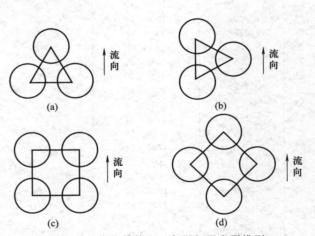

图 13-6　换热器的正三角形与正方形排列

在直径小的换热设备上，还有同心圆排列。这种排列比较紧凑，比三角形排法的管数多，在靠近壳体的地方布管均匀，介质不易走短路。无论采用何种排列方式，最外圈管子的管外壁与壳体内壁间的距离不应小于 10mm。

13.3.2　管板与换热管的连接

在管壳式换热器的设计中，在管板上固定管子是一个比较重要的结构问题。它不仅加工工作量大，而且在设备运行中，必须使每一个连接处保证能够承受介质的压力而不致泄漏。

管子与管板的连接方式，主要有胀接、焊接、胀焊结合三种。

（1）**胀接**　胀接是利用胀管器，使伸到管板孔中的管子端部直接扩大产生塑性变形，而管板只达到弹性变形，因而胀管后管板与管子间就产生一定的挤压力，紧紧地贴在一起，达到密封与紧固连接的目的。胀接前后示意图见图 13-7。管板上的孔有孔壁开槽与不开槽（光孔）两种。孔壁开槽可以增加连接强度和紧密性。因为胀管后管子产生塑性变形，管壁便嵌入小槽中。

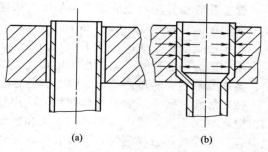

(a)　　　　　(b)

图 13-7　胀接前后示意图

采用胀接时，管板的硬度应大于换热管的硬度。同时相对膨胀系数 $\Delta\alpha/\alpha$ 和温差 Δt 须符合表 13-3 的规定。

表 13-3　$\Delta\alpha/\alpha$ 和 Δt

$10\%\leqslant\Delta\alpha/\alpha\leqslant30\%$	$\Delta t=155℃$
$30\%<\Delta\alpha/\alpha\leqslant50\%$	$\Delta t=128℃$
$\Delta\alpha/\alpha>50\%$	$\Delta t=72℃$

注：1. $\alpha=1/2(\alpha_1+\alpha_2)$，$\alpha_1$、$\alpha_2$ 分别为管板与换热管材料的线膨胀系数。

2. $\Delta\alpha=|\alpha_1-\alpha_2|$。

3. Δt 等于操作温度减去室温（21℃）。

根据有关规定，当管板厚度 $\delta\leqslant25$mm 时用图 13-8（a）型，而当 $\delta>25$mm 时用图 13-8（b）型。图中所示为带沟槽的结构，对光孔除沟槽尺寸外，其余尺寸相同。这些结构的具体尺寸见图 13-8 和表 13-4。

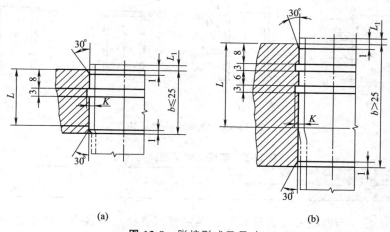

(a)　　　　　(b)

图 13-8　胀接形式及尺寸

表 13-4　管板的某些尺寸　　　　　　单位：mm

管子外径 d_o	14	19	25	32	38	45	57
L_1		3^{+2}			4^{+2}		5^{+2}
K	不开槽	0.5		0.6		0.8	

换热管在管板内的胀接长度 L 取下列三者中的最小者：①两倍的换热管外径；②50mm；③管板厚度减去 3mm。另外，胀管部分不得伸出管板壳程侧表面以外。

管板孔表面及沟槽表面加工粗糙度与胀接紧密性有关。介质不易渗透时，表面粗糙度一般为 $Ra12.5$；介质易渗透时，Ra 为 6.3。

胀接法一般多用在压力低于 $4.0MPa$、温度低于 $350℃$ 且无特殊要求的场合。高温时不宜采用，因为高温使管子与管板产生蠕变，胀接应力松弛而引起连接处泄漏。因此，对于高温、高压及易燃、易爆的流体，管子和管板多采用焊接。

（2）**焊接**　管子与管板的焊接目前应用较为广泛。由于焊接时管孔不需开槽，而且管孔的粗糙度要求不高，管子端部不需退火和磨光，因此制造加工简便。焊接结构强度高，抗拉脱力强。当焊接部分渗漏时，可以补焊，如须调换管子，可采用专用刀具拆卸焊接破漏管，反而比拆卸胀管方便。

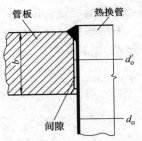

图 13-9　焊接间隙示意图

焊接的缺点是在焊接接头处产生的热应力可能造成应力腐蚀和破裂；同时管子与管板孔间存在间隙，如图 13-9 所示，这些间隙中流体不流动，很容易造成"间隙腐蚀"。为了消除这个间隙，有时可先胀一下再焊。图 13-10 所示为常用的焊接接头结构，它应根据管子的直径与厚度、管板的厚度和材料、操作条件等因素来确定。图 13-10(a) 中，管板上不开坡口，连接强度差，适用于压力不高和管壁较薄处；图 13-10(b) 中，管板上管子的突出尺寸可参照表 13-5。由于在管板孔端开 $60°$ 坡口，焊接结构较好，使用最多；图 13-10(c) 中，管子头部不突出管板，焊接质量不易保证，但对立式换热器，可避免停车后管板上积水；图 13-10(d) 中，在孔的四周又开了沟槽，因而有效地减少了焊接应力，适用于薄管壁和管板在焊接后不允许发生较大变形的情况。

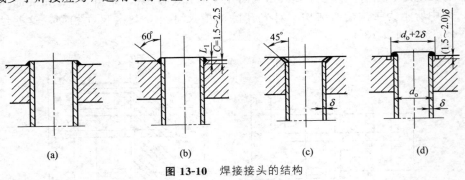

| (a) | (b) | (c) | (d) |

图 13-10　焊接接头的结构

表 13-5　管板上管子的突出尺寸　　　　　单位：mm

管子外径 d_o	14	19	25	32	38	45	57
L_1	$1^{\pm0.5}$			$2^{\pm0.5}$		$3^{\pm0.5}$	

（3）**胀焊结合**　当温度和压力较高，且换热管与管板连接接头在操作过程中可能受到反复热变形、热冲击和热腐蚀的作用时，换热管与管板连接处容易受到破坏，为保证连接处不泄漏，减小间隙腐蚀和减弱管子因振动而引起的破坏，常采用胀焊并用的连接方法。

从加工工艺过程来看，胀焊结合有先胀后焊、先焊后胀等形式。在什么条件下采用什么方式，目前尚无统一规定，但一般都趋向于先焊后胀。

① 强度胀加密封焊　强度胀是靠胀接来承受管子的载荷并保证密封，管子的焊接仅是辅助性地防漏。常用的结构形式如图 13-11 所示。

② 强度焊加贴胀　强度焊是靠焊接来承受管子的载荷并保证密封。管子的贴胀是为了消除换热管与管板孔间产生间隙腐蚀并增强抗疲劳破坏的能力。

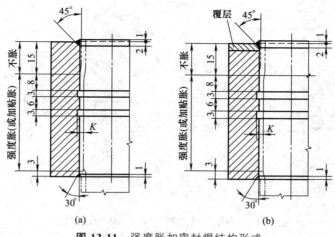

图 13-11 强度胀加密封焊结构形式

13.3.3 管板与壳体的连接

管板与壳体的连接方式与换热器的形式有关。刚性结构的换热器中常采用不可拆连接，这时两端管板通常是直接焊在壳体上。从结构上看有两种形式：一种是管板兼作法兰，如图 13-12 所示；另一种是管板不兼作法兰，如图 13-13 所示。

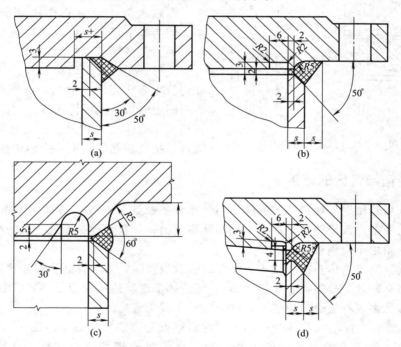

图 13-12 兼作法兰的管板与壳体的连接结构

管板兼作法兰时，由于管板较厚，壳体壁较薄，为了保证必要的焊接强度，常采用图 13-12 所示的几种焊接形式。图 13-12(a)、图 13-12(b) 结构使用压力 $p=1\text{MPa}$。当壳体壁厚 $\delta \geqslant 10\text{mm}$ 时，用图 13-12(a) 结构；壳体壁厚 $\delta < 10\text{mm}$ 时，用图 13-12(b) 结构。图 13-12(c) 是一种单面焊的对焊结构，必须保证焊透时，才可使用于 $1\text{MPa} < p \leqslant 4\text{MPa}$ 的场

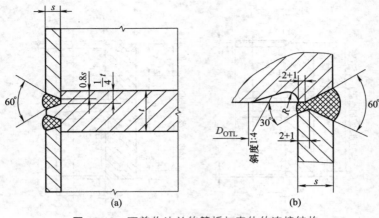

图 13-13 不兼作法兰的管板与壳体的连接结构

D_{OTL}—最大布管圆直径

合。图 13-12（d）由于加了衬环，提高了对焊的焊接质量，也可用于 $1MPa < p \leqslant 4MPa$ 的场合。除了图中四种结构外，根据具体情况还可选用其他形式的结构。

管板不兼作法兰时，管板直接焊在壳体内的结构如图 13-13 所示。其中图 13-13（b）由于考虑了管板较厚，改进了设计，因而可减少焊接应力，提高焊接质量。

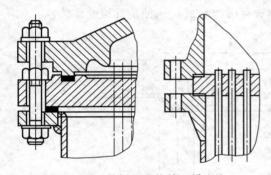

图 13-14 管板与壳体的可拆连接

实践表明，管板兼作法兰的结构应用较多，因为卸下顶盖即可对胀口或焊口进行检查和修理，清洗管子也较为方便。

此外，浮头式、填料函式、U 形管式换热器的管束要从壳体中抽出，以便进行清洗，故需将固定管板做成可拆连接。如图 13-14 所示，管板夹于壳体法兰和顶盖法兰之间。卸下顶盖就可以把管板连同管束从壳体中抽出。

13.3.4 管箱与管板的连接

管箱的作用是使进入换热器的流体均匀分布到各换热管，或汇集管内流体送出换热器。流体自一端的管箱进入换热器，从另一端的管箱流出，只在管程中通过一次的称为单管程换热器。单程管箱中不设隔板。

若管壳式换热器的传热面积较大，需要的管数很多时，为了提高管程流速，可在管箱内装置隔板，将全部管子分隔成若干组（程），使流体依次流过各程管子，最后由出口处流出，此种换热器称为多管程管壳式换热器，以 2、4、6 程为常见。

图 13-15 所示为管箱的几种结构形式，它们都设置有隔板。其中：图 13-15（a）适用于较清洁的介质，因为在检查换热管及清洗时，必须将连接管道一起拆下，很不方便；图 13-15（b）管箱上装有平板盖，将盖拆除后（不需拆除连接管），不仅检查方便，而且容易清洗，在设计中采用较多，缺点是用材多；图 13-15（c）管箱和管板焊成一体，从结构上看，可以完全避免在管板密封处的泄漏，但管箱不能单独拆下，检修、清理不方便，很少采用；图 13-15（d）为一种多程隔板的安置形式。其中，管箱与管板采用法兰连接，其密封面形式有平面、凹凸面和榫槽面。管箱分程隔板与管板的连接尺寸如图 13-16 所示，管板

上有槽，槽底放置密封垫片，槽宽比隔板厚度大 2mm。换热器直径较大时（如 $DN>$ 1500mm），为了增加分程隔板的刚度和传热效率，分程隔板可设计成如图 13-17 所示的双层结构。

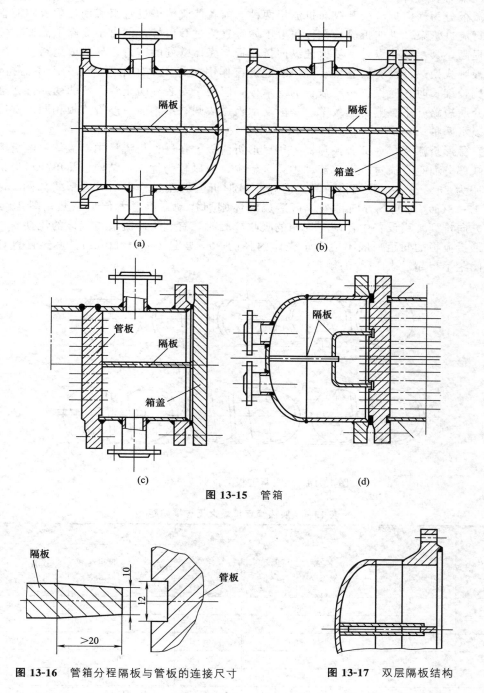

图 13-15　管箱

图 13-16　管箱分程隔板与管板的连接尺寸　　　图 13-17　双层隔板结构

13.3.5　折流板和支承板

为了提高壳程（管间）流体流速，往往在壳体内安装一定数目与管束相垂直的折流挡板，这样既提高壳程流体速度，又迫使流体循规定路径多次横向流过管束，增加湍流程度，以提高管间对流传热系数。但在冷凝器中，由于冷凝给热系数与蒸气在设备中的流动状态无关，因此不需装设折流板。

折流板分为横向折流板和纵向折流板两种。前者使流体横过管束流动；后者则使管间的流体平行流过管束。纵向折流板在传热上不如垂直流过管束好，但由于提高了流速，传热效率有所提高，其主要缺点是不易保证纵向折流板与壳体壁处的密封，易造成短路。

一般卧式换热器设有折流板装置，既起折流作用又起支承作用。当工艺上不需折流板、管子又比较细长时，应设置一定数目的支承板，以便于安装和防止管子弯曲变形。在这种情况下，介质短路并不影响传热效率。一般支承板做成圆缺形，与弓形折流板相同。常用的折流板有以下两种。

(1) 弓形折流板 大部分换热器采用弓形折流板。在这种折流板中，流体只经折流板切去的圆缺部分而垂直流过管束，流动中死区较少，所以较为优越，结构也简单。弓形折流板的圆缺率为 25% 左右，其切口应靠近管排。弓形折流板在壳程内的放置形式如图 13-18 所示。图 13-18(a) 为上下方向排列，可造成液体剧烈扰动，以增大传热系数；图 13-18(b) 为左右方向排列，当设备中伴随有气相的吸收冷凝时，有利于冷凝液与气体的流动。

弓形折流板的间距一般不应小于壳体内径的 20%，且不小于 50mm。换热管直管最大无支撑间距不得超过表 13-6 的规定。

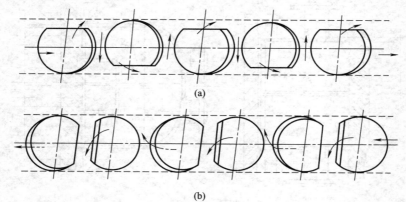

(a)

(b)

图 13-18 弓形折流板的排列及流体流向

表 13-6 换热管直管最大无支撑间距 单位：mm

外径 d_o	换热管材料及温度限制/℃				外径 d_o	换热管材料及温度限制/℃			
	碳素钢及高合金钢 400℃	低合金钢 450℃	铝和铝合金	铜和铜合金		碳素钢及高合金钢 400℃	低合金钢 450℃	铝和铝合金	铜和铜合金
10	900		750		30	2100		1800	
12	1000		850		32	2200		1900	
14	1100		950		35	2350		2050	
16	1300		1100		38	2500		2200	
19	1500		1300		45	2750		2400	
25	1850		1600		50,55,57	3150		2750	

(2) 圆盘-圆环形折流板 如图 13-19 所示，由于结构比较复杂，不便清洗，一般用在压力比较高和物料清洁的场合。

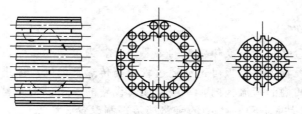

图 13-19 圆盘-圆环形折流板

卧式冷凝器中的折流板，底部应设有 $\alpha = 90°$、高度为 $15 \sim 20$mm 的凹口，供停车时排除冷凝器内残留液用。

折流板的安装固定是通过拉杆和定距管来实现的。拉杆和管板的连接如图 13-20 所示。不锈钢折流板可焊在拉杆上，如图 13-20(a) 所示。拉杆是一根两端皆带螺纹的长杆，一端拧入管板，折流板就穿在拉杆上，各板之间则以套在拉杆上的定距管来保持板间距离。最后一块折流板可用螺母拧在拉杆上紧固，如图 13-20(b) 所示。

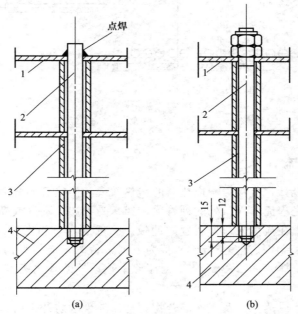

图 13-20 折流板与拉杆的固定形式
1—折流板；2—拉杆；3—套管；4—管板

对于不同直径的壳体，拉杆的直径及数量见表 13-7。在保证大于或等于表 13-7 中所示的拉杆总截面积的情况下，拉杆的直径和数量可以变动，但不得少于 4 根。

表 13-7　拉杆的直径及数量

壳体直径/mm	拉杆直径/mm	拉杆数量
159～325	10	4
400～600		6
700～800	12	8
900～1200		10
1300～1500		12
1600～1700		14
1800		18

注：换热管直径为 14mm 时，拉杆直径为 8mm。

13.3.6　防短路结构

在壳程内流体走短路是降低换热效率的重要因素。为了减少短路，可采取一些措施。

(1) 旁路挡板　设置旁路挡板可迫使通过管束与传热管内的流体进行换热。旁路挡板沿着壳体嵌入到已铣好凹槽的折流板内，一般是成对设置的。增设旁路挡板每侧不宜多于2～4块，一般推荐每侧2块。图13-21中的旁路挡板每侧设置3块。

(2) 假管　假管为两端堵死的管子，如图13-21所示，它不起换热作用，安置于分程隔板槽背面两管板之间，且不穿过管板，可与折流板点焊固定。在多管程的换热器中，因设置隔板槽而使隔板槽两侧的管间距过大，在这里安置假管，可防止流体走短路。

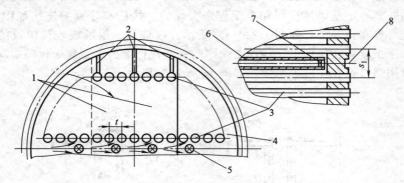

图 13-21　防短路结构

1—单弓形折流板；2—旁路挡板；3—换热管；4—管板；5,6—假管；7—堵头；8—分程隔板槽

13.3.7　防冲与导流

壳体流体进口的设计，直接影响换热器的传热效率和换热管的寿命。

(1) 防冲板　在壳程流体入口处的列管段，经常受到加热蒸汽或高速流体的冲刷，容易侵蚀及振动，所以要求在流体入口处装置防冲板。一般规定，当壳程入口管的 ρv^2（ρ 为介质密度，kg/m³；v 为流体线速度，m/s）值为下列数值时，应设置防冲板：①对于非腐蚀性、非磨蚀性的单相流体，$\rho v^2 > 2230$；②对于除上述以外的其他液体，包括沸点下的液体，$\rho v^2 > 740$。

对于所有其他气体或蒸汽以及气液混合物，都需要采取防冲击措施。防冲板的形式如图

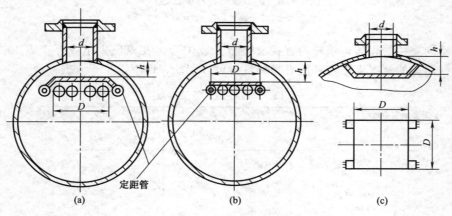

图 13-22　防冲板的形式

13-22 所示，其中图 13-22（a）和图 13-22（b）所示为防冲板两侧焊在定距管（或拉杆）上，为牢固起见，也可与第一块折流板焊接，图 13-22（c）所示为防冲板焊在壳体上。

（2）**扩大管结构**　蒸汽入口管可采用扩大管（喇叭口）以起缓冲作用。扩大管内应加装 2 块导流板，见图 13-23。

（3）**导流筒**　图 13-24 所示为内导流筒结构。在进口处设置导流筒，不仅起防冲板的作用，还可使加热蒸汽或流体导至靠近管板处才进入管束间，更充分地利用换热面积，提高传热效果。根据流动截面大致相等的原则，导流筒端部至管板的距离 S 应使该处的环形流动面积不小于导流筒外侧的流动截面积。

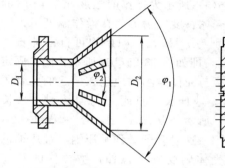 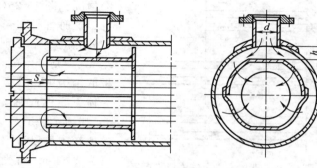

图 **13-23**　扩大管结构　　　　　　　　　　图 **13-24**　内导流筒结构

$D_2/D_1 = 1.3 \sim 1.5$；$\varphi_1 = 60°$；$\varphi_2 = 30°$

13.4　管壳式换热器的强度计算

管壳式换热器作为受压容器，承受内压或外压。因此，壳体和封头的壁厚、管子、法兰、开孔、支座等与一般容器的设计计算相同。

根据管壳式换热器的结构特点，其受力情况与容器有所不同。如固定管板式换热器，壳体和管壁内除受壳程及管程的流体压力而产生轴向应力和周向应力外，还受管、壳壁温差造成轴向温差应力。因此，换热器特有的强度计算，包括管板厚度计算、温差应力及管子拉脱力的计算。当采用膨胀节时，还需进行膨胀节的强度计算。

13.4.1　温差应力的计算

固定管板式换热器的管束与壳体是刚性连接的。当管程温度较高的流体与壳程温度较低的流体进行换热时，由于管束的壁温高于壳体的壁温，管束的伸长大于壳体的伸长。壳体限制管束的热膨胀，结果使管束受压，壳体受拉，在管壁截面和壳壁截面上产生了应力。这个应力是由于管壁与壳壁温度差所引起的，所以称为温差应力，也称热应力。管壁与壳壁的温度差越大，所引起的热应力也越大。在情况严重时，这个应力可以引起管子弯曲变形，或造成管子与管板连接接头的泄漏，甚至可以使管子从管板上拉脱。在设计换热器时，这是需要特别注意的。

在计算固定管板式换热器温差应力时，通常假定：①管子与管板均没有挠曲变形，因而作用在每根管子上的应力是相同的；②采用管壁的平均温度和壳壁的平均温度为各个壁的计算温度。

设一个固定管板式换热器操作时的管壁温度是 t_t，壳体温度是 t_0，则管子和外壳都会因升温而膨胀。如果两者皆能自由膨胀，则管子的自由伸长量为：

$$\delta_t = \alpha_t(t_t - t_0)L \quad (\text{mm}) \tag{13-1}$$

而壳体的自由伸长量为：

$$\delta_s = \alpha_s(t_s - t_0)L \quad (\text{mm}) \tag{13-2}$$

式中，α_t，α_s 分别为管子和壳体材料的热膨胀系数，$1/℃$；L 为管子和壳体的长度，mm；t_0 为安装时的壳体温度，℃。

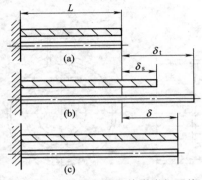

图 13-25 壳体及管子的膨胀与压缩

图 13-25 表示管子和壳体因热膨胀而产生长度变化的情况。图 13-25(a) 所示为操作前温度处于 t_0 时的情况，这时管子和壳体长度皆为 L。在操作温度下，管子和外壳的壁温分别为 t_t 和 t_s，如果均可自由伸长，且 $t_t > t_s$，则 $\delta_t > \delta_s$，即如图 13-25(b) 所示。但在固定管板的结构中，管板与壳体是刚性地连在一起的，管子与壳体不能彼此独立地伸长，只能共同伸长到一个长度 δ，如图 13-25(c) 所示。从图 13-25(b) 和图 13-25(c) 的比较中可以看到，这时管子受到了压缩，被压缩的长度为 $\delta_t - \delta$；而壳体则受到了拉伸，被拉伸的长度是 $\delta - \delta_s$。根据虎克定律，可以分别求出由此而产生在管子中的压缩力和在壳体中的拉伸力。显然，这两个力应该相等。

管子被压缩长度为 $\delta_t - \delta$，按虎克定律：

$$\delta_t - \delta = \frac{QL}{E_t F_t} \quad (\text{mm}) \tag{13-3}$$

同时壳体被拉伸量为 $\delta - \delta_s$，所以

$$\delta - \delta_s = \frac{QL}{E_s F_s} \quad (\text{mm}) \tag{13-4}$$

式中，Q 为管子中的压缩力，即等于壳体中的拉伸力，N；E_t，E_s 为管子和壳体的弹性模量，MPa；F_t，F_s 为管子和壳体的横截面积，mm^2。

合并式(13-3)、式(13-4)，消去 δ，可得：

$$\delta_t - \frac{QL}{E_t F_t} = \delta_s + \frac{QL}{E_s F_s} \tag{13-5}$$

以式(13-1) 和式(13-2) 代入式(13-5)，则

$$\alpha_t(t_t - t_0)L - \frac{QL}{E_t F_t} = \alpha_s(t_s - t_0)L + \frac{QL}{E_s F_s}$$

由此可以求得

$$Q = \frac{\alpha_t(t_t - t_0) - \alpha_s(t_s - t_0)}{\dfrac{1}{E_t F_t} + \dfrac{1}{E_s F_s}} \quad (\text{N}) \tag{13-6}$$

式(13-6) 就是因管壁和壳壁温度不同而产生的压缩力和拉伸力。

如果管子与壳体为同一材料，即 $\alpha_t = \alpha_s = \alpha$，$E_t = E_s = E$，则式(13-6) 成为：

$$Q = \frac{\alpha E(t_t - t_s)}{\dfrac{1}{F_t} + \dfrac{1}{E_s}} \quad (\text{N}) \tag{13-7}$$

由此管壁所受压应力

$$\sigma_t^S = \frac{Q}{F_t} \quad \text{(MPa)} \tag{13-8}$$

同时壳体所受的拉应力

$$\sigma_s^T = \frac{Q}{F_s} \quad \text{(MPa)} \tag{13-9}$$

全部换热管的截面积

$$F_t = \frac{\pi}{4}(d_o^2 - d_i^2)n \quad \text{(mm}^2) \tag{13-10}$$

壳体的截面积

$$F_s = \pi D_m \delta \quad \text{(mm}^2) \tag{13-11}$$

式中，d_o 为管子外径，mm；d_i 为管子内径，mm；n 为管子数；D_m 为壳体平均直径，mm；δ 为壳体壁厚，mm。

由式(13-8) 和式(13-9) 算出的 σ_t^S 和 σ_s^T 就是分别在管壁和壳壁中产生的温差应力，这个应力有时是非常可观的，可从下面的例子看出：

设 $\alpha_t = \alpha_s = \alpha = 11.5 \times 10^{-6} \,^\circ\!C^{-1}$

$E_t = E_s = E = 2.1 \times 10^5 \,\text{MPa}$

$F_t = F_s$，并取 $\Delta t = t_t - t_s = 1\,^\circ\!C$

$$\sigma_t^S = \sigma_s^T = \frac{\alpha E \Delta t}{2} = \frac{11.5 \times 10^{-6} \times 2.1 \times 10^5 \times 1}{2} = 1.21 \quad \text{(MPa)}$$

如 $\Delta t = 50\,^\circ\!C$，则

$$\sigma_t^S = \sigma_s^T = 60.4\,\text{MPa}$$

虽然，实际上由于管板的挠曲变形与管子的纵向弯曲，使实际应力比计算结果要小，但不会降低很多。

13.4.2 管子拉脱力的计算

在操作中，换热器承受流体压力和管壁温差应力的联合作用。当温差大时，温差应力尤为突出。这两个力在壳体壁截面和管子壁截面中产生了拉（或压）应力，同时在管子与管板的连接接头处产生拉脱力，使管子与管板有脱离的倾向。拉脱力的定义是管子每平方毫米胀接周边上所受到的力，单位为 Pa。实验表明，对于管子与管板是焊接连接的接头，接头的强度高于管子本身金属的强度，拉脱力不足以引起接头的破坏；但对于管子与管板是胀接的接头，拉脱力则可能引起接头处密封性的破坏或使管子松脱。为保证管端与管板牢固地连接和良好的密封性能，必须进行拉脱力的校核。

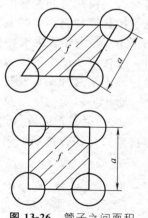

图 13-26 管子之间面积

在操作压力作用下，每平方毫米胀接周边受到的力

$$q_p = \frac{pf}{\pi d_o l} \quad \text{(MPa)} \tag{13-12}$$

式中，p 为设计压力，取管程压力 p_t、壳程压力 p_s 二者中的较大值，MPa；d_o 为管子外径，mm；l 为管子胀接长度，mm；f 为每四根管子之间的面积，mm^2。

如图 13-26 所示，管子成三角形排列，有

$$f = 0.866a^2 - \frac{\pi}{4}d_o^2 \tag{13-13}$$

管子成正方形排列，有

$$f = a^2 - \frac{\pi}{4}d_o^2 \tag{13-14}$$

式中，a 为管间距。

在温差应力作用下，管子每平方毫米胀接周边所产生的力

$$q_t = \frac{\sigma_t f_t}{4d_o l} = \frac{\sigma_t (d_o^2 - d_i^2)}{4d_o l} \quad (MPa) \tag{13-15}$$

式中，σ_t 为管子的温差应力，MPa；f_t 为每根管子管壁的横截面积，mm^2；d_i 为管子内径。

由温差产生的与压力产生的管子周边力可能作用于同一方向，也可能作用于不同方向。当两者同方向时，管子的拉脱力为 $q_p + q_t$；反之，管子拉脱力为 $q_t - q_p$。

换热器管子的拉脱力必须小于许用的拉脱力 $[q]$，其值见表 13-8。

表 13-8 许用拉脱力

换热管与管板胀接结构形式	$[q]$/MPa
管端不卷边，管板孔不开槽胀接	2.0
管端卷边或管板孔开槽胀接	4.0

13.4.3 膨胀节的选用计算

13.4.3.1 膨胀节的设置

膨胀节是装在固定管板式换热器壳体上的挠性构件。它的特点是受轴向力后容易变形。因而，当换热管和壳体的温度不同，产生不同膨胀量时，膨胀节便发生相应的变形，从而降低了换热管和壳体中的温差应力。换热器是否设置膨胀节，即是否设置温差补偿装置 [见图 13-1(b)]，主要取决于管程与壳程的温差、压差和壳体及管子的材料。当温差与压差比较小时，壳体中所产生的应力也较小，就不必设置膨胀节。但这种应力若达到一定数值，壳体本身补偿不了这种变形差时，就要设置膨胀节予以补偿。

对于一台受内压的换热器，膨胀节的采用与否应该根据下列三项计算来判定：

① 壳壁温差应力（σ_s^T）与壳壁内压轴向应力（σ_s^P）的总和是否超过壳体材料允许的强度极限（包括焊缝的削弱），即 $\sigma_s^P + \sigma_s^T \geqslant [\sigma]_s \varphi$；

② 管壁温差应力（σ_t^T）与管壁内压轴向应力（σ_t^P）的总和是否超过管子材料允许的极限，即 $\sigma_t^P + \sigma_t^T \geqslant [\sigma]_t \varphi$；

③ 管子拉脱力是否超过管子胀接或焊接所允许的极限，即 $q \geqslant [q]$。

其中，$[\sigma]_s$、$[\sigma]_t$ 分别为壳体与管子材料的许用应力，MPa；φ 为焊缝系数。若上述三个条件中有一个超过许用值，就要设置膨胀节。由于上述计算比较烦琐，因此，一般根据设计经验，当管壁与壳壁间温度差 $\Delta t > 50℃$ 时，就需设置膨胀节。

13.4.3.2 膨胀节形式

金属波纹管膨胀节，简称膨胀节。它是由一个或几个波纹管和结构件组成，用来吸收由

于热胀冷缩等原因引起的设备和（或）管道尺寸变化的装置。膨胀节已标准化（GB/T 12777—2019，GB/T 16749—2018），有单式轴向型膨胀节［图 13-27(a)］、单式铰链型膨胀节［图 13-27(b)］、复式拉杆型膨胀节等共有 15 种。这些膨胀节按大小可分为各种规格，公称直径可达 4000mm，公称压力可达 12.0MPa，国内有不少专业厂家生产，可以很方便订购。

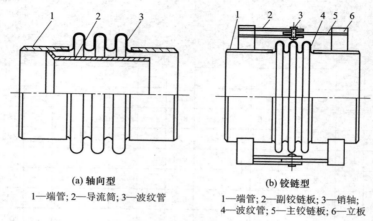

（a）轴向型
1—端管；2—导流筒；3—波纹管

（b）铰链型
1—端管；2—副铰链板；3—销轴；
4—波纹管；5—主铰链板；6—立板

图 13-27　单式膨胀节

从图 13-27 看出，这两个膨胀节的波纹管均有 3 个波。波纹管用材料应按工作介质、外部环境和工作温度等工作条件选用。常用材料有 Q235B、06Cr19Ni10、06Cr17Ni12Mo2、TA1 等。端管等受压件用材料应与安装膨胀节的设备或管道材料相同，或更优些。其端部连接形式可用焊接或法兰连接。

13.4.3.3　波纹管

波纹管的几何尺寸主要是公称直径 DN、波根外径 D_0'、波高 h、圆弧半径 R、壁厚 S、一个波的波长 L 等，如图 13-28 所示。若已知这些几何尺寸，再已知公称压力和波纹管材料，便可计算出单波的轴向位移量。计算比较烦琐。如果采用标准尺寸的波纹管，可从（GB 16749—2018）中的表 A2 直接查出单波的允许补偿量，也就是轴向位移量。表 13-9 为摘自（GB 16749—2018）的波形膨胀节单波允许补偿量。

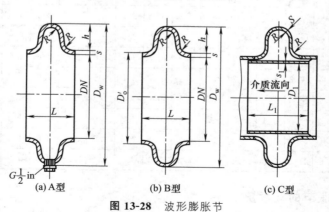

（a）A型　　　　（b）B型　　　　（c）C型

图 13-28　波形膨胀节

例如，已知 $DN\,800\text{mm}$，$PN\,0.6\text{MPa}$，$D_0' = DN + 2S$，波高 h 为 125mm，圆弧半径 $R = 35\text{mm}$，材料为 0Cr19Ni9，查得单波允许补偿量（最大位移量）为 13.7mm。

表 13-9　波形膨胀节单波允许补偿量（GB 16749—2018）

各压力列均属于「公称压力 PN/MPa——单波最大位移量/mm」。材料标注说明：0.25、0.6 列分别为 Q235A 与 0Cr19Ni9/0Cr18Ni11Ti；1.0 列为 Q235A、16MnR、0Cr19Ni9/0Cr18Ni11Ti；1.6、2.5、4.0 列为 20R、16MnR、0Cr19Ni9/0Cr18Ni11Ti。

公称直径 DN/mm	波根外径 D'_0/mm	波高 h/mm	圆弧半径 R/mm	0.25 Q235A	0.25 0Cr19Ni9/0Cr18Ni11Ti	0.6 Q235A	0.6 0Cr19Ni9/0Cr18Ni11Ti	1.0 Q235A	1.0 16MnR	1.0 0Cr19Ni9/0Cr18Ni11Ti	1.6 20R	1.6 16MnR	1.6 0Cr19Ni9/0Cr18Ni11Ti	2.5 20R	2.5 16MnR	2.5 0Cr19Ni9/0Cr18Ni11Ti	4.0 20R	4.0 16MnR	4.0 0Cr19Ni9/0Cr18Ni11Ti
150	159	30	12	0.7	2.9	0.6	2.8	0.6	—	2.4	—	—	2.1	—	—	1.7	—	—	1.4
(150)	159	45	20	1.1	3.4	1.1	2.8	1.0	—	2.6	—	—	2.5	—	—	2.5	—	—	2.4
200	219	40	15	1.1	4.4	1.1	3.6	1.0	—	3.4	—	—	3.0	—	—	2.4	—	—	1.9
(200)	219	55	20	1.7	5.1	1.5	4.5	1.4	—	4.2	—	—	3.7	—	—	3.5	1.0	—	2.6
250	273	55	20	1.7	5.1	1.5	4.4	1.4	—	4.1	—	—	3.7	—	—	3.0	—	—	2.4
(250)	278	65	25	2.3	6.3	1.3	5.2	1.7	—	4.7	—	—	4.5	—	—	4.0	1.2	1.9	3.2
300	325	60	20	2.3	7.2	2.0	5.9	1.6	—	5.2	—	—	4.5	—	—	3.3	—	—	2.3
(300)	325	80	30	2.6	7.8	2.2	6.4	2.1	—	5.8	—	—	5.5	1.9	2.6	4.8	1.5	2.2	4.1
350	377	70	25	2.6	8.1	2.2	6.2	1.8	—	6.2	—	—	5.0	—	—	4.0	1.1	—	3.3
(350)	377	80	30	2.6	8.5	2.4	6.7	2.3	—	6.7	—	—	5.9	1.9	2.8	5.3	1.6	2.3	4.2
400	DN+2S	70	30	2.6	8.1	2.2	5.9	1.9	—	5.9	—	—	5.4	—	—	4.6	1.2	—	3.6
(400)		95	30	2.6	10.7	3.0	8.8	2.6	—	7.6	2.5	—	7.0	2.1	3.0	5.6	1.6	2.6	4.3
450		80		3.2	9.1	2.6	7.3	1.8	—	7.1	—	—	5.9	—	—	4.5	1.3	2.0	3.5
(450)		105		4.3	12.4	3.3	10.4	2.9	—	8.8	2.5	4.1	7.2	2.3	3.2	5.6	1.7	2.5	4.5
500		85		3.5	10.3	2.7	8.6	2.1	—	7.7	—	—	6.1	1.8	—	5.0	1.3	2.0	3.7
(500)		105		4.5	13.2	3.6	10.9	2.9	—	8.9	2.5	4.1	7.3	2.2	—	5.5	1.3	2.5	4.4
550		95	35	3.8	10.4	2.9	9.2	2.2	—	8.3	—	—	7.1	1.8	—	5.5	1.4	2.4	4.2
(550)		105	35	4.5	12.6	3.7	10.8	3.3	—	9.4	2.8	4.5	7.8	2.6	3.6	6.3	1.9	3.2	4.9
600		105	35	4.1	12.4	2.9	9.6	2.5	—	9.6	2.9	—	7.5	2.1	3.4	5.7	1.6	2.4	4.5
(600)		125		5.6	16.2	4.1	12.7	3.2	—	10.3	3.2	4.6	8.7	2.8	3.9	7.0	2.0	3.1	5.2
650		115	35	5.0	14.2	3.6	11.5	3.2	—	9.0	2.6	—	7.4	2.1	2.9	5.8	1.6	2.3	4.6
(650)		125	35	5.7	16.8	4.3	13.5	3.5	—	9.9	2.6	4.0	7.8	2.6	4.0	7.0	2.0	3.2	5.2
700		125	35	5.7	17.3	4.3	13.2	3.3	—	10.2	3.2	4.6	8.6	2.6	4.0	6.9	2.0	3.1	5.2
750		125	35	6.1	18.3	4.4	13.7	3.2	—	10.2	3.2	4.6	8.5	2.6	4.0	6.9	2.0	3.1	5.2
800		125	35	6.2	18.3	4.4	13.7	3.2	—	10.2	3.2	4.6	8.5	2.6	4.0	6.8	2.0	3.1	5.1
900		125	35	6.4	19.2	4.4	14.1	3.2	—	10.2	3.2	4.6	8.8	2.6	4.0	6.8	2.0	3.1	5.1
1000		150	45	7.6	21.6	5.8	17.1	4.5	7.2	13.1	3.9	6.4	10.5	3.3	5.0	8.4	2.5	3.9	—

（注：$DN \geqslant 400$ 各行波根外径 $D'_0 = DN + 2S$，为合并单元格。）

13.4.3.4　膨胀节的补偿量

固定管板式换热器通常在室温下安装。作为加热器，高温热载体通管内，运转正常后，管子温度比壳体温度高。这时管子与壳体均产生热应力。为了减小热应力，可以算出换热器所需的热变形补偿量 Δl 为：

$$\Delta l = [\alpha_t(t_t - t_0) - \alpha_s(t_s - t_0)]L \qquad (13\text{-}16)$$

式中，α_t，α_s 分别为管子和壳壁材料的热膨胀系数，1/℃；t_0，t_t，t_s 分别为安装温度、管壁温度、壳体温度，℃；L 为管束长度，mm。

设 $[\Delta l]$ 为单波膨胀节的最大允许补偿量，若 $\Delta l < [\Delta l]$，可用一个单波膨胀节；若 $\Delta l > [\Delta l]$，则膨胀节的波数要增加。

13.5　管壳式换热器标准简介

最新国家标准 GB/T 151—2014《热交换器》，代替 GB 151—1999《管壳式换热器》及 GB 151—1989《钢制管壳式换热器》。这是在上述两个年代的国家标准以及更早的一部标准和三部标准（见参考文献［5］）的基础上制定的，有丰厚的技术基础，是管壳式热交换器的结构设计、设计计算、选材、制造、安装、检验、运行等方面的理论与实践的总结。学习它、理解它、研究它，对设计工作有极大的指导意义。

管壳式换热器的选材，结构设计，特别是各种形式换热器管板厚度计算、各种工况下的传热计算，在这个标准内都作了详细的介绍。

这个标准对管壳式换热器的适用参数范围：①设计压力不大于 35MPa；②公称直径不大于 4000mm；③设计压力与公称直径的乘积不大于 2.7×10^4。超过这些范围的，还可以参考其中的计算方法进行设计计算。

13.6　其他常用换热器

13.6.1　管式换热器

管式换热器是通过管子壁面进行热量交换的换热器。除了管壳式换热器外，还有其他形式的换热器，如蛇管式换热器、缠绕管式换热器、套管式换热器。

如图 13-29 所示，蛇管式换热器是由金属或非金属管子，按需要弯曲成圆形、螺旋形或长的蛇形管，从而完成换热过程。蛇管式换热器具有结构简单和操作方便等优点，是最早出现的一种换热设备。

图 13-29　蛇管式换热器

图 13-30　缠绕管式换热器

如图 13-30 所示，缠绕管式换热器是在芯筒与外筒之间的空间内将传热管按螺旋线形状交替缠绕而成，相邻两层螺旋状传热管的螺旋方向相反，并采用一定形状的定距件使传热管保持一定的间距。缠绕管式换热器结构紧凑，适用温度范围广，适应热冲击，可自身消除热应力，不存在流动死区。但结构形式复杂，造价成本高，适宜安装在装置的关键部位。

　　如图 13-31 所示，套管式换热器是用两种直径不同的标准管连接成同心圆套管，外面的叫壳程，内部的叫管程。两种不同温度的流体可在管内逆向流动（或同向）实现热量传递。套管式换热器结构简单，传热效率高，传热面积增减方便，工作适用范围大。但是检修、清洗和拆卸都较麻烦，在可拆连接处容易造成泄漏。

13.6.2　板面式换热器

　　板面式换热器是通过板面进行热量交换的换热器。与管式换热器相比，板面式换热器的传热效率高，温差小，结构紧凑，重量轻，制造方便，成本低，但焊接技术要求高，耐压性能比管式换热器差。常见的板面式换热器有螺旋板式换热器、板式换热器、板翅式换热器、板壳式换热器等。

　　如图 13-32 所示，螺旋板式换热器是由两张平行钢板卷制，形成了两个均匀的螺旋通道，两种传热流体可进行全逆流流动。螺旋通道的间距靠焊在钢板上的定距柱来保证。螺旋板式换热器传热效率高，运行稳定，可多台共同工作，适用于气-气、气-液、液-液传热。

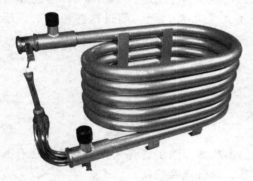 

图 13-31　套管式换热器　　　　　图 13-32　螺旋板式换热器

　　如图 13-33 所示，板式换热器是由一组波纹形状的长方形金属片叠装而成。各板片之间形成薄矩形通道，流体通过板片进行热量交换。板式换热器具有换热效率高、热损失小、结构紧凑轻巧、占地面积小、应用广泛、使用寿命长等特点，适用于液-液、液-气热交换。但工作压力不宜过大，可能发生泄漏，当换热介质含有较大颗粒或纤维物质时，容易堵塞板间通道。

　　如图 13-34 所示，板翅式换热器是在相邻平行金属板（隔板）间放置翅片、导流片以及封条组成夹层，将这样的夹层根据适当的方式叠置起来，钎焊成一个整体并组成板束，配以必要的封头、接管、支承等组件。板翅式换热器传热效率高，结构紧凑，重量轻，适应性强，但制造工艺要求高，容易堵塞，不耐腐蚀，清洗检修困难。

　　板壳式换热器（图 13-35）是由板管束和壳体两部分组成。将冷压成型的成对板条的接触处进行焊接，构成一个包含多个扁平流道的板管。许多个宽度不等的板管按一定次序排列，使用金属条保持板管之间的间距。板壳式换热器是介于管壳式换热器和板式换热器之间的一种结构形式，传热效率好，结构紧凑，体积小，耐温抗压，不易结垢，容易清洗。但这种换热器制造工艺较管壳式换热器复杂，焊接量大且要求高。

图 13-33 板式换热器

图 13-34 板翅式换热器

图 13-35 板壳式换热器

● 思考题

13-1 管壳式换热器主要有哪几种型式？各有何优缺点？

13-2 换热管与管板有哪几种连接方式？各有什么特点？

13-3 管子在管板上排列的标准式有哪些？各适用于什么场合？

13-4 折流板的作用如何？有哪些常用型式？

13-5 固定管板式换热器中温差应力是如何产生的？有什么补偿温差应力的措施？

13-6 管子拉脱力如何定义？产生原因是什么？

第 14 章

反 应 釜

14.1 概述

在工业生产过程中，为反应过程提供一定工艺条件的设备称为反应器或反应设备，用于实现液相单相反应过程和液-液、气-液、液-固、气-液-固等多相反应过程。反应器广泛应用于石油、化工、医药和食品等领域，实现硫化、硝化、氢化、烃化、聚合和缩合等工艺过程。反应器的结构型式多种多样，常见的有管式反应器、釜式反应器、塔式反应器、固体颗粒床层的反应器（固定床、流化床、移动床等）和喷射反应器等。随着生产工艺和单元操作向着精细化方面发展，一些新型的反应器，如微反应器、膜反应器、超临界反应器和燃料电池反应器也在不断发展。在化工单元操作中，机械搅拌釜式反应器，也称搅拌反应釜，应用最广泛。根据搅拌机的安装形式，搅拌反应釜可以分为顶入式、侧入式和底入式。搅拌容器主要有立式和卧式的圆筒形或矩形。本章主要以工程中应用最广泛的中心顶入立式圆筒搅拌反应釜为例介绍搅拌反应釜的结构特点和强度计算，以及简要介绍侧入卧式搅拌反应釜的基本结构和特点。

14.2 搅拌反应釜主要结构

搅拌反应釜利用机械搅拌使化学反应快速均匀进行，需对参加化学反应的物料进行充分混合，主要由釜体、传热装置、搅拌装置、传动装置和轴封等组成。图 14-1 是一台通气式搅拌反应釜典型结构，由电机驱动，经减速机带动搅拌轴及安装在轴上的搅拌器以一定转速旋转，使物料充分混合并进行化学反应。为满足工艺的换热要求，釜体上装有夹套，夹套内螺旋导流板的作用是改善传热性能。釜体内设置有气体分布器、挡板等附件。在搅拌轴下部安装径向流搅拌器，上层为轴向流搅拌器。

14.2.1 釜体和传热装置

搅拌反应釜的釜体和传热装置是提供反应空间和反应条件的部件。釜体通常是圆柱形容器，封头可以使用椭圆形封头、锥形封头或平盖。有传热要求的反应釜需要设置传热装置，常用的传热形式有两种：夹套式壁外传热结构和釜体内部蛇管传热结构（图 14-2 所示）。中、低压釜体通常采用不锈钢板卷焊，也可采用碳钢或铸钢制造，为防止物料腐蚀，可在碳钢或铸钢内表面衬耐蚀材料。釜体能同时承受内部介质压力和夹套压力，必须分别按内、外

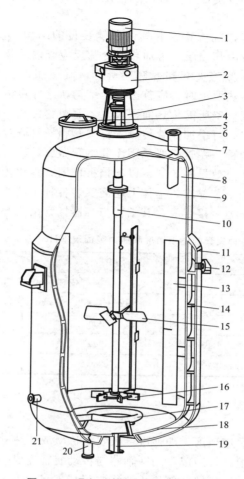

图 14-1 通气式搅拌反应釜典型结构

1—电动机；2—减速机；3—机架；4—人孔；5—密封装置；6—进料口；7—上封头；
8—筒体；9—联轴器；10—搅拌轴；11—夹套；12—载热介质出口；13—挡板；
14—螺旋导流板；15—轴向流搅拌器；16—径向流搅拌器；17—气流分布器；
18—下封头；19—出料口；20—载热介质进口；21—气体进口

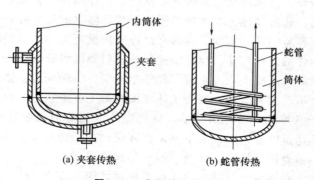

图 14-2 典型传热形式

压单独作用时的情况考虑，分别计算其强度和稳定性。对于承受较大外压的薄壁筒体，在筒体外表面设置加强圈。

夹套是用焊接或法兰连接的方式在容器的外侧装设的结构，使其与容器形成封闭的空间。在此空间内通入加热或冷却介质，可加热或冷却反应釜内的物料。夹套的主要结构型式有整体夹套、型钢夹套、半圆管夹套和蜂窝夹套等，其适用的温度和压力范围见表14-1。当夹套的换热面积能满足传热要求时，应首选夹套结构，这样可以减少容器内构件，便于清洗，不占用有效容积。当反应釜所需传热面积较大，而夹套传热不能满足要求，或釜体内有衬里隔热而不能采用夹套时，可增加蛇管传热，将夹套和蛇管联合使用。反应釜的蛇管主要有螺旋式盘管和竖式蛇管两种。蛇管一般采用无缝钢管做成螺旋状，可以几组按竖式对称排列。蛇管的热量损失小，传热效果好，还可以起挡板作用，强化传热和传质。但蛇管沉浸在物料中，检修较麻烦。根据工艺要求，釜体上还需安装各种工艺接管，如进料接管、出料接管、仪表接管、温度计及压力表接管等，其结构与容器接管结构基本相同。

表 14-1　各种夹套的适用温度和压力范围表（HG/T 20569—2013）

夹套形式		适用最高温度/℃	适用最高压力/MPa
整体夹套（U 形和圆筒形）		按 GB 150.3—2011《压力容器》	
半圆筒夹套		按 HG/T 20582—2011《钢制化工容器强度计算规定》	
型钢夹套		200	2.5
蜂窝夹套	短管支承式	200	2.5
	折边锥体式	250	4.0

14.2.2　搅拌装置

在反应釜中，为加快反应速度、加强混合及强化传质或传热效果等，一般都装有搅拌装置，搅拌装置由搅拌器和搅拌轴组成，用联轴器与传动装置连成一体。电动机驱动搅拌轴上的搅拌器以一定的方向和转速旋转，使静止的物料形成对流循环，并维持一定的湍流强度。通过搅拌使不互溶物料混合均匀，制备均匀混合液、乳化液，强化传质过程；在气液接触过程中，破碎气泡使气体在物料中充分分散，强化传质或化学反应；使固体颗粒悬浮于物料中，促使固体加速溶解、浸取或液-固化学反应；强化传热，防止局部过热或过冷。

14.2.2.1　搅拌器

搅拌器又称搅拌桨，是搅拌反应器的核心部件。搅拌器随旋转轴运动将机械能施加给物料，并促使物料运动。通过搅拌，在搅拌器附近形成高湍动的充分混合区，并产生一股高速射流推动物料在搅拌容器内循环流动。流体在反应釜内循环流动的途径称为流型。搅拌器型式、搅拌釜和内部构件的结构尺寸、搅拌转速以及物料黏度等都对流型有着影响。如图14-3所示，对于顶入立式圆筒反应釜，通常有三种基本流型。①轴向流：物料的流动方向平行于搅拌轴，物料由桨叶推动向下流动，遇到釜体底面再翻上，形成上下循环流；②径向流：物料的流动方向垂直于搅拌轴，沿径向流动，碰到釜体壁面分成两股物料分别向上、向下流动，再回到叶端，不穿过叶片，形成上下两个循环流动；③切向流：无挡板的搅拌釜内，物料绕轴作旋转运动，随着流速提高，物料表面会形成旋涡。

搅拌器的常见型式有锚式、桨式、涡轮式、推进式等（图14-4）。锚式搅拌器的底部形状与反应釜下封头形状相似，反应釜的直径较大或物料黏度很大时，常用横梁加强，其结构

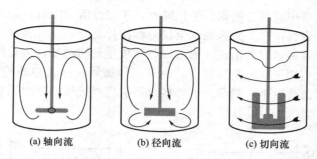

(a) 轴向流　　　　(b) 径向流　　　　(c) 切向流

图 14-3 反应釜内流体的流型

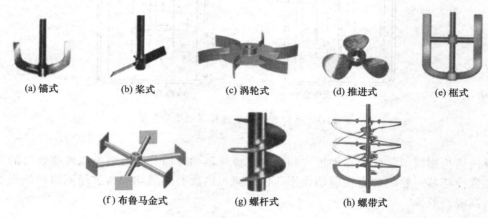

(a) 锚式　　　(b) 桨式　　　(c) 涡轮式　　　(d) 推进式　　　(e) 框式

(f) 布鲁马金式　　　(g) 螺杆式　　　(h) 螺带式

图 14-4 反应釜内搅拌器的型式

就成为框式。锚式搅拌器适用于黏度在 $100Pa \cdot s$ 以下的流体搅拌。

桨式搅拌器的桨叶一般以扁钢制造，焊接或用螺栓固定在轮毂上。搅拌桨的桨叶有直叶和折叶两种，叶片数可以是 $2 \sim 4$ 片。根据叶片的形状特点不同可分为平桨式搅拌器和斜桨式搅拌器。平桨式搅拌器产生的是径向力，斜桨式搅拌器产生的是轴向力。桨式搅拌器的结构最简单，成本低，适用于低黏度的物料。

涡轮式搅拌器是通过涡轮旋转使物料、气体介质强迫对流并均匀混合。主要分为开启式和圆盘式两类。开启涡轮式搅拌器的叶片直接安装在轮毂上，有平直叶、斜叶和弯叶等，叶片数多用 2 片和 4 片。圆盘涡轮式搅拌器的圆盘直接安装在轮毂上，而叶片安装在圆盘上，叶片数多为 6 片。涡轮式搅拌器有较大的剪切力，可以同时产生很强的径向流和轴向流。适用于低黏度到中等黏度物料的混合、气-液分散、固-液悬浮。

推进式搅拌器通常有三瓣螺旋形叶片，属于轴流型桨叶。螺旋形叶片在转动过程中使物料在反应釜内循环流动，形成轴向流。增加挡板或者导流筒可以强化轴向循环。推进式搅拌器的循环速率高，剪切力小，适用于低黏度和流量大的物料。推进式搅拌器结构简单，常用整体锻造，加工方便。由于叶片转速较高，制造时应做动平衡试验。

此外，还有许多不同型式的搅拌器，如框式、布鲁马金式、螺杆式和螺带式搅拌器等。当搅拌装置高径比较大时，可用多层搅拌桨，特殊产品甚至会使用较为复杂的 MIG 式搅拌。

通常搅拌反应釜中轴向流、径向流和切向流同时存在，轴向流和径向流起着主要混合作用，切向流应尽量避免。为了改善物料的流动状态，通常在搅拌反应釜内增设指挡板和导流筒。如图 14-5 所示，挡板通常安装在釜壁，也被叫作挡流板或者折流板。当搅拌器为顶入中心安装式时，如果搅拌的转速较高，会使低黏度的物料随着桨叶旋转的方向一起旋转。由于离心力作用，反应釜中间部分的物料液位降低，釜壁处液位上升，形成旋涡，通常称为打旋区。当转速高到一定程度时，旋涡底部会接触到搅拌桨叶，使外界空气进入到物料，降低混合效果。为了避免这种情况的出现，通过安装挡板把回转的切向流动改变为径向流动和轴向流动，增加流体的剪切强度，消除旋涡，改善主体循环，增大湍动程度，改善搅拌效果。挡板的结构和数量对混合效果影响很大。挡板过多会形成死区，导致不良的混合性能。

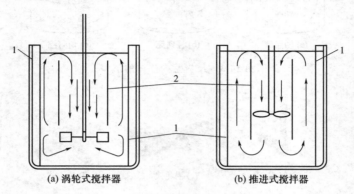

(a) 涡轮式搅拌器　　　　　　　(b) 推进式搅拌器

图 14-5 反应釜内的挡板和导流筒示意图
1—挡板；2—导流筒

导流筒为圆筒形，常用在推进式和涡轮式搅拌器的外面。导流筒可以提高物料的搅拌程度，加强搅拌器对物料的直接剪切作用，使反应釜内所有物料均能通过导流筒内的强烈混合区，提高混合效率。

14.2.2.2　搅拌轴

搅拌轴主要由轴径、轴头和轴身三部分组成，支承轴的部分叫轴径，安装搅拌器的部分叫轴头，其余部分为轴身。搅拌轴工作时，主要受扭转、弯曲和冲击作用，故轴的材质应有足够的强度、刚度和韧性。此外，为了便于加工制造，还要有优良的切削加工性能。搅拌轴的材料常用实心或空心的 45 号钢和 35CrMo 钢，有时还需要必要的热处理，以提高轴的强度和耐磨性。要求不高的场合也可采用普通碳素钢制造。如果釜内物料不允许被铁离子污染时，应当采用不锈钢或采取防腐措施。

通常减速机内的一对轴承用来支承搅拌轴。搅拌轴往往较长而且悬伸在反应釜内进行搅拌操作，在径向力的作用下搅拌轴会弯曲，旋转时容易发生振动。因此，当搅拌转速较快而密封要求较高时，可考虑增加中间轴承或底轴承。

14.2.3　传动装置

搅拌反应釜的传动装置通常设置在顶部，包括电动机、减速机、联轴器、机架等，如图 14-6 所示。传动装置中的电动机经减速机将转速减至工艺要求的搅拌转速，再通过联轴器带动搅拌轴旋转。减速机通过机座安装在反应釜的封头上。

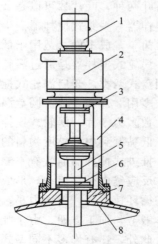

图 14-6 搅拌反应釜的传动装置
1—电动机；2—减速机；
3—联轴器；4—机架；
5—搅拌轴；6—轴封
装置；7—底座；
8—下封头

14.2.3.1 电动机

搅拌反应釜的电动机需要按照搅拌功率和搅拌设备周围环境等（防爆、防护等级、腐蚀）因素确定。电动机性能应符合 GB 755—2008《旋转电机定额和性能》。电动机的型号和功率应不仅要满足设备开车时启动功率增大的要求，还要满足搅拌功率裕量要求。通常反应釜是在非满载状态下工作，并且在实际搅拌过程中搅拌反应釜的搅拌速率会随着反应条件工艺要求发生改变。因此，在满足生产工艺要求的前提下，可以利用变频技术改变电机转速。采用变频电机不仅可满足物料不同的反应状态要求，也能取得明显的节能效果。

14.2.3.2 减速机

减速机是一种由封闭在刚性壳体内的齿轮传动、蜗杆传动、齿轮-蜗杆传动所组成的独立部件，用于电动机和搅拌轴之间匹配转速和传递转矩。搅拌反应釜往往在载荷变化、有振动的环境下连续工作，选择减速机时应考虑这些特点。常用的减速机有摆线针轮行星减速机、齿轮减速机和三角皮带减速机。一般根据搅拌功率和搅拌所需的转速来选择减速机。

14.2.3.3 联轴器

联轴器是用来连接轴与轴或轴与其他回转件，并传递运动和扭矩的。如图 14-7 所示，常用于立式搅拌轴上的联轴器主要有以下三种：①凸缘联轴器。由两个带凸缘的圆盘组成，圆盘称为半联轴器，半联轴器与轴通过键作周边固定，通过轴上的螺纹与锁紧螺母实现二者轴向固定，两个半联轴器靠螺栓连接。结构简单，成本低，制造方便，可传递较大扭矩，但减震性差，适于低速、振动小和刚性大的轴。②卡壳联轴器。由两个半圆夹壳组成，材质为铸铁，用一组螺栓锁紧，用平键完成周边固定，用两个半环组成的悬吊环完成轴边固定。拆装方便，不用作轴向移动，但不适于有冲击的场合。③弹性柱销联轴器。结构与凸缘联轴器相似，区别在于用一个套有弹性圈的柱销代替连接螺栓，弹性圈材料为橡胶或皮革等。减震能力强，可用于频繁正反转场合。

(a) 凸缘联轴器　　　　　　　　(b) 卡壳联轴器　　　　　　　　(c) 弹性柱销联轴器

图 14-7 搅拌反应釜的联轴器型式

14.2.3.4 机架

传动装置是通过机架安装在封头上的，机架内部装配有联轴器、轴承和轴封等部件。机架应保证减速机的输出轴与搅拌轴和轴封对中。机架轴承除了承受径向载荷外，还承受着搅拌器所产生的轴向力。如图 14-8 所示，搅拌反应釜的机架常分为无支点机架、单支点机架和双支点机架三种。无支点机架本身无支撑点，搅拌轴是以减速机输出轴的两个轴承支点作为支撑。适用于轴向力较小或仅受径向力、搅拌负载均匀的场合。单支点机架设有能承受双向载荷的支撑，轴向载荷全部卸到机架支撑上，能保证减速机的传动质量，延长使用寿命，适用于均匀负载、中等冲击条件下的所有搅拌作业场合。双支点机架中间设有两个独立支承，适用于重冲击负载或对搅拌密封装置有高要求的特殊场合。减速机输出轴与搅拌轴连接必须采用弹性联轴器。当不具备选用单支点或无支点机架的条件时，应选用双支点机架。

(a) 无支点机架   (b) 单支点机架   (c) 双支点机架

图 14-8　搅拌反应釜的机架型式

14.2.4　轴封

轴封是反应釜和搅拌轴之间的密封装置，属于动密封。其作用是保证搅拌设备内处于一定的正压或真空状态，以防止搅拌的物料溢出和杂质的渗入。在搅拌反应釜中常用的有液封、填料密封和机械密封。

14.2.4.1　液封

为了防止灰尘与杂质进入搅拌反应釜内部或者隔离物料与搅拌釜周围的环境介质，可选用液封。液封的结构简单，与搅拌轴没有直接接触。但为保证圆柱形壳体或静止元件与旋转元件之间的间隙符合设计要求，其密封部位零件的加工、安装要求较高。液封的使用范围较窄，一般适用于工作介质为非易燃易爆或毒性程度轻度危害，设备内工作压力等于大气压力，且温度范围在 20~80℃ 的场合。封液应采用搅拌设备内工作介质，或与工作介质不发生物理化学作用的中性液体，不易挥发且不污染环境。

14.2.4.2　填料密封

填料密封是指通过预紧或介质压力的自紧作用使填料与转动件及固定件之间产生压紧力的动密封装置，又称填料函密封。填料密封的结构示意图如图 14-9 所示，主要由填料、填料箱和填料固定件组成。通过压盖对填料作轴向压缩，当轴与填料有相对运动时，由于填料的回弹性，使它产生径向力保持与搅拌轴紧密接触。同时，填料中浸渍的润滑剂被挤出，在接触面之间形成油膜。而未接触的凹部形成小油槽，有较厚的油膜，接触部位与非接触部位组成一道不规则的迷宫，起阻止液流泄漏的作用。

填料是保证密封的主要零件。填料需要有一定弹性，压紧力作用下能产生一定的径向力并紧密与轴接触。具有良好的化学稳定性，防止被釜内物料溶解和腐蚀。由于填料与搅拌轴接触，需要较小的摩擦系数和良好的耐磨性。填料还需要有良好的机械强度，制造和装填方便。常用的填料材料有石棉织物、碳纤维、橡胶、柔性石墨和工程塑料等。

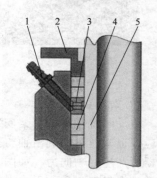

图 14-9　填料密封的结构示意图
1—冷却水接管；2—填料压盖；
3—填料环；4—填料；5—轴套

填料密封是搅拌反应釜较早采用的一种转轴密封结构，具有结构简单、制造要求低、维护保养方便等优点。但其填料易磨损，密封可靠性较差，一般只适用于常压或低压低转速、非腐蚀性和弱腐蚀性物料，并允许定期维护的搅拌设备。填料密封有多部行业标准，如 JB/T 6612—2008《静密封、填料密封 术语》和 JC/T 2053—2011《非金属填料密封》等，设计者可根据介质特性、使用条件以及对密封的要求来选择结构形式和参数。

14.2.4.3　机械密封

机械密封是靠一对或数对垂直于轴作相对滑动的端面在流体压力和补偿机构的弹力（或磁力）作用下保持贴合并配以辅助密封而达到阻漏的轴封装置。如图 14-10 所示，机械密封通常由动环、静环、压紧元件和密封元件组成。其中，动环和静环的端面组成一对摩擦副。动环靠密封室中液体的压力使其端面压紧在静环端面上，并在两环端面上产生适当的比压和保持一层极薄的液体膜而达到密封的目的。压紧元件产生压力，可使设备在不运转状态下也保持端面贴合，保证密封介质不外漏，并防止杂质进入密封端面。机械密封的结构型式分为单端面和双端面；平衡型和非平衡型等。

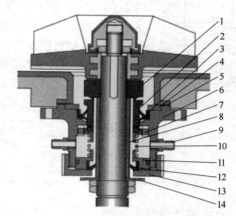

图 14-10　机械密封的结构示意图

1—动环；2—静环；3—K 形圈；4—密封盒垫块；
5—密封盒垫；6—密封盒；7—静环座；8—轴套；
9—冷却水接管；10—弹簧；11—弹簧座；
12—冷却水管；13—密封盒盖；14—挡片

与填料密封相比，机械密封的密封可靠，在长期运转中密封状态稳定，泄漏量很小，其泄漏量仅为填料密封的 1% 左右。使用寿命长，摩擦功率消耗低。机械密封的搅拌轴或轴套基本上不磨损，维修周期长，端面磨损后可自动补偿，一般情况下不需经常性维修。对搅拌轴的偏心和振动不敏感，抗振性好。机械密封在搅拌反应釜中已被广泛使用，能用于高温、低温、高压、真空、不同旋转频率，以及各种腐蚀性介质和含磨粒介质的密封。但机械密封的结构较复杂，对制造加工要求高，安装与更换也比较麻烦，成本较高。

搅拌反应釜用机械密封有多部行业标准，如 HG/T 2098—2011《釜用机械密封类型、主要尺寸及标志》和 HG/T 2269—2020《釜用机械密封技术条件》等，有厂商生产并供应各种规格产品。设计者可根据物料特性、使用条件以及对密封的要求来选择结构型式和参数。

当搅拌物料为剧毒、易燃、易爆，或较为昂贵的高纯度物料，或者需要在高真空状态下操作，对密封要求很高，且填料密封和机械密封均无法满足时，可选用全封闭的磁力传动装置。

14.3　搅拌反应釜的强度计算

搅拌反应釜的设计规范应按照 GB 150—2011《压力容器》和 HG/T 20569—2013《机械搅拌设备》等标准进行。

14.3.1　釜体结构尺寸的确定

根据化工单元操作的工艺条件确定搅拌反应釜的容积 V。反应釜操作时物料不能充满整

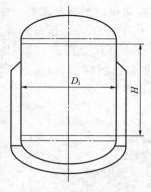

图 14-11 釜体几何尺寸

个釜体，因此釜体的容积 V 与操作容积 V_0 有如下关系：

$$V_0 = \eta V \tag{14-1}$$

其中，η 为装料系数。如果物料在反应过程中产生泡沫或呈沸腾状态，η 应取较低值，一般为 0.6～0.7；若反应状态平稳，可取 0.8～0.85。

根据容积 V 设计釜体的结构尺寸内径 D_i 和高度 H。如图 14-11 所示，釜体容积通常是指圆柱形筒体及下封头所包含的容积之和。反应釜的 H/D_i 值可依据经验按表 14-2 选取。对于发酵类物料的反应釜，为使通入的空气能与发酵液充分接触，需要保持一定的液位高度，反应釜的高度可以适当增加。适当增加釜体高度也有利于夹套传热。

表 14-2 搅拌反应釜的 H/D_i 值

种类	釜内物料类型	H/D_i
一般反应釜	液-液相或液-固相物料 气-液相物料	1～1.3 1～2
发酵罐类	气-液相物料	1.7～2.5

根据釜体容积 V 和物料性质，选定 H/D_i 值，估算筒体内径 D_i。

若已知

$$V \approx \frac{\pi}{4} D_i^2 H \approx \frac{\pi}{4} D_i^3 \left(\frac{H}{D_i} \right) \tag{14-2}$$

则

$$D_i = \sqrt[3]{\frac{4V}{\pi \left(\dfrac{H}{D_i} \right)}} \tag{14-3}$$

式中，V 为釜体容积，m^3；H 为筒体高度，m；D_i 为筒体内径，m。

将计算结果圆整为标准直径，筒体高度 H 可按下式计算：

$$H = \frac{V - V_h}{\frac{\pi}{4} D_i^2} \tag{14-4}$$

式中，V_h 为下封头所包含的容积。将计算得到的筒体高度进行圆整，重新核算 H/D_i 值是否符合表 14-2 的要求。若偏差较大，需重新调整筒体内径 D_i，直到符合要求。

14.3.2 釜体和夹套壁厚的确定

釜体和夹套的强度和稳定性设计可按内、外压容器的设计方法进行，若不设夹套，反应釜设计压力为内压时按照内压容器设计，反应釜设计压力为外压时按照外压容器设计。若安装夹套，夹套内的传热介质也会对釜体施加压力，此时反应釜需按承受内压和外压分别进行计算。按内压计算时，最大压力差为釜体内的工作压力；按外压计算时，最大压力差为夹套内的工作压力或夹套内工作压力加 0.1MPa（当釜体内为真空操作时）。若上封头不被夹套包围，则不承受外压作用，只按内压设计，但通常取与下封头相同的壁厚。夹套的筒体和封头按照内压容器设计。

安装夹套之前，釜体要进行水压试验，反应釜釜体的水压试验压力与一般内压容器的水压试验压力相同，即

$$p_T = 1.25 p \frac{[\sigma]}{[\sigma]^t} \tag{14-5}$$

式中，p 为釜体的设计压力；$[\sigma]$ 为室温下材料的许用应力；$[\sigma]'$ 为操作温度下材料的许用应力。夹套的水压试验压力要以夹套设计压力为基础，如果夹套的试验压力超过了釜体的稳定计算压力，对夹套进行水压试验时，应在釜体内保持一定的压力以保证釜体的安全。

14.3.3 搅拌轴直径的确定

搅拌轴受到扭转和弯曲的组合作用，搅拌轴的直径设计过程比较复杂，包括扭转变形、临界转速、扭转和弯矩联合作用下的强度以及轴封处允许的径向位移四部分。

14.3.3.1 搅拌轴的扭转变形计算

受扭转变形控制的轴径 d_1 应按下式计算

$$d_1 = 155.4 \sqrt[4]{\frac{M_{n\max}}{[\gamma]G(1-N_0^4)}} \tag{14-6}$$

式中，$[\gamma]$ 是轴的许用扭转角，$(°)/m$；$M_{n\max}$ 是搅拌轴传递的最大扭矩，$N \cdot m$；N_0 为空心轴内径与外径的比值；G 为轴材料的剪切弹性模量，MPa。

$$M_{n\max} = \frac{9553}{n}\eta_1 P_N \tag{14-7}$$

式中，η_1 为传动侧轴承之前那部分的传动装置效率；P_N 为电机额定功率，kW。

根据轴径计算轴的扭转变形时，轴的扭转角按下式计算

$$\gamma = \frac{5836 M_{n\max}}{Gd^4(1-N_0^4)} \times 10^5 \tag{14-8}$$

式中，$M_{n\max}$、G 与式(14-6) 中的 $M_{n\max}$、G 相同；d 为设计最终确定的实心轴直径或空心轴外径，mm。

14.3.3.2 搅拌轴的临界转速计算

当搅拌轴转动时会受到横向干扰，在转速达到自振频率时还会引起系统强烈振动造成破坏，出现这种情况时的转速就是临界转速 n_k。搅拌轴通常有几个临界转速，分别叫一阶临界转速 n_1、二阶临界转速 n_2 等。临界转速的大小与轴的结构、粗细、叶轮质量及位置、轴的支承方式等因素有关。如果搅拌轴的转速低于一阶临界转速 n_1，称为刚性轴（$n \leqslant 0.7n_1$）；如果搅拌轴的转速介于一阶临界转速 n_1 和二阶临界转速 n_2 之间，称为柔性轴（$1.3n_1 \leqslant n \leqslant 0.7n_2$）。

搅拌轴的临界转速与支承形式、支承点距离及轴径变化有关，不同形式的支承轴的临界转速的计算公式不同。如图14-12 所示，对于常用的双支承、等直径外伸多层搅拌器，其临界转速 n_k 按下式计算。

搅拌轴有效质量 m_{L1e} 在末端 S 点处的相当质量 W 应按下式计算

$$W = \frac{140a^2 + 231L_1a + 99L_1^2}{420(L_1+a)^2} m_{L1e} \tag{14-9}$$

式中，a 为悬臂轴两支点间距离，mm。第 i 个搅拌桨单元有效质量 m_{ie} 在末端 S 点处的相当质量 W_i 应按下式计算

$$W_i = \frac{L_i^2(L_i+a)}{L_1^2(L_1+a)} m_{ie} \tag{14-10}$$

$L_1 \sim L_i$ 是 $1 \sim i$ 个搅拌桨单元的悬臂长度，mm。在 S 点处

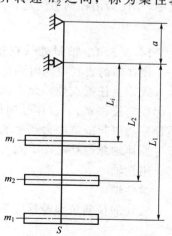

图 14-12 等直径悬臂轴临界转速示意图

所有相当质量的总和 W_S 应按下式计算

$$W_S = W + \sum_{i=1}^{m} W_i \tag{14-11}$$

具有 m 个搅拌桨单元的等直径悬臂轴的临界转速 n_k 应按下式计算

$$n_k = 114.7 d_{L1}^2 \sqrt{\frac{E(1-N_0^4)}{L_1^2(L_1+a)W_S}} \tag{14-12}$$

搅拌轴的转速应尽可能避开临界转速，若无法避开，则应采取特殊防振措施。通过增大轴径、增加一个支承点或缩短搅拌轴的长度、降低轴的质量（如空心轴或阶梯轴），都可以提高轴的临界转速 n_k。工程设计时也常采取这些措施来保证搅拌轴能在安全范围内工作。

14.3.3.3　搅拌轴扭转和弯矩联合作用下的强度计算

（1）受强度控制的轴径 d_2 应按下式计算

$$d_2 = 17.2 \sqrt[3]{\frac{M_{te}}{[\tau](1-N_0^4)}} \tag{14-13}$$

式中，M_{te} 为轴上扭转和弯矩同时作用时的当量扭矩，N·m；$[\tau]$ 为轴材料的许用剪应力，MPa。

$$M_{te} = \sqrt{M_n^2 + M^2} \tag{14-14}$$

$$[\tau] = \frac{\sigma_b}{16} \tag{14-15}$$

式中，σ_b 为轴材料的抗拉强度，MPa。

（2）轴上扭矩 M_n 应按下式计算

$$M_n = \frac{9553}{n} \eta_2 P_N \tag{14-16}$$

式中，η_2 为包括传动侧轴承在内的传动装置效率。

（3）轴上弯矩总和 M 应按下式计算

$$M = M_R + M_A \tag{14-17}$$

式中，M_R 为由径向力引起作用于轴的弯矩，N·m；M_A 为由轴向推力引起的作用于轴的弯矩，N·m。

14.3.3.4　轴封处（或轴上任意点处）允许径向位移计算

搅拌轴的直径应同时满足强度、刚度和临界转速等条件。搅拌轴的直径计算要按照轴封处（或轴上任意点处）允许径向位移演算轴径。搅拌轴在任意点的总位移包括轴承径向游隙引起径向位移 δ_{1x}、流体径向作用力引起径向位移 δ_{2x} 以及搅拌轴与各层搅拌桨和附件组合质量偏心引起的离心力产生的径向位移 δ_{3x}。

搅拌轴总位移应按下列公式计算：

刚性轴　　　　　　　　　$\delta_x = \delta_{1x} + \delta_{2x} + \delta_{3x}$ $\tag{14-18}$

柔性轴　　　　　　　　　$\delta_x = \delta_{1x} + \delta_{2x} + |\delta_{3x}|$ $\tag{14-19}$

允许的径向位移验算应满足下列条件

$$\delta_x \leqslant [\delta]_x \tag{14-20}$$

式中，$[\delta]_x$ 为轴上任意位置 x 处的允许径向位移，由工艺介质、操作条件及轴封等要求确定其值。

14.3.4 电动机功率的计算

电动机计算功率 P_M 应按下式计算

$$P_M = \frac{P_s + P_m}{\eta_1}$$

(14-21)

式中，P_s 为搅拌轴功率，由工艺过程确定，kW；P_m 为轴封摩擦损失功率，kW；η_1 为传动侧轴承之前那部分的传动装置效率。

如果是填料密封，搅拌轴的摩擦损耗的功率可按下式计算

$$P_m = 6.67 d_o^2 h n \times 10^{-9}$$

(14-22)

式中，h 为不计密封环时填料密封圈的总高度，mm；d_o 为轴封处的实心轴直径或空心轴外径，mm；n 为搅拌轴转速，r/min。

如果是机械密封，转轴在机械密封中摩擦损耗的功率可按下式计算：

双端面机械密封所消耗的功率

$$P_m = 1.8 d_o^{1.2} \times 10^{-3}$$

(14-23)

单端面机械密封所消耗的功率

$$P_m = d_o^{1.2} \times 10^{-3}$$

(14-24)

通过上式计算所得的电动机计算功率应圆整到电动机产品系列中的额定功率 P_N。当启动功率大于电动机允许的启动功率时，应适当提高 P_N 值。

14.4　侧入卧式搅拌反应釜简介

侧入卧式搅拌反应釜是一种间歇运行多室反应的化学反应设备，由封头、筒体、夹套、轴封、联轴器、搅拌器和支架等组成（图 14-13 所示）。釜体水平放置，搅拌电动机可设置于两侧封头横向放置，这种结构通常采用螺带或螺杆式搅拌器。釜内多设置多级搅拌反应室，反应室内用折流板隔开，形成相对独立的反应空间，可以实现连续操作，连续反应。

图 14-13　侧入卧式搅拌反应釜

如图 14-14 所示，侧入卧式反应釜配有加热/冷却系统，根据设定温度调整加热器的工作时间，达到自动恒温的目的。加热方式可分为电加热、夹套循环加热（循环水、循环导热

油）、夹套蒸汽加热、远红外加热、内（外）盘管加热等，釜体冷却则可选用内（外）盘管冷却、夹套冷却等。根据搅拌负荷的需要，调节控制搅拌电动机的变频器，达到调速搅拌之目的。利用真空泵和过滤器实现溶剂的回收。反应釜内可以设计破碎器，防止反应物料结块。侧入卧式搅拌反应釜的搅拌装置如果安装在封头上时，填料密封或机械密封均可使用，可直接与物料接触，并保证良好的密封效果。当搅拌装置安装在釜体上部时，可采用填料密封、机械密封或磁力密封。高压工作条件下要选用磁力密封。

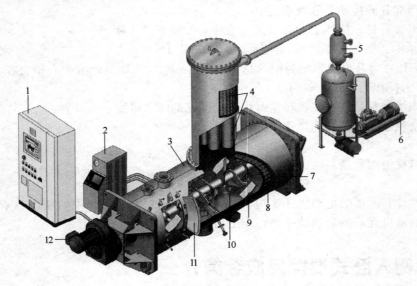

图 14-14 卧式搅拌反应釜的主要组成

1—控制系统；2—加热/冷却系统；3—釜体；4—过滤器；5—溶剂回收系统；6—真空泵；
7—釜体外套；8—夹套；9—搅拌桨；10—破碎器；11—釜体侧门；12—驱动机构

　　侧入卧式搅拌反应釜的釜体主要采用不锈钢、碳钢和复合板材料，也可根据不同物料要求采用钛材、镍材、钽材、锆材和高温合金等材料。为防止腐蚀，反应釜内可喷聚四氟乙烯涂层。

　　侧入卧式搅拌反应釜容量较大，同时具有搅拌混合、加热/冷却和输送等功能，能够实现固体物料连续化生产。因此，广泛用于石油、化工、医药和矿山冶金等领域，是耐腐蚀、高温和高压反应、加压浸出、矿浆加热、萃取等工艺的理想设备。但侧入卧式搅拌反应釜在生产过程中需要加热或冷却，搅拌桨与机体内壁之间局部存在一定间隙，局部又直接摩擦，容易产生泄漏，设备运行能耗较高，制造和维护成本较高。

● **思考题**

　　14-1　搅拌反应釜包括哪些主要结构？

　　14-2　搅拌器有哪些类型？适用于什么场合？

　　14-3　简述搅拌反应釜的轴封类型和特点。

　　14-4　简述搅拌反应器的搅拌轴设计。

　　14-5　简述侧入卧式搅拌反应釜的特点。

第四篇 参考文献

[1] 顾芳珍，陈国桓. 化工设备设计基础. 天津：天津大学出版社，1994.

[2] 王树楹. 现代填料塔技术指南. 北京：中国石化出版社，1998.

[3] 余国琮. 化工机械工程手册（中）. 北京：化学工业出版社，2002.

[4] GB/T 151—2014 热交换器.

[5] 中华人民共和国机械/石油/化学工业部. 钢制管壳式换热器设计规定. 北京：化学工业出版社，1983.

[6] GB/T 12777—2019 金属波纹管膨胀节通用技术条件.

[7] GB/T 16749—2018 压力容器波形膨胀节.

[8] 陈国桓，朱美娥. 英汉汉英化工工艺与设备图解词典. 北京：化学工业出版社，2003.

[9] 谭蔚. 化工设备设计基础. 2版. 天津：天津大学出版社，2007.

[10] 郑津洋，桑芝富. 过程设备设计. 4版. 北京：化学工业出版社，2015.

[11] 王学生，惠虎. 化工设备设计. 2版. 上海：华东理工大学出版社，2017.

[12] 陈志平，章序文，林兴华. 搅拌与混合设备设计选用手册. 北京：化学工业出版社，2004.

[13] GB 150—2011 压力容器.

[14] HG/T 20569—2013 机械搅拌设备.

[15] HG 21563～21572—95 搅拌传动装置.

[16] JB/T 6612—2008 静密封、填料密封 术语.

[17] JC/T 2053—2011 非金属填料密封.

[18] HG/T 2098—2011 釜用机械密封类型、主要尺寸及标志.

[19] HG/T 2269—2020 釜用机械密封技术条件.

[20] NB/T 47003.1—2009 钢制焊接常压容器.

附 录

附录 1 我国不锈钢与美国不锈钢牌号对照（摘自 GB 150.2—2011）

序号	GB 24511—2009		GB/T 4237—92	ASME(2007)SA240	
	统一数字代号	新牌号	旧牌号	UNS 代号	型号
1	S11306	06Cr13	0Cr13	S41008	410S
2	S11348	06Cr13Al	0Cr13Al	S40500	405
3	S11972	019Cr19Mo2NbTi	00Cr18Mo2	S44400	444
4	S42030	30Cr13	3Cr13	S42030	420
5	S30408	06Cr19Ni10	0Cr18Ni9	S30400	304
6	S30403	022Cr19Ni10	00Cr19Ni10	S30403	304L
7	S31008	06Cr25Ni20	0Cr25Ni20	S31008	310S
8	S31608	06Cr17Ni12Mo2	0Cr17Ni12Mo2	S31600	316
9	S31603	022Cr17Ni12Mo2	00Cr17Ni14Mo2	S31603	316L
10	S31668	06Cr17Ni12Mo2Ti	0Cr18Ni12Mo2Ti	S31635	316Ti
11	S31708	06Cr19Ni13Mo3	0r19Ni13Mo3	S31700	317
12	S31703	022Cr19Ni13Mo3	00Cr19Ni13Mo3	S31703	317L
13	S32168	06Cr18Ni11Ti	0Cr18Ni10Ti	S32100	321

附录 2　钢材弹性模量（摘自 GB 150.2—2011）

钢类	在下列温度（℃）下的弹性模量 $E/10^3$ MPa																
	−196	−100	−40	20	100	150	200	250	300	350	400	450	500	550	600	650	700
碳素钢、碳锰钢			205	201	197	194	191	188	183	178	170	160	149				
锰钼钢、镍钢		209	205	200	196	193	190	187	183	178	170	160	149				
铬（0.5%~2%）钼（0.2%~0.5%）钢			208	204	200	197	193	190	186	183	179	174	169	164			
铬（2.25%~3%）钼（1.0%）钢			215	210	206	202	199	196	192	188	184	180	175	169	162		
铬（5%~9%）钼（0.5%~1.0%）钢			218	213	208	205	201	198	195	191	187	183	179	174	168	161	
铬钢（12%~17%）			206	201	195	192	189	186	182	178	173	166	157	145	131		
奥氏体钢（Cr18Ni8~Cr25Ni20）	209	203	199	195	189	186	183	179	176	172	169	165	160	156	151	146	140
奥氏体-铁素体钢（Cr18Ni5~Cr25Ni7）				200	194	190	186	183	180								

附录 3　钢材平均线膨胀系数（摘自 GB 150.2—2011）

钢类	在下列温度（℃）与 20℃ 之间的平均线膨胀系数 $\alpha/10^{-6}$℃$^{-1}$																	
	−196	−100	−50	0	50	100	150	200	250	300	350	400	450	500	550	600	650	700
碳素钢、碳锰钢、锰钼钢、低铬钢		9.89	10.39	10.76	11.12	11.53	11.88	12.25	12.56	12.90	13.24	13.58	13.93	14.22	14.42	14.62		
中铬钢（Cr5Mo~Cr9Mo）			9.77	10.16	10.52	10.91	11.15	11.39	11.66	11.90	12.15	12.38	12.63	12.86	13.05	13.18		
高铬钢（Cr12~Cr17）			8.95	9.29	9.59	9.94	10.20	10.45	10.67	10.96	11.19	11.41	11.61	11.81	11.97	12.11		
奥氏体钢（Cr18Ni8~Cr19Ni14）	14.67	15.45	15.97	16.28	16.54	16.84	17.06	17.25	17.42	17.61	17.79	17.99	18.19	18.34	18.58	18.71	18.87	18.97
奥氏体钢（Cr25Ni20）						15.84	15.98	16.05	16.06	16.07	16.11	16.13	16.17	16.33	16.56	16.66	16.91	17.14
奥氏体-铁素体钢（Cr18Ni5~Cr25Ni7）						13.10	13.40	13.70	13.90	14.10								

附录 4　钢材许用应力（摘自 GB 150.2—2011）

（包括碳素钢和低合金钢钢板、低温压力容器用钢板、高合金钢钢板）

钢号	钢板标准	使用状态	厚度/mm	室温强度指标 R_m/MPa	室温强度指标 R_{eL}/MPa	在下列温度（℃）下的许用应力/MPa ≤20	100	150	200	250	300	350	400	425	450	475	500	525	550	575	600	备注
						碳素钢和低合金钢钢板																
Q245R	GB 713	热轧、控轧、正火	3~16	400	245	148	147	140	131	117	108	98	91	85	61	41						
			>16~36	400	235	148	140	133	124	111	102	93	86	84	61	41						
			>36~60	400	225	148	133	127	119	107	98	89	82	80	61	41						
			>60~100	390	205	137	123	117	109	98	90	82	75	73	61	41						
			>100~150	380	185	123	112	107	100	90	80	73	70	67	61	41						
Q345R	GB 713	热轧、控轧、正火	3~16	510	345	189	189	189	183	167	153	143	125	93	66	43						
			>16~36	500	325	185	185	183	170	157	143	133	125	93	66	43						
			>36~60	490	315	181	181	173	160	147	133	123	117	93	66	43						
			>60~100	490	305	181	181	167	150	137	123	117	110	93	66	43						
			>100~150	480	285	178	173	160	147	133	120	113	107	93	66	43						
			>150~200	470	265	174	163	153	143	130	117	110	103	93	66	43						
Q370R	GB 713	正火	10~16	530	370	196	196	196	196	190	180	170										
			>16~36	530	360	196	196	196	193	183	173	163										
			>36~60	520	340	193	193	193	180	170	160	150										
18MnMoNbR	GB713	正火加回火	30~60	570	400	211	211	211	211	211	211	211	207	195	177	117						
			>60~100	570	390	211	211	211	211	211	211	211	203	192	177	117						
13MnNiMoR	GB 713	正火加回火	30~100	570	390	211	211	211	211	211	211	211	203									
			>100~150	570	380	211	211	211	211	211	211	211	200									

续表

低温压力容器用钢板

钢号	钢板标准	使用状态	厚度/mm	室温强度指标 Rm/MPa	室温强度指标 ReL/MPa	≤20	100	150	200	250	300	350	400	425	450	475	500	525	550	575	600	备注 / 使用温度下限/℃
15CrMoR	GB 713	正火加回火	6~60	450	295	167	167	167	160	150	140	133	126	122	119	117	88	58	37			
			>60~100	450	275	167	167	157	147	140	131	124	117	114	111	109	88	58	37			
			>100~150	440	255	163	157	147	140	133	123	117	110	107	104	102	88	58	37			
14Cr1MoR	GB 713	正火加回火	6~100	520	310	193	187	180	170	163	153	147	140	135	130	123	80	54	33			
			>100~150	510	300	189	180	173	163	157	147	140	133	130	127	121	80	54	33			
12Cr2Mo1R	GB 713	正火加回火	6~150	520	310	193	187	180	173	170	167	163	160	157	147	119	89	61	46	37		
16MnDR	GB 3531	正火、正火加回火	6~16	490	315	181	181	180	167	153	140	130										−40
			>16~36	470	295	174	174	167	157	143	130	120										
			>36~60	460	285	170	170	160	150	137	123	117										
			>60~100	450	275	167	167	157	147	133	120	113										−30
			>100~120	440	265	163	163	153	143	130	117	110										
15MnNiDR	GB 3531	正火、正火加回火	6~16	490	325	181	181	181	173													−45
			>16~36	480	315	178	178	178	167													
			>36~60	470	305	174	174	173	160													
15MnNiNbDR	—	正火、正火加回火	10~16	530	370	196	196	196	196													−50
			>16~36	530	360	196	196	196	193													
			>36~60	520	350	193	193	193	187													
09MnNiDR	GB 3531	正火、正火加回火	6~16	440	300	163	163	163	160	153	147	137										−70
			>16~36	430	280	159	159	157	150	143	137	127										
			>36~60	430	270	159	159	150	143	137	130	120										
			>60~120	420	260	156	156	147	140	133	127	117										

续表

钢号	钢板标准	使用状态	厚度/mm	室温强度指标 Rm/MPa	室温强度指标 ReL/MPa	≤20	100	150	200	250	300	350	400	425	450	475	500	525	550	575	600	备注
08Ni3DR	—	正火，正火加回火，调质	6~60	490	320	181	181															−100
08Ni3DR	—	正火，正火加回火，调质	>60~100	480	300	178	178															−100
06Ni9DR	—	调质	6~30	680	560	252	252															−196
06Ni9DR	—	调质	>30~50	680	550	252	252															−196
07MnMoVR	GB 19189	调质	10~60	610	490	226	226	226	226													

高合金钢板

钢号	钢板标准	厚度/mm	≤20	100	150	200	250	300	350	400	450	475	500	525	550	575	600	625	650	675	700	725	750	775	800	备注
S11306	GB 24511	1.5~25	137	126	123	120	119	117	112	109																
S30408	GB 24511	1.5~80	137	137	137	130	122	114	111	107	103	100	98	91	79	67	62	52	42	32	27					①
S30403	GB 24511	1.5~80	120	120	118	110	103	98	94	91	88	85	81	79	76	73	69	67	65							①
S31008	GB 24511	1.5~80	137	137	137	134	130	125	122	119	115	113	109	105	96	84	61	43	31	23	19	15	12	10	8	①
S31608	GB 24511	1.5~80	137	137	137	134	125	121	111	105	99	93	85	84	83	81	78	76	73	65	50					①
S31603	GB 24511	1.5~80	120	120	117	108	100	95	90	86	84	79	74	70	67	64	62									①
S31668	GB 24511	1.5~80	137	137	137	134	125	118	113	111	109	107	105	103	101	96	81	65	50	38	30					①
S32168	GB 24511	1.5~80	137	137	137	130	122	114	111	108	105	103	101	96	83	74	58	44	33	25	18	13				①

① 该行许用应力仅适用于允许产生微量永久变形之元件，对于法兰或其他有微量永久变形就会引起泄露或故障的场合不能采用。

附录 5 碳素钢和低合金钢钢管许用应力（摘自 GB 150.2—2011）

钢号	钢管标准	使用状态	壁厚/mm	室温强度指标 R_m/MPa	室温强度指标 R_{eL}/MPa	在下列温度（℃）下的许用应力/MPa ≤20	100	150	200	250	300	350	400	425	450	475	500	525	550	575	600	备注
10	GB/T 8163	热轧	≤10	335	205	124	121	115	108	98	89	82	75	70	61	41						
20	GB/T 8163	热轧	≤10	410	245	152	147	140	131	117	108	98	88	83	61	41						
Q345D	GB/T 8163	正火	≤10	470	345	174	174	174	174	167	153	143	125	93	66	43						
10	GB 9948	正火	≤16	335	205	124	121	115	108	98	89	82	75	70	61	41						
10	GB 9948	正火	>16~30	335	195	124	117	111	105	95	85	79	73	67	61	41						
20	GB 9948	正火	≤16	410	245	152	147	140	131	117	108	98	88	83	61	41						
20	GB 9948	正火	>16~30	410	235	152	140	133	124	111	102	93	83	78	61	41						
20	GB 6479	正火	≤16	410	245	152	147	140	131	117	108	98	88	83	61	41						
20	GB 6479	正火	>16~40	410	235	152	140	133	124	111	102	93	83	78	61	41						
16Mn	GB 6479	正火	≤16	490	320	181	181	180	167	153	140	130	123	93	66	43						
16Mn	GB 6479	正火	>16~40	490	310	181	181	173	160	147	133	123	117	93	66	43						
12CrMo	GB 9948	正火加回火	≤16	410	205	137	121	115	108	101	95	88	82	80	79	77	74	50				
12CrMo	GB 9948	正火加回火	>16~30	410	195	130	117	111	105	98	91	85	79	77	75	74	72	50				

附录 6 热轧工字钢规格及截面特性参数（摘自 GB 706—2016）

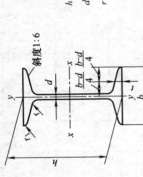

h—高度；b—腿宽度；
d—腰厚度；t—平均腿厚度；
r—内圆弧半径；r₁—腿端圆弧半径

型号	截面尺寸/mm						截面面积/cm²	理论质量/(kg/m)	外表面积/(m²/m)	惯性矩/cm⁴		惯性半径/cm		截面模数/cm³	
	h	b	d	t	r	r_1				I_x	I_y	i_x	i_y	W_x	W_y
10	100	68	4.5	7.6	6.5	3.3	14.33	11.3	0.432	245	33.0	4.14	1.52	49.0	9.72
12	120	74	5.0	8.4	7.0	3.5	17.80	14.0	0.493	436	46.9	4.95	1.62	72.7	12.7
12.6	126	74	5	8.4	7.0	3.5	18.10	14.2	0.505	488	46.9	5.20	1.61	77.5	12.7
14	140	80	5.5	9.1	7.5	3.8	21.50	16.9	0.533	712	64.4	5.76	1.73	102	16.1
16	160	88	6.0	9.9	8.0	4.0	26.11	20.5	0.621	1130	93.1	6.58	1.89	141	21.2
18	180	94	6.5	10.7	8.5	4.3	30.74	24.1	0.681	1660	122	7.36	2.00	185	26.0
20a	200	100	7.0	11.4	9.0	4.5	35.55	27.9	0.742	2370	158	8.15	2.12	287	31.5
20b	200	102	9.0	11.4	9.0	4.5	39.55	31.1	0.746	2500	169	7.96	2.06	250	33.1
22a	220	110	7.5	12.3	9.5	4.8	42.10	33.1	0.817	3400	225	8.99	2.31	309	40.9
22b	220	112	9.5	12.3	9.5	4.8	46.50	36.5	0.821	3570	239	8.78	2.27	325	42.7
24a	240	116	8.0	13.0	10.0	5.0	47.71	37.5	0.878	4570	280	9.77	2.42	381	48.4

型号	截面尺寸/mm						截面面积/cm²	理论质量/(kg/m)	外表面积/(m²/m)	惯性矩/cm⁴		惯性半径/cm		截面模数/cm³	
	h	b	d	t	r	r_1				I_x	I_y	i_x	i_y	W_x	W_y
24b	240	118	10.0	13.0	10.0	5.0	52.51	41.2	0.882	4800	297	9.57	2.38	400	50.4
25a	250	116	8	13	10.0	5.0	48.51	38.1	0.898	5020	280	10.20	2.4	402	48.3
25b	250	118	10	13	10.0	5.0	53.51	42.0	0.902	5280	309	9.94	2.4	423	52.4
27a	270	122	8.5	13.7	10.5	5.3	54.52	42.8	0.958	6.550	345	10.9	2.51	485	56.6
27b	270	124	10.5	13.7	10.5	5.3	59.92	47.0	0.962	6.870	366	10.7	2.47	509	58.9
28a	280	122	8.5	13.7	10.5	5.3	55.37	43.5	0.978	7110	345	11.3	2.50	508	56.6
28b	280	124	10.5	13.7	10.5	5.3	60.97	47.9	0.982	7480	379	11.1	2.49	534	61.2
30a	300	126	9.0	14.4	11.0	5.5	61.22	48.1	1.031	8950	400	12.1	2.55	597	63.5
30b	300	128	11.0	14.4	11.0	5.5	67.22	52.8	1.035	9400	422	11.8	2.50	627	65.9
30c	300	130	13.0	14.4	11.0	5.5	73.22	57.5	1.039	9850	445	11.6	2.46	657	68.5
32a	320	130	9.5	15	11.5	5.8	67.12	52.7	1.084	11100	460	12.8	2.62	692	70.8
32b	320	132	11.5	15	11.5	5.8	73.52	57.7	1.088	11600	502	12.6	2.61	726	76
32c	320	134	13.5	15	11.5	5.8	79.92	62.7	1.092	12200	544	12.3	2.61	760	81.2
36a	360	136	10.0	15.8	12.0	6.0	76.44	60.0	1.185	15800	552	14.4	2.69	875	81.2
36b	360	138	12.0	15.8	12.0	6.0	83.64	65.7	1.189	16500	582	14.1	2.64	919	84.3
36c	360	140	14.0	15.8	12.0	6.0	90.84	71.3	1.193	17300	612	13.8	2.60	962	87.4
40a	400	142	10.5	16.5	12.5	6.3	86.07	67.6	1.285	21700	660	15.9	2.77	1090	93.2
40b	400	144	12.5	16.5	12.5	6.3	94.07	73.8	1.289	22800	692	15.6	2.71	1140	96.2
40c	400	146	14.5	16.5	12.5	6.3	102.1	80.1	1.293	23900	727	15.2	2.65	1190	99.6

附录7 钢制压力容器用甲型平焊法兰的结构形式和系列尺寸（摘自 NB/T 47021—2012）

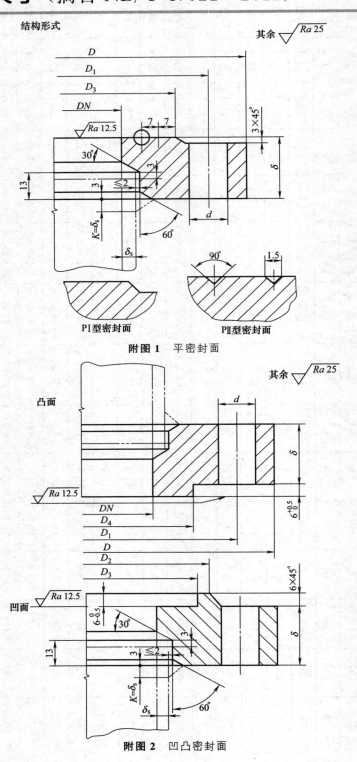

附图1 平密封面

附图2 凹凸密封面

钢制压力容器甲型平焊法兰系列尺寸（摘自 NB/T 47021—2012）

公称直径 DN/mm	法兰/mm							螺柱	
	D	D_1	D_2	D_3	D_4	δ	d	规格	数量
PN＝0.25MPa									
700	815	780	750	740	737	36	18	M16	28
800	915	880	850	840	837	36	18	M16	32
900	1015	980	950	940	937	40	18	M16	36
1000	1130	1090	1055	1045	1042	40	23	M20	32
1100	1230	1190	1155	1141	1138	40	23	M20	32
1200	1330	1290	1255	1241	1238	44	23	M20	36
1300	1430	1390	1355	1341	1338	46	23	M20	40
1400	1530	1490	1455	1441	1438	46	23	M20	40
1500	1630	1590	1555	1541	1538	48	23	M20	44
1600	1730	1690	1655	1641	1638	50	23	M20	48
1700	1830	1790	1755	1741	1738	52	23	M20	52
1800	1930	1890	1855	1841	1838	56	23	M20	52
1900	2030	1990	1955	1941	1938	56	23	M20	56
2000	2130	2090	2055	2041	2038	60	23	M20	60
PN＝0.6MPa									
450	565	530	500	490	487	30	18	M16	20
500	615	580	550	540	537	30	18	M16	20
550	665	630	600	590	587	32	18	M16	24
600	715	680	650	640	637	32	18	M16	24
650	765	730	700	690	687	36	18	M16	28
700	830	790	755	745	742	36	23	M20	24
800	930	890	855	845	842	40	23	M20	24
900	1030	990	955	945	942	44	23	M20	32
1000	1130	1090	1055	1045	1042	48	23	M20	36
1100	1230	1190	1155	1141	1138	55	23	M20	44
1200	1330	1290	1255	1241	1238	60	23	M20	52
PN＝1.0MPa									
300	415	380	350	340	337	26	18	M16	16
350	465	430	400	390	387	26	18	M16	16
400	515	480	450	440	437	30	18	M16	20
450	565	530	500	490	487	34	18	M16	24
500	630	590	555	545	542	34	23	M20	20
550	680	640	605	595	592	38	23	M20	24
600	730	690	655	645	642	40	23	M20	24
650	780	740	705	695	692	44	23	M20	28
700	830	790	755	745	742	46	23	M20	32
800	930	890	855	845	842	54	23	M20	40
900	1030	990	955	945	942	60	23	M20	48
PN＝1.6MPa									
300	430	390	355	345	342	30	23	M20	16
350	480	440	405	395	392	32	23	M20	16
400	530	490	455	445	442	36	23	M20	20
450	580	540	505	495	492	40	23	M20	24
500	630	590	555	545	542	44	23	M20	28
550	680	640	605	595	592	50	23	M20	36
600	730	690	655	645	642	54	23	M20	40
650	780	740	705	695	692	58	23	M20	44

附录 8　管法兰中突面、凹凸面、榫槽面的密封面尺寸

（摘自 HG/T 20592—2009）

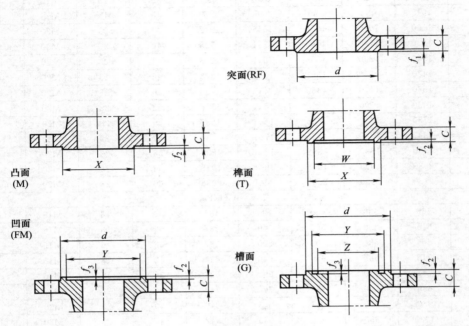

突面(RF)

凸面
(M)

榫面
(T)

凹面
(FM)

槽面
(G)

密封面尺寸（突面、凹凸面、榫槽面）　　　　　　　　　　单位：mm

公称尺寸 DN/mm	d						f_1	f_2	f_3	W	X	Y	Z
	公称压力 PN/bar												
	2.5	6	10	16	25	≥40							
10	35	35	40	40	40	40				24	34	35	23
15	40	40	45	45	45	45				29	39	40	28
20	50	50	58	58	58	58				36	50	51	35
25	60	60	68	68	68	68				43	57	58	42
32	70	70	78	78	78	78		4.5	4.0	51	65	66	50
40	80	80	88	88	88	88				61	75	76	60
50	90	90	102	102	102	102				73	87	88	72
65	110	110	122	122	122	122				95	109	110	94
80	128	128	138	138	138	138				106	120	121	105
100	148	148	158	158	162	162				129	149	150	128
125	178	178	188	188	188	188	2			155	175	176	154
150	202	202	212	212	218	218				183	203	204	182
200	258	258	268	268	278	285		5.0	4.5	239	259	260	238
250	312	312	320	320	335	345				292	312	313	291
300	365	365	370	378	395	410				343	363	364	342
350	415	415	430	438	450	465				395	421	422	394
400	465	465	482	490	505	535				447	473	474	446
450	520	520	532	550	555	560		5.5	5.0	497	523	524	496
500	570	570	585	610	615	615				549	575	576	548
600	670	670	685	725	720	735				649	675	676	648

附录9 板式平焊钢制管法兰参数

（摘自 HG/T 20592—2009）

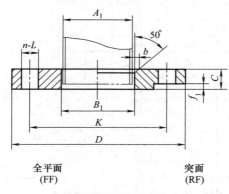

全平面 (FF)   突面 (RF)

板式平焊钢制管法兰（PL）

PN2.5（2.5bar）板式平焊钢制管法兰尺寸

公称通径 DN/mm	管子外径 A_1/mm		连接尺寸					法兰厚度 C/mm	法兰内径 B_1/mm		法兰理论质量/kg
	A	B	法兰外径 D/mm	螺栓孔中心圆直径 K/mm	螺栓孔直径 L/mm	螺栓孔数量 n	螺纹 Th		A	B	
10	17.2	14	75	50	11	4	M10	12	18	15	0.36
15	21.3	18	80	55	11	4	M10	12	22	19	0.41
20	26.9	25	90	65	11	4	M10	14	27.5	26	0.60
25	33.7	32	100	75	11	4	M10	14	34.5	33	0.73
32	42.4	38	120	90	14	4	M12	16	43.5	39	1.19
40	48.3	45	130	100	14	4	M12	16	49.5	46	1.38
50	60.3	57	140	110	14	4	M12	16	61.5	59	1.51
65	76.1	76	160	130	14	4	M12	16	77.5	78	1.85
80	88.9	89	190	150	18	4	M16	18	90.5	91	2.94
100	114.3	108	210	170	18	4	M16	18	116	110	3.41
125	139.7	133	240	200	18	8	M16	20	141.5	135	4.53
150	168.3	159	265	225	18	8	M16	20	170.5	161	5.14
200	219.1	219	320	280	18	8	M16	22	221.5	222	6.85
250	273	273	375	335	18	12	M16	24	276.5	276	8.96
300	323.9	325	440	395	22	12	M20	24	327.5	328	11.9
350	355.6	377	490	445	22	12	M20	26	359.5	381	14.3
400	406.4	426	540	495	22	16	M20	28	411	430	17.1
450	457	480	595	550	22	16	M20	30	462	485	20.5
500	508	630	645	600	22	20	M20	32	513.5	535	23.7
600	610	630	755	705	26	20	M24	36	616.5	636	33.7
700	711	720	860	810	26	24	M24	36	715	724	44.2
800	813	820	975	920	30	24	M27	38	817	824	58.6

注：钢管外径包括 A、B 两个系列，A 系列为国际通用系列（俗称英制管）、B 系列为国内沿用系列（俗称公制管）。

PN6 (6bar) 板式平焊钢制管法兰尺寸

公称通径 DN/mm	管子外径 A_1 /mm		连接尺寸					法兰厚度 C/mm	法兰内径 B_1/mm		坡口宽度 b/mm	法兰理论质量 /kg
	A	B	法兰外径 D/mm	螺栓孔中心圆直径 K/mm	螺栓孔直径 L/mm	螺栓孔数量 n	螺纹 Th		A	B		
10	17.2	14	75	50	11	4	M10	12	18	15	—	0.36
15	21.3	18	80	55	11	4	M10	12	22	19	—	0.41
20	26.9	25	90	65	11	4	M10	14	27.5	26	—	0.60
25	33.7	32	100	75	11	4	M10	14	34.5	33	—	0.73
32	42.4	38	120	90	14	4	M12	16	43.5	39	—	1.19
40	48.3	45	130	100	14	4	M12	16	49.5	46	—	1.38
50	60.3	57	140	110	14	4	M12	16	61.5	59	—	1.51
65	76.1	76	160	130	14	4	M12	16	77.5	78	—	1.85
80	88.9	89	190	150	18	4	M16	18	90.5	91	—	2.94
100	114.3	108	210	170	18	4	M16	18	116	110	—	3.41
125	139.7	133	240	200	18	8	M16	18	141.5	135	—	4.08
150	168.3	159	265	225	18	8	M16	20	170.5	161	—	5.14
200	219.1	219	320	280	18	8	M16	22	221.5	222	—	6.85
250	273	273	375	335	18	12	M16	24	276.5	276	—	8.96
300	323.9	325	440	395	22	12	M20	24	327.5	328	—	11.9
350	355.6	377	490	445	22	12	M20	26	359.5	381	—	14.3
400	406.4	426	540	495	22	16	M20	28	411	430	—	17.1
450	457	480	595	550	22	16	M20	30	462	485	—	20.5
500	508	530	645	600	22	20	M20	32	513.5	535	—	23.7
600	610	630	755	705	26	20	M24	36	616.5	636	—	33.7

PN10 (10bar) 板式平焊钢制管法兰尺寸

公称通径 DN/mm	管子外径 A_1/mm		连接尺寸					法兰厚度 C/mm	法兰内径 B_1/mm		法兰理论质量/kg
	A	B	法兰外径 D/mm	螺栓孔中心圆直径 K/mm	螺栓孔直径 L/mm	螺栓孔数量 n	螺纹 Th		A	B	
10	17.2	14	90	60	14	4	M12	14	18	15	0.61
15	21.3	18	95	65	14	4	M12	14	22	19	0.68
20	26.9	25	105	75	14	4	M12	16	27.5	26	0.94
25	33.7	32	115	85	14	4	M12	16	34.5	33	1.12
32	42.4	38	140	100	18	4	M16	18	43.5	39	1.86
40	48.3	45	150	110	18	4	M16	18	49.5	46	2.12
50	60.3	57	165	125	18	4	M16	20	61.5	59	2.77
65	76.1	76	185	145	18	4	M16	20	77.5	78	3.31
80	88.9	89	200	160	18	8	M16	20	90.5	91	3.59
100	114.3	108	220	180	18	8	M16	22	116	110	4.57
125	139.7	133	250	210	18	8	M16	22	141.5	135	5.65
150	168.3	159	285	240	22	8	M20	24	170.5	161	7.61
200	219.1	219	340	295	22	8	M20	24	221.5	222	9.24
250	273	273	395	350	22	12	M20	26	276.5	276	11.9
300	323.9	325	445	400	22	12	M20	28	327.5	328	14.6
350	355.6	377	505	460	22	16	M20	30	359.5	381	18.9
400	406.4	426	565	515	26	16	M24	32	411	430	24.4
450	457	480	615	565	26	20	M24	35	462	485	27.9
500	508	530	670	620	26	20	M24	38	513.5	535	34.9
600	610	630	780	725	30	20	M27	42	616.5	636	48.1

PN16（16bar）板式平焊钢制管法兰尺寸

公称通径 DN/mm	管子外径 A_1 /mm		连接尺寸					法兰厚度 C/mm	法兰内径 B_1/mm		坡口宽度 b/mm	法兰理论质量 /kg
	A	B	法兰外径 D/mm	螺栓孔中心圆直径 K/mm	螺栓孔直径 L/mm	螺栓孔数量 n	螺纹 Th		A	B		
10	17.2	14	90	60	14	4	M12	14	18	15	4	0.61
15	21.3	18	95	65	14	4	M12	14	22	19	4	0.68
20	26.9	25	105	75	14	4	M12	16	27.5	26	4	0.94
25	33.7	32	115	85	14	4	M12	16	34.5	33	5	1.12
32	42.4	38	140	100	18	4	M16	18	43.5	39	5	1.86
40	48.3	45	150	110	18	4	M16	18	49.5	46	5	2.12
50	60.3	57	165	125	18	4	M16	20	61.5	59	5	2.77
65	76.1	76	185	145	18	4	M16	20	77.5	78	5	3.31
80	88.9	89	200	160	18	8	M16	20	90.5	91	6	3.59
100	114.3	108	220	180	18	8	M16	22	116	110	6	4.57
125	139.7	133	250	210	18	8	M16	22	141.5	135	6	5.65
150	168.3	159	285	240	22	8	M20	24	170.5	161	6	7.61
200	219.1	219	340	295	22	12	M20	26	221.5	222	8	9.69
250	273	273	405	355	26	12	M24	28	276.5	276	10	13.8
300	323.9	325	460	410	26	12	M24	32	327.5	328	11	18.9
350	355.6	377	520	470	26	16	M24	35	359.5	381	12	24.7
400	406.4	426	580	525	30	16	M27	38	411	430	12	32.1
450	457	480	640	585	30	20	M27	42	462	485	12	40.5
500	508	530	715	650	33	20	M30	46	513.5	535	12	57.6
600	610	630	840	770	36	20	M33	52	616.5	636	12	88.2

PN25（25bar）板式平焊钢制管法兰尺寸

公称通径 DN/mm	管子外径 A_1 /mm		连接尺寸					法兰厚度 C/mm	法兰内径 B_1/mm		坡口宽度 b/mm	法兰理论质量 /kg
	A	B	法兰外径 D/mm	螺栓孔中心圆直径 K/mm	螺栓孔直径 L/mm	螺栓孔数量 n	螺纹 Th		A	B		
10	17.2	14	90	60	14	4	M12	14	18	15	4	0.61
15	21.3	18	95	65	14	4	M12	14	22	19	4	0.68
20	26.9	25	105	75	14	4	M12	16	27.5	26	4	0.94
25	33.7	32	115	85	14	4	M12	16	34.5	33	5	1.12
32	42.4	38	140	100	18	4	M16	18	43.5	39	5	1.86
40	48.3	45	150	110	18	4	M16	18	49.5	46	5	2.12
50	60.3	57	165	125	18	4	M16	20	61.5	59	5	2.77
65	76.1	76	185	145	18	8	M16	22	77.5	78	5	3.46
80	88.9	89	200	160	18	8	M16	24	90.5	91	6	4.31
100	114.3	108	235	190	22	8	M20	26	116	110	6	6.29
125	139.7	133	270	220	26	8	M24	28	141.5	135	6	8.50
150	168.3	159	300	250	26	8	M24	30	170.5	161	6	10.8
200	219.1	219	360	310	26	12	M24	32	221.5	222	8	14.2
250	273	273	425	370	30	12	M27	35	276.5	276	10	20.2
300	323.9	325	485	430	30	16	M27	38	327.5	328	11	26.5
350	355.6	377	555	490	33	16	M30	42	359.5	381	12	37.6
400	406.4	426	620	550	36	16	M33	46	411	430	12	50.7
450	457	480	670	600	36	20	M33	50	462	485	12	57.8
500	508	530	730	660	36	20	M33	56	513.5	535	12	76.2
600	610	630	845	770	39	20	M36×3	68	616.5	636	12	117.0

附录 10　有关筒体和封头的数据

圆柱形筒体的容积、内表面积和质量（钢制）

公称直径 DN /mm	1m 高的容积 V /m³	1m 高的内表面积 F_i /m²	1m 高筒节钢板质量/kg 钢板厚度 δ_p/mm																
			3	4	5	6	7	8	10	12	14	16	18	20	22	24	26	28	30
300	0.071	0.94	22	30	38	45	53	61	76	92	108	124	141	158	175	192	209	227	
400	0.126	1.26	30	40	50	60	70	80	101	121	143	164	186	207	229	251	273	296	
500	0.196	1.51	37	50	62	75	87	100	126	152	178	204	230	256	283	310	337	365	
600	0.283	1.88	45	60	75	90	105	120	150	181	212	143	274	306	337	369	401	434	466
700	0.385	2.20	52	69	87	104	122	139	175	210	247	283	319	355	392	429	466	503	540
800	0.503	2.51	59	79	99	119	139	159	200	240	281	322	363	404	446	488	530	472	614
900	0.636	2.83	67	89	112	134	157	179	224	270	316	361	407	454	500	547	594	641	688
1000	0.785	3.14	74	99	124	149	174	199	249	299	350	401	452	503	554	606	658	710	762
1200	1.131	3.77	89	119	149	178	208	238	298	359	419	480	541	602	663	724	786	848	910
1400	1.539	4.40	104	138	173	208	243	278	348	418	488	559	629	700	771	843	914	986	1058
1600	2.017	5.03	119	158	198	238	277	317	397	477	557	638	718	799	880	961	1043	1124	1206
1800	2.545	5.66	133	178	223	267	312	357	446	536	626	717	807	898	998	1080	1171	1262	1354
2000	3.142	6.28		198	247	297	346	396	496	595	695	795	896	996	1097	1198	1299	1400	1502
2200	3.801	6.81			272	326	381	436	545	655	764	874	985	1095	1205	1316	1427	1538	1650
2400	4.524	7.55				356	415	475	594	714	833	953	1073	1193	1314	1435	1555	1676	1798
2600	5.309	8.17				386	450	515	644	773	902	1032	1162	1292	1422	1553	1684	1815	1945
2800	6.158	8.80				415	485	554	693	832	972	1111	1251	1391	1531	1671	1812	1953	2094
3000	7.030	9.43					519	593	762	891	1041	1190	1340	1489	1639	1790	1940	2091	2242
3200	8.050	10.05					554	633	792	951	1110	1269	1428	1588	1748	1908	2068	2229	2390
3400	9.075	10.68						672	841	1010	1179	1348	1517	1687	1857	2026	2197	2367	2538
3600	10.18	11.32						712	890	1069	1248	1427	1606	1785	1965	2145	2325	2505	2685
3800	11.34	11.83						751	940	1128	1317	1506	1695	1884	2074	2263	2453	2643	2833
4000	12.566	12.57						791	989	1187	1386	1585	1784	1983	2182	2382	2571	2781	2981

以内径为公称直径的标准椭圆形封头尺寸及质量（GB/T 25198—2010）

公称直径 DN/mm	曲面高度 h_i/mm	直边高度 h_o/mm	内表面积 F/m²	容积 V/m³	厚度 δ_p/mm	质量 G/kg
500	125	25	0.310	0.021	4	10
					6	15
					8	20
600	150	25	0.438	0.035	4	14
					6	21
					8	28
					10	35
					12	42
800	220	25	0.757	0.080	4	24
					6	36
					8	48
					10	60
					12	72

公称直径 DN/mm	曲面高度 h_i/mm	直边高度 h_o/mm	内表面积 F/m²	容积 V/m³	厚度 δ_p/mm	质量 G/kg
1000	250	25	1.163	0.155	6	54
					8	73
					10	91
					12	110
					14	128
1100	275	25	1.398	0.198	6	65
					8	87
					10	109
					12	181
					14	156
1200	300	25	1.665	0.255	6	77
					8	103
					10	129
					12	155
					14	182
1300	325	25	1.934	0.321	6	90
					8	120
					10	150
					12	181
					14	212
1400	350	25	2.235	0.398	8	138
					10	173
					12	208
					14	144
					16	180
1500	35	25	2.557	0.486	8	158
					10	198
					12	238
					14	279
					16	319
1600	400	25	2.901	0.586	8	179
					10	224
					12	270
					14	315
					16	362
					18	408
1800	450	25	3.654	0.827	8	225
					10	262
					12	339
					14	396
					16	454
					18	512
					20	571
2000	500	25	4.493	1.126	8	276
					10	346
					12	416
					14	486
					16	557
					18	628
					20	700
					22	771

注：若在本表中查不到所设计的封头的 F、V 和 G，可按以下公式计算

$F = 1.084D_i^2 + \pi D_i h_o (\text{m}^2)$；$V = 0.1309D_i^3 + 0.785D_i^2 h_o (\text{m}^3)$；$G = [8.51(D_i + \delta_p)^2 + 24.7(D_i + \delta_p)h_o]\delta_p \times 10^3 (\text{kg})$

式中，D_i、h_o、δ_p 的单位一律用 m。

附录 11 过程设备强度计算书

过程设备设计计算书
DATA SHEET OF PROCESS EQUIPMENT DESIGN

工程名：××××
PROJECT

设备位号：××××
ITEM

设备名称：××××
EQUIPMENT

图号：××××
DWG NO.

设计单位：××××
DESIGNER

设计 Designed by		日期 Date	
校核 Checked by		日期 Date	
审核 Verified by		日期 Date	
批准 Approved by		日期 Date	

卧式容器		计算单位		××××××××	
计算条件				简图	
设计压力 p		1.6	MPa		
设计温度 t		40	℃		
筒体材料名称		Q345R			
封头材料名称		Q345R			
封头型式		椭圆形			
筒体内直径 D_i		2000	mm		
筒体长度 L		4800	mm		
筒体名义厚度 δ_n			10		mm
支座垫板名义厚度 δ_{rn}			10		mm
筒体厚度附加量 C			1.3		mm
腐蚀裕量 C_2			1		mm
筒体焊接接头系数 ϕ			1		
封头名义厚度 δ_{hn}			10		mm
封头厚度附加量 C_h			1.3		mm
鞍座材料名称			Q235B		
鞍座宽度 b			274		mm
鞍座包角 θ			120		(°)
支座形心至封头切线距离 A			675		mm
鞍座高度 H			250		mm
地震烈度			七(0.1g)		度
试验压力			2		MPa

内压圆筒校核		计算单位		×××××××
计算所依据的标准			GB/T 150.3—2011	
计算条件			筒体简图	
计算压力 p_c	1.60	MPa		
设计温度 t	40.00	℃		
内径 D_i	2000.00	mm		
材料	Q345R(板材)			
试验温度许用应力 $[\sigma]$	189.00	MPa		
设计温度许用应力 $[\sigma]^t$	189.00	MPa		
试验温度下屈服点 R_{eL}	345.00	MPa		
负偏差 C_1	0.30	mm		
腐蚀裕量 C_2	1.00	mm		
焊接接头系数 ϕ		1.00		

厚度及重量计算

计算厚度	$\delta = \dfrac{p_c D_i}{2[\sigma]^t \phi - p_c} = 8.50$	mm
有效厚度	$\delta_e = \delta_n - C_1 - C_2 = 8.70$	mm
名义厚度	$\delta_n = 10.00$	mm
质量	2379.27	kg

压力试验时应力校核

压力试验类型	液压试验	
试验压力值	$p_T = 1.25 p \dfrac{[\sigma]}{[\sigma]^t} = 2.0000$(或由用户输入)	MPa
压力试验允许通过的应力水平 $[\sigma]_T$	$[\sigma]_T \leqslant 0.90 R_{eL} = 310.50$	MPa
试验压力下圆筒的应力	$\sigma_T = \dfrac{p_T (D_i + \delta_e)}{2\delta_e \phi} = 230.89$	MPa
校核条件	$\sigma_T \leqslant [\sigma]_T$	
校核结果	合格	

压力及应力计算

最大允许工作压力	$[p_w] = \dfrac{2\delta_e [\sigma]^t \phi}{D_i + \delta_e} = 1.63718$	MPa
设计温度下计算应力	$\sigma^t = \dfrac{p_c (D_i + \delta_e)}{2\delta_e} = 184.71$	MPa
$[\sigma]^t \phi$	189.00	MPa
校核条件	$[\sigma]^t \phi \geqslant \sigma^t$	
结论	合格	

左封头计算			计算单位	×××××××××	
计算所依据的标准				GB/T 150.3—2011	
计算条件			椭圆封头简图		
计算压力 p_c	1.60	MPa			
设计温度 t	40.00	℃			
内径 D_i	2000.00	mm			
曲面深度 h_i	500.00	mm			
材料		Q345R(板材)			
设计温度许用应力 $[\sigma]^t$	189.00	MPa			
试验温度许用应力 $[\sigma]$	189.00	MPa			
负偏差 C_1	0.30	mm			
腐蚀裕量 C_2	1.00	mm			
焊接接头系数 ϕ	1.00				
压力试验时应力校核					
压力试验类型	液压试验				
试验压力值	$p_T = 1.25p\dfrac{[\sigma]}{[\sigma]^t} = 2.0000$（或由用户输入）				MPa
压力试验允许通过的应力 $[\sigma]_T$	$[\sigma]_T \leqslant 0.90R_{eL} = 310.50$				MPa
试验压力下封头的应力	$\sigma_T = \dfrac{p_T(KD_i + 0.5\delta_{eh})}{2\delta_{eh}\phi} = 230.39$				MPa
校核条件	$\sigma_T \leqslant [\sigma]_T$				
校核结果	合格				
厚度及重量计算					
形状系数	$K = \dfrac{1}{6}\left[2 + \left(\dfrac{D_i}{2h_i}\right)^2\right] = 1.0000$				
计算厚度	$\delta_h = \dfrac{Kp_c D_i}{2[\sigma]^t\phi - 0.5p_c} = 8.48$				mm
有效厚度	$\delta_{eh} = \delta_{nh} - C_1 - C_2 = 8.70$				mm
最小厚度	$\delta_{min} = 3.00$				mm
名义厚度	$\delta_{nh} = 10.00$				mm
结论	满足最小厚度要求				
质量	345.33				kg
压力计算					
最大允许工作压力	$[p_w] = \dfrac{2[\sigma]^t\phi\delta_{eh}}{KD_i + 0.5\delta_{eh}} = 1.64073$				MPa
结论	合格				

右封头计算		计算单位	××××××××
计算所依据的标准			GB/T 150.3—2011
计算条件			椭圆封头简图

计算条件			椭圆封头简图
计算压力 p_c	1.60	MPa	
设计温度 t	40.00	℃	
内径 D_i	2000.00	mm	
曲面深度 h_i	500.00	mm	
材料		Q345R(板材)	
设计温度许用应力 $[\sigma]^t$	189.00	MPa	
试验温度许用应力 $[\sigma]$	189.00	MPa	
负偏差 C_1	0.30	mm	
腐蚀裕量 C_2	1.00	mm	
焊接接头系数 ϕ		1.00	

压力试验时应力校核

压力试验类型	液压试验	
试验压力值	$p_T = 1.25p \dfrac{[\sigma]}{[\sigma]^t} = 2.0000$（或由用户输入）	MPa
压力试验允许通过的应力 $[\sigma]_T$	$[\sigma]_T \leqslant 0.90 R_{eL} = 310.50$	MPa
试验压力下封头的应力	$\sigma_T = \dfrac{p_T(KD_i + 0.5\delta_{eh})}{2\delta_{eh}\phi} = 230.39$	MPa
校核条件	$\sigma_T \leqslant [\sigma]_T$	
校核结果	合格	

厚度及重量计算

形状系数	$K = \dfrac{1}{6}\left[2 + \left(\dfrac{D_i}{2h_i} \right)^2 \right] = 1.0000$	
计算厚度	$\delta_h = \dfrac{Kp_c D_i}{2[\sigma]^t\phi - 0.5p_c} = 8.48$	mm
有效厚度	$\delta_{eh} = \delta_{nh} - C_1 - C_2 = 8.70$	mm
最小厚度	$\delta_{min} = 3.00$	mm
名义厚度	$\delta_{nh} = 10.00$	mm
结论	满足最小厚度要求	
质量	345.33	kg

压力计算

最大允许工作压力	$[p_w] = \dfrac{2[\sigma]^t\phi\delta_{eh}}{KD_i + 0.5\delta_{eh}} = 1.64073$	MPa
结论	合格	

卧式容器(双鞍座)			计算单位		×××××××××	
依据标准					NB/T 47042—2014	
计算条件				简图		
设计压力 p		1.6	MPa			
计算压力 p_c		1.6	MPa			
设计温度 T		40	℃			
试验压力 p_T		2	MPa			
圆筒材料		Q345R				
封头材料		Q345R				
圆筒材料常温许用应力 $[\sigma]$		189	MPa	圆筒内直径 D_i	2000	mm
封头材料常温许用应力 $[\sigma]_h$		189	MPa	圆筒平均半径 R_a	1005	mm
圆筒材料设计温度下许用应力 $[\sigma]^t$		189	MPa	圆筒名义厚度 δ_n	10	mm
封头材料设计温度下许用应力 $[\sigma]^t_h$		189	MPa	圆筒有效厚度 δ_e	8.7	mm
圆筒材料常温屈服点 R_{eL}		345	MPa	封头名义厚度 δ_{hn}	10	mm
圆筒材料常温弹性模量 E		201000	MPa	封头有效厚度 δ_{he}	8.7	mm
圆筒材料设计温度下弹性模量 E^t		194000	MPa	两封头切线间距离 L	4850	mm
操作时物料密度 ρ_o		800	kg/m³	圆筒长度 L_c	4800	mm
液压试验介质密度 ρ_t		1000	kg/m³	封头曲面深度 h_i	500	mm
物料充装系数 ϕ_o		1		壳体材料密度 ρ_s	7850	kg/m³
焊接接头系数 ϕ		1				
附件质量 m_3		1000	kg			
鞍座结构参数						
鞍座材料		Q235B		地脚螺栓材料	Q235	
鞍座材料许用应力 $[\sigma]_{sa}$		120	MPa	地脚螺栓材料许用应力 $[\sigma]_{bt}$	147	MPa
鞍座包角 θ		120	(°)	鞍座中心线至封头切线距离 A	675	mm
鞍座垫板名义厚度 δ_{rn}		10	mm	鞍座轴向宽度 b	274	mm
鞍座垫板有效厚度 δ_{re}		9.7	mm	鞍座腹板名义厚度 b_0	14	mm
鞍座高度 H		250	mm	鞍座垫板宽度 b_4	490	mm
圆筒中心至基础表面距离 H_v		1260	mm	地震烈度	7(0.1g)	
腹板与筋板(小端)组合截面积 A_{sa}		30240	mm²	鞍座底板与基础间的静摩擦系数 f	0.4	
腹板与筋板(小端)组合截面抗弯截面系数 Z_r		646001	mm³	鞍座底板对基础垫板的动摩擦系数 f_s		
筒体轴线两侧螺栓间距 l		1260	mm	地脚螺栓公称直径	30	mm
承受倾覆力矩螺栓个数 n		2	个	地脚螺栓根径	23.211	mm
承受剪应力螺栓个数 n'		2	个			

支座反力计算			
圆筒质量（两切线间）	$m_1 = \pi(D_i + \delta_n)L\delta_n\rho_s = 2404.13$		kg
封头质量（曲面部分）	$m_2 = 665.893$		kg
附件质量	$m_3 = 1000$		kg
封头容积（曲面部分）	$V_H = 1.0472e+09$	容器容积 $V = 1.73311e+10$	mm³
容器内充液质量	操作工况	$m_4 = V\rho_o\varphi_o = 13864.9$	kg
	液压试验	$m_4 = V\rho_T = 17331.1$	kg
耐热层质量	$m_5 = 784.389$		kg
总质量	操作工况	$m = m_1 + m_2 + m_3 + m_4 + m_5 = 18719.3$	kg
	液压试验	$m' = m_1 + m_2 + m_3 + m_4 = 21401.1$	kg
单位长度载荷	操作工况	$q = \dfrac{mg}{L + \dfrac{4}{3}h_i} = 33.2876$	N/mm
	液压试验	$q' = \dfrac{m'g}{L + \dfrac{4}{3}h_i} = 38.0565$	N/mm
支座反力	操作工况	$F' = \dfrac{1}{2}mg = 91818.2$	N
	液压试验	$F'' = \dfrac{1}{2}m'g = 104973$	N
	$F = \max(F', F'') = 104973$		N

系数确定			
系数确定条件	$A > R_a/2$		$\theta = 120$
系数	$K_1 = 0.106611$	$K_2 = 0.192348$	$K_3 = 1.17069$
	$K_4 =$	$K_5 = 0.760258$	$K_6 = 0.0268203$
	$K'_6 = 0.0220461$	$K_7 =$	$K_8 =$
	$K_9 = 0.203522$	$C_4 =$	$C_5 =$

筒体轴向应力计算及校核				
轴向弯矩	圆筒中间横截面	操作工况	$M_1 = \dfrac{F'L}{4}\left[\dfrac{1 + 2(R_a^2 - h_i^2)/L^2}{1 + \dfrac{4h_i}{3L}} - \dfrac{4A}{L}\right] = 4.22234e+07$	N·mm
		水压试验工况	$M_{T1} = \dfrac{F''L}{4}\left[\dfrac{1 + 2(R_a^2 - h_i^2)/L^2}{1 + \dfrac{4h_i}{3L}} - \dfrac{4A}{L}\right] = 4.82726e+07$	N·mm
	鞍座平面	操作工况	$M_2 = -F'A\left[1 - \dfrac{1 - \dfrac{A}{L} + \dfrac{R_a^2 - h_i^2}{2AL}}{1 + \dfrac{4h_i}{3L}}\right] = -8.74818e+06$	N·mm
		水压试验工况	$M_{T2} = -F''A\left[1 - \dfrac{1 - \dfrac{A}{L} + \dfrac{R_a^2 - h_i^2}{2AL}}{1 + \dfrac{4h_i}{3L}}\right] = -1.00015e+07$	N·mm

<table>
<tr><td colspan="6" align="center">筒体轴向应力计算及校核</td></tr>
</table>

轴向应力	操作工况	内压加压	圆筒中间横截面最低点处	$\sigma_2 = \dfrac{p_c R_a}{2\delta_e} + \dfrac{M_1}{\pi R_a^2 \delta_e} = 93.9441$	MPa
			鞍座平面最高点处	$\sigma_3 = \dfrac{p_c R_a}{2\delta_e} - \dfrac{M_2}{K_1 \pi R_a^2 \delta_e} = 95.3877$	MPa
		内压未加压	圆筒中间横截面最高点处	$\sigma_1 = -\dfrac{M_1}{\pi R_a^2 \delta_e} = -1.53028$	MPa
			鞍座平面最低点处	$\sigma_4 = \dfrac{M_2}{K_2 \pi R_a^2 \delta_e} = -1.64835$	MPa
	水压试验工况	未加压	圆筒中间横截面最高点处	$\sigma_{T1} = -\dfrac{M_{T1}}{\pi R_a^2 \delta_e} = -1.74952$	MPa
			鞍座平面最低点处	$\sigma_{T4} = \dfrac{M_{T2}}{K_2 \pi R_a^2 \delta_e} = -1.8845$	MPa
		加压	圆筒中间横截面最低点处	$\sigma_{T2} = \dfrac{p_T R_a}{2\delta_e} + \dfrac{M_{T1}}{\pi R_a^2 \delta_e} = 117.267$	MPa
			鞍座平面最高点处	$\sigma_{T3} = \dfrac{p_T R_a}{2\delta_e} - \dfrac{M_{T2}}{K_1 \pi R_a^2 \delta_e} = 118.917$	MPa
应力校核	许用压缩应力	外压应力系数 B		$A = 0.094\delta_e/R_o = 0.000809703$ 按 GB/T 150.3 规定求取 $B = 102.178\text{MPa}, B^0 = 107.339\text{MPa}$	
		操作工况		$[\sigma]_{ac}^t = \min\{[\sigma]^t, B\} = 102.178$	MPa
		水压试验工况		$[\sigma]_{ac} = \min\{0.9R_{eL}(R_{p0.2}), B^0\} = 107.339$	MPa
	操作工况	内压加压		$\max\{\sigma_1, \sigma_2, \sigma_3, \sigma_4\} = 95.3877 < \phi[\sigma]^t = 189$ 合格	
		内压未加压		$|\min\{\sigma_1, \sigma_2, \sigma_3, \sigma_4\}| = 1.64835 < [\sigma]_{ac}^t = 102.178$ 合格	
	水压试验工况	加压		$\max\{\sigma_{T1}, \sigma_{T2}, \sigma_{T3}, \sigma_{T4}\} = 118.917 < 0.9\phi R_{eL}(R_{p0.2}) = 310.5$ 合格	
		未加压		$|\min\{\sigma_{T1}, \sigma_{T2}, \sigma_{T3}, \sigma_{T4}\}| = 1.8845 < [\sigma]_{ac} = 107.339$ 合格	

<table>
<tr><td colspan="5" align="center">圆筒切向剪应力及封头应力计算及校核</td></tr>
</table>

圆筒切向剪应力	圆筒未被封头加强 $\left(A > \dfrac{R_a}{2}\text{时}\right)$		$\tau = \dfrac{K_3 F}{R_a \delta_e}\left(\dfrac{L - 2A}{L + 4h_i/3}\right) = 8.91714$	MPa
	圆筒被封头加强 $\left(A \leqslant \dfrac{R_a}{2}\text{时}\right)$		$\tau = \dfrac{K_3 F}{R_a \delta_e} =$	MPa
封头应力	圆筒被封头加强 $\left(A \leqslant \dfrac{R_a}{2}\text{时}\right)$		$\tau_h = \dfrac{K_4 F}{R_a \delta_{he}} =$	MPa
应力校核	圆筒切向剪应力		$\tau = 8.91714 < 0.8[\sigma]^t = 151.2$ 合格	
	封头应力	椭圆形	$\sigma_h = \dfrac{Kp_c D_i}{2\delta_{he}} =$ MPa	其中 $K = \dfrac{1}{6}\left[2 + \left(\dfrac{D_i}{2h_i}\right)^2\right]$
		碟形	$\sigma_h = \dfrac{Mp_c R_h}{2\delta_{he}} =$ MPa	其中 $M = \dfrac{1}{4}\left(3 + \sqrt{\dfrac{R_h}{r}}\right)$
		半球形	$\sigma_h = \dfrac{p_c D_i}{4\delta_{he}} =$ MPa	
		平盖	$\sigma_h = \dfrac{Kp_c D_c^2}{\delta_{he}^2} =$ MPa	标准未给出，仅供参考
			$\tau_h = 1.25[\sigma]^t - \sigma_h =$	

圆筒周向应力计算及校核					
圆筒的有效宽度			$b_2=b+1.56\sqrt{R_a\delta_n}=430.39$		mm
鞍座垫板包角			$132\geqslant\theta+12°$	取 $k=0.1$	

无加强圈圆筒	无垫板或垫板不起加强作用时	横截面最低点处	$\sigma_5=-\dfrac{kK_5F}{\delta_e b_2}=$			MPa
		鞍座边角处	当 $L/R_a\geqslant8$ 时	$\sigma_6=-\dfrac{F}{4\delta_e b_2}-\dfrac{3K_6F}{2\delta_e^2}=$		MPa
			当 $L/R_a<8$ 时	$\sigma_6=-\dfrac{F}{4\delta_e b_2}-\dfrac{12K_6FR_a}{L\delta_e^2}=$		MPa
	垫板起加强作用时	横截面最低点处	$\sigma_5=-\dfrac{kK_5F}{(\delta_e+\delta_{re})b_2}=-1.00776$			MPa
		鞍座边角处	当 $L/R_a\geqslant8$ 时	$\sigma_6=-\dfrac{F}{4(\delta_e+\delta_{re})b_2}-\dfrac{3K_6F}{2(\delta_e^2+\delta_{re}^2)}=$		MPa
			当 $L/R_a<8$ 时	$\sigma_6=-\dfrac{F}{4(\delta_e+\delta_{re})b_2}-\dfrac{12K_6FR_m}{L(\delta_e^2+\delta_{re}^2)}=-44.5482$		MPa
		鞍座垫板边缘处	当 $L/R_a\geqslant8$ 时	$\sigma_6'=-\dfrac{F}{4\delta_e b_2}-\dfrac{3K_6'F}{2\delta_e^2}=$		MPa
			当 $L/R_a<8$ 时	$\sigma_6'=-\dfrac{F}{4\delta_e b_2}-\dfrac{12K_6'FR_m}{L\delta_e^2}=-83.0369$		MPa
有加强圈圆筒	加强圈参数	加强圈材料：				
		$e=$		$d=$		mm
		加强圈数量, $n=$				个
		组合总截面积, $A_0=$				mm²
		组合截面总惯性矩, $I_0=$				mm⁴
		设计温度下许用应力 $[\sigma]_R^t=$				MPa
	加强圈位于鞍座平面内	鞍座边角处	圆筒周向应力	$\sigma_7=\dfrac{C_4K_7FR_me}{I_0}-\dfrac{K_8F}{A_0}=$		MPa
			加强圈边缘周向应力	$\sigma_8=\dfrac{C_5K_7R_mdF}{I_0}-\dfrac{K_8F}{A_0}=$		MPa
	加强圈靠近鞍座平面	无垫板或垫板不起加强作用时	横截面最低点处	$\sigma_5=-\dfrac{kK_5F}{\delta_e b_2}=$		MPa
			鞍座边角处	当 $L/R_a\geqslant8$ 时 $\sigma_6=-\dfrac{F}{4\delta_e b_2}-\dfrac{3K_6F}{2\delta_e^2}=$		MPa
				当 $L/R_a<8$ 时 $\sigma_6=-\dfrac{F}{4\delta_e b_2}-\dfrac{12K_6FR_m}{L\delta_e^2}=$		MPa
		垫板起加强作用时	横截面最低点处	$\sigma_5=-\dfrac{kK_5F}{(\delta_e+\delta_{re})b_2}=$		MPa
			鞍座边角处	当 $L/R_a\geqslant8$ 时 $\sigma_6=-\dfrac{F}{4(\delta_e+\delta_{re})b_2}-\dfrac{3K_6F}{2(\delta_e^2+\delta_{re}^2)}=$		MPa
				当 $L/R_a<8$ 时 $\sigma_6=-\dfrac{F}{4(\delta_e+\delta_{re})b_2}-\dfrac{12K_6FR_m}{L(\delta_e^2+\delta_{re}^2)}=$		MPa
		靠近水平中心线	圆筒周向应力	$\sigma_7=\dfrac{C_4K_7FR_me}{I_0}-\dfrac{K_8F}{A_0}=$		MPa
			加强圈边缘周向应力	$\sigma_8=\dfrac{C_5K_7R_mdF}{I_0}-\dfrac{K_8F}{A_0}=$		MPa

<table>
<tr><td colspan="4" align="center">圆筒周向应力计算及校核</td></tr>
<tr><td rowspan="5">应力校核</td><td colspan="3">$|\sigma_5|=1.00776<[\sigma]^t=189$　合格</td></tr>
<tr><td colspan="3">$|\sigma_6|=44.5482<1.25[\sigma]^t=236.25$　合格</td></tr>
<tr><td colspan="3">$|\sigma_6'|=83.0369<1.25[\sigma]^t=236.25$　合格</td></tr>
<tr><td colspan="3">$|\sigma_7|=1.25[\sigma]^t=$</td></tr>
<tr><td colspan="3">$|\sigma_8|=1.25[\sigma]_R^t=$</td></tr>
<tr><td colspan="4" align="center">鞍座设计计算</td></tr>
<tr><td rowspan="2">结构参数</td><td>鞍座计算高度</td><td>$H_s=\min\left\{H,\dfrac{1}{3}R_a\right\}=250$</td><td>mm</td></tr>
<tr><td>鞍座垫板有效宽度</td><td>$b_r=b_2=430.39$</td><td>mm</td></tr>
<tr><td colspan="4" align="center">腹板水平拉应力计算及校核</td></tr>
<tr><td>腹板水平力</td><td colspan="2">$F_s=K_9F=21364.2$</td><td>N</td></tr>
<tr><td rowspan="2">水平拉应力</td><td>无垫板或垫板不起加强作用</td><td>$\sigma_9=\dfrac{F_s}{H_s b_0}=$</td><td>MPa</td></tr>
<tr><td>垫板起加强作用</td><td>$\sigma_9=\dfrac{F_s}{H_s b_0+b_r\delta_{re}}=2.78369$</td><td>MPa</td></tr>
<tr><td>应力校核</td><td colspan="3">$\sigma_9=2.78369<\dfrac{2}{3}[\sigma]_{sa}=80$　合格</td></tr>
<tr><td colspan="4" align="center">鞍座压缩应力计算及校核</td></tr>
<tr><td rowspan="4">地震引起的腹板
与筋板组合
截面应力</td><td>水平地震影响系数</td><td>查表得，$\alpha_1=0.08$</td><td></td></tr>
<tr><td>水平地震力</td><td>$F_{Ev}=\alpha_1 mg=14690.9$</td><td>N</td></tr>
<tr><td colspan="2">当 $F_{Ev}\leqslant mgf$ 时，$\sigma_{sa}=-\dfrac{F'}{A_{sa}}-\dfrac{F_{Ev}H}{2Z_r}-\dfrac{F_{Ev}H_v}{A_{sa}(L-2A)}=-6.05387$</td><td>MPa</td></tr>
<tr><td colspan="2">当 $F_{Ev}>mgf$ 时，$\sigma_{sa}=-\dfrac{F'}{A_{sa}}-\dfrac{(F_{Ev}-F'f_s)H}{Z_r}-\dfrac{F_{Ev}H_v}{A_{sa}(L-2A)}=$</td><td>MPa</td></tr>
<tr><td>温差引起的腹板
与筋板组合
截面应力</td><td colspan="2">$\sigma_{sa}^t=-\dfrac{F'}{A_{sa}}-\dfrac{F'fH}{Z_r}=-17.2496$</td><td>MPa</td></tr>
<tr><td rowspan="2">应力校核</td><td colspan="3">$|\sigma_{sa}|=6.05387<1.2[\sigma]_{sa}=144$　合格</td></tr>
<tr><td colspan="3">$|\sigma_{sa}^t|=17.2496<[\sigma]_{sa}=120$　合格</td></tr>
<tr><td colspan="4" align="center">地震引起的地脚螺栓应力计算及校核</td></tr>
<tr><td>地脚螺栓截面积</td><td colspan="2">$A_{bt}=422.919$</td><td>mm²</td></tr>
<tr><td>倾覆力矩</td><td colspan="2">$M_{Ev}^{0-0}=F_{Ev}H_v-m_0 g\dfrac{l}{2}=-1.14912e+07$</td><td>N·mm</td></tr>
<tr><td>地脚螺栓拉应力</td><td colspan="2">$\sigma_{bt}=\dfrac{M_{Ev}^{0-0}}{nlA_{bt}}=-10.7822$</td><td>MPa</td></tr>
<tr><td>地脚螺栓剪应力</td><td colspan="2">当 $F_{Ev}>mgf$ 时 $\tau_{bt}=\dfrac{F_{Ev}-2F'f_s}{n'A_{bt}}=$</td><td>MPa</td></tr>
<tr><td rowspan="2">应力校核</td><td>拉应力</td><td>$\sigma_{bt}=-10.7822<1.2[\sigma]_{bt}=176.4$　合格</td><td></td></tr>
<tr><td>剪应力</td><td>$\tau_{bt}=0.8K_0[\sigma]_{bt}=$</td><td></td></tr>
</table>

开孔补强计算			计算单位	××××××××		
接管： 人孔，$\phi 470 \times 10$				计算方法：GB/T 150.3—2011 等面积补强法，单孔		
设计条件				简图		
计算压力 p_c		1.6	MPa			
设计温度		40	℃			
壳体型式		圆形筒体				
壳体材料 名称及类型		Q345R 板材				
壳体开孔处焊接接头系数 ϕ		1				
壳体内直径 D_i		2000	mm			
壳体开孔处名义厚度 δ_n		10	mm			
壳体厚度负偏差 C_1		0.3	mm			
壳体腐蚀裕量 C_2		1	mm			
壳体材料许用应力 $[\sigma]^t$		189	MPa			
接管轴线与筒体表面法线的夹角/(°)		0				
接管轴线与封头轴线的夹角/(°)						
接管实际外伸长度		100	mm	接管连接型式	插入式接管	
接管实际内伸长度		0	mm	接管材料	Q345R	
接管焊接接头系数		1		名称及类型	板材	
接管腐蚀裕量		1	mm	补强圈材料名称	Q345R	
凸形封头开孔中心至封头轴线的距离			mm	补强圈外径	760	mm
				补强圈厚度	14	mm
接管厚度负偏差 C_{1t}		0.3	mm	补强圈厚度负偏差 C_{1r}	0.3	mm
接管材料许用应力 $[\sigma]^t$		189	MPa	补强圈许用应力 $[\sigma]^t$	189	MPa
开孔补强计算						
非圆形开孔长直径	452.6	mm		开孔长径与短径之比	1	
壳体计算厚度 δ	8.5016	mm		接管计算厚度 δ_t	1.9129	mm
补强圈强度削弱系数 f_{rr}	1			接管材料强度削弱系数 f_r	1	
开孔补强计算直径 d	452.6	mm		补强区有效宽度 B	905.2	mm
接管有效外伸长度 h_1	67.276	mm		接管有效内伸长度 h_2	0	mm
开孔削弱所需的补强面积 A	3848	mm²		壳体多余金属面积 A_1	90	mm²
接管多余金属面积 A_2	913	mm²		补强区内的焊缝面积 A_3	25	mm²
$A_1+A_2+A_3=1028\text{mm}^2$，小于 A，需另加补强						
补强圈面积 A_4	3973	mm²		$A-(A_1+A_2+A_3)$	2820	mm²
结论：合格						